办公自动化实训教程

第3版

齐元沂　张永忠　编　撰

復旦大學出版社

编者的话

随着社会的进步,人们对办公自动化的需求也正在发生着变化。近年来,云计算、大数据、ChatGPT等技术的飞速发展无不影响着人们对办公自动化技术的应用,办公自动化工具也变得越来越丰富和便捷。长期以来,Word、Excel等工具的应用已经变成办公人员的一种必备技能,已经成为一种办公应用常态。《办公自动化实训教程(第3版)》的编写就是为了更好地指导读者的实际操作训练,有利于读者的自主学习。

本书的编写具有一定的历史沿革。《办公自动化实训教程(第2版)》是《办公自动化(第7版)》配套上机实践指导教程。本书的编写是在原有版本基础上的升级和更新,供读者与《办公自动化(第8版)》配套使用。上海计算机应用能力测评自1994年1月开始第一次考核,至今已有上千万上海市民参加了各课程的考核。《办公自动化》是上海计算机应用能力测评中"办公自动化"项目的主教材。"办公自动化"项目自1995年5月推出以来,截至2022年年底,有400余万人次参加了考试,取得了良好的社会效益;既推动了上海各行各业应用现代信息技术,普及现代办公技术,又为上海这座城市的发展、学习型社会的构建激发了活力。

《办公自动化》原版在1997年5月进行了改版(即第2版),1999年5月推出了第3版,2002年4月推出了第4版,2005年1月推出了第5版,2010年5月推出了第6版,2013年7月推出了第7版,第8版与本书即将同步推出。《办公自动化》每次改版都充实了当时办公自动化领域中新的概念、观点、技术与应用。多年来,许多具有初中以上文化程度的各级各类办公人员纷纷参加"办公自动化"的培训和考核,不少普通高校、高职高专、中职中专、社会培训机构等都把"办公自动化"作为规定课程安排在教学计划中,强化学生技能训练。无论是工作还是学习,运用办公自动化技术都能提升工作效率,这使得学习办公自动化技术成为一种必需和常态。

《办公自动化实训教程(第3版)》共分六部分:Word活动集、Excel活动集、综合实训、综合练习、模拟测试和基础知识练习。第一、第二部分主要以任务驱动为特色,重点对字处理和电子表格处理软件的常用操作进行指导和练习,突出实用性;第三、第四、第五部分主要以综合练习为特色,强化训练,突出对字处理和电子表格处理软件综合运用能力的训练。其中,综合练习部分附有操作步骤解答,方便读者学习和实践。第六部分为基础知识练习,对重点知识进行了提炼,有助于读者了解和掌握办公自动化相关知识点。

本书中Word和Excel的讲解适用于中文Office 2010以上版本,相关步骤主要是以中文Office 2016为主进行编写,用到的素材请扫下方的二维码下载。

本书的编写得到了盛英洁、易志亮的大力支持,在此由衷表示感谢!

由于技术发展日新月异,编写时间较短以及作者水平有限,书中难免有欠妥或疏漏之处,恳望读者不吝指出。

编者

2023年12月

素材下载

目 MU LU 录

第一部分

Word 活动集

【说明】实验前请将扫码下载的“OA8”文件夹复制到 D 盘根目录下，如：打开“hd1-1. docx”就是指打开“D：\OA8\Word 活动集\hd1-文字与段落操作\hd1-1. docx”。每一个活动完成后，都要保存文件。为行文简洁，下文中不再详细标明文件路径。

活动一 Word 文字与段落操作

一、活动要点

- 字体的基本设置
- 字体的高级设置
- 文本的首字下沉
- 段落的缩进和间距
- 项目符号和编号

二、活动内容

活动 1－1

打开文件“hd1-1. docx”，进行操作，结果以原文件名、原路径存盘。

设置标题“东方明珠广播电视塔”：仿宋，小初号，加粗，居中，如图 1-1-1 所示。

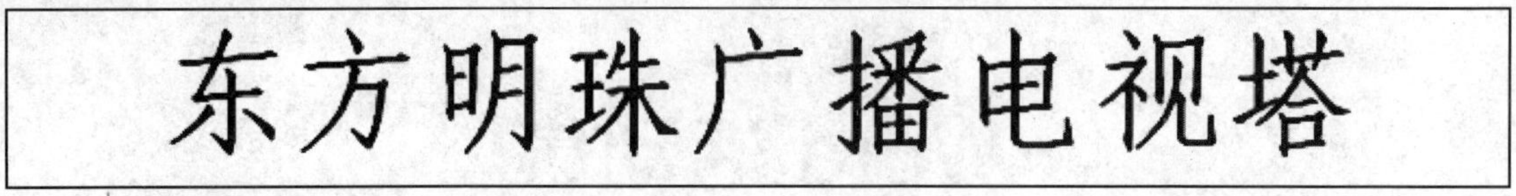

东方明珠广播电视塔

图 1-1-1

【活动步骤】

[1] 选中标题“东方明珠广播电视塔”。

[2] 单击“开始”选项卡，在“字体”工具栏“字体”框中选：仿宋。

[3] 在“字号”框中选：小初号，单击加粗按钮 **B** 。

[4] 在“段落”工具栏中，单击“居中”按钮 ☰ 。

活动 1-2

打开文件“hd1-2.docx”，进行操作，结果以原文件名、原路径存盘。

设置标题“上海石库门”：隶书、小初、红色双下划线，居中对齐，如图 1-1-2 所示。

上海石库门

图 1-1-2

【活动步骤】

[1] 选中文字“上海石库门”。

[2] 选择“开始”选项卡，在“段落”工具栏中，单击“居中”按钮 ☰ 。

[3] 单击“字体”工具栏右下角 ◲ 图标，打开“字体”对话框。

[4] 选择“字体”选项卡，在“中文字体”下拉框中选：隶书，“字号”框中选：小初。

[5] 在“下划线线型”下拉列表中选：双下划线。

[6] 在“下划线颜色”下拉列表中选：红色，如图 1-1-3 所示，单击“确定”。

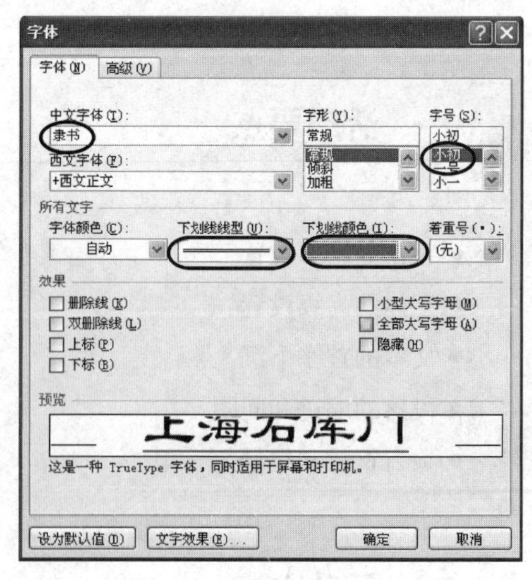

图 1-1-3

活动 1-3

打开文件“hd1-3.docx”，进行操作，结果以原文件名、原路径存盘。

设置第一小标题下的“不要把鸡蛋放在同一个篮子里”(不包括前、后双引号)：华文彩云、红色、小三号、双删除线。字符间距加宽 2 磅，如图 1-1-4 所示。

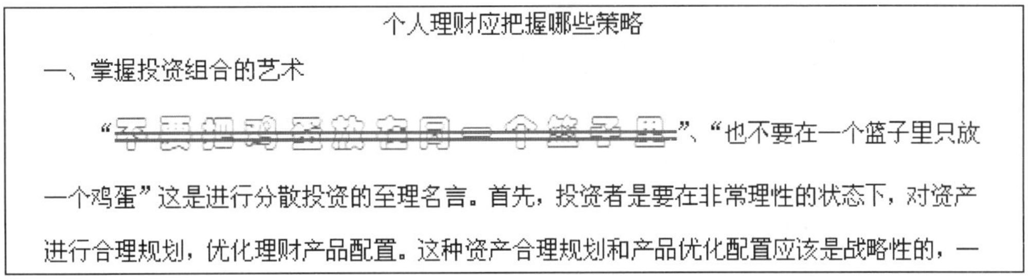

个人理财应把握哪些策略

一、掌握投资组合的艺术

“不要把鸡蛋放在同一个篮子里”、“也不要在一个篮子里只放一个鸡蛋”这是进行分散投资的至理名言。首先，投资者是要在非常理性的状态下，对资产进行合理规划，优化理财产品配置。这种资产合理规划和产品优化配置应该是战略性的，一

图 1-1-4

【活动步骤】

[1] 选中文字“不要把鸡蛋放在同一个篮子里”。

[2] 选择“开始”选项卡，单击“字体”工具栏右下角 图标，打开“字体”对话框，选择“字体”选项卡，如图 1-1-5 所示。

[3] 在“中文字体”下拉列表中选：华文彩云，“字号”框中选：小三。

[4] 在“字体颜色”下拉列表中选：红色。

[5] 在“效果”范围，选中“双删除线”复选框，使其打钩“√”。

[6] 选择“高级”选项卡，在“字符间距”区域，“间距”框中选“加宽”，在“磅值”框中设置为：2 磅，如图 1-1-6 所示，单击“确定”。

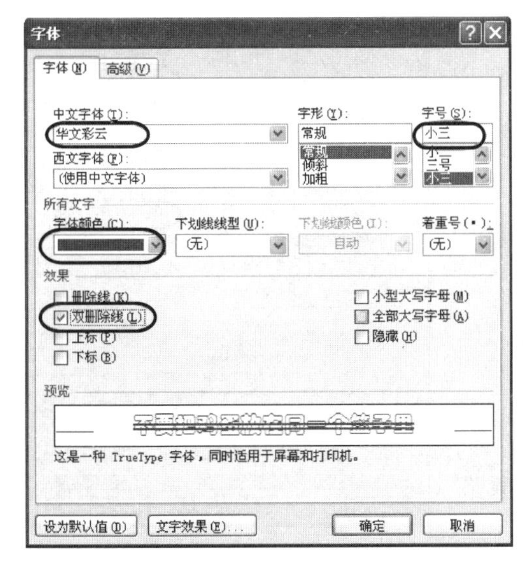

图 1-1-5

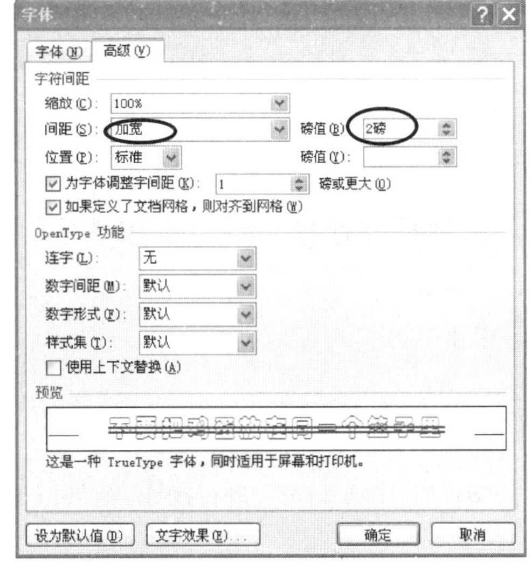

图 1-1-6

活动 1-4

打开文件“hd1-4.docx”，进行操作，结果以原文件名、原路径存盘。

将第一段“航空母舰是现代科学技术的产物……”首字“航”下沉两行，黑体，如图 1-1-7 所示。

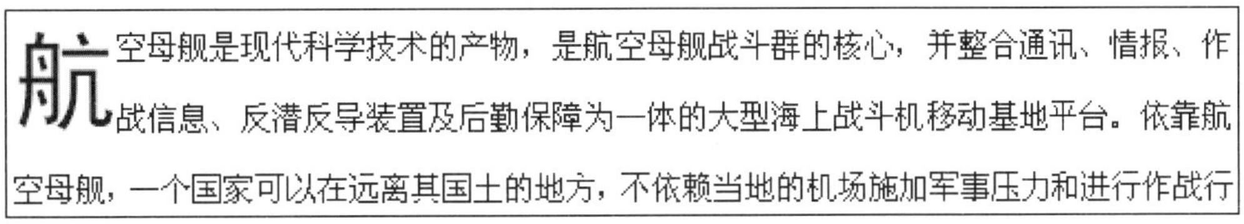

航空母舰是现代科学技术的产物，是航空母舰战斗群的核心，并整合通讯、情报、作战信息、反潜反导装置及后勤保障为一体的大型海上战斗机移动基地平台。依靠航空母舰，一个国家可以在远离其国土的地方，不依赖当地的机场施加军事压力和进行作战行

图 1-1-7

图 1-1-8

【活动步骤】

[1] 选中文字“航”。

[2] 选择“插入”选项卡,单击“文本”工具栏中的“首字下沉”下拉列表 首字下沉,选择“首字下沉选项”,打开“首字下沉”对话框。

[3] 在“位置”区域选择“下沉”。

[4] 在“选项”区域“字体”框中选:黑体。

[5] 在“下沉行数”框中设置:2,如图 1-1-8 所示,单击“确定”。

活动 1-5

打开文件“hd1-5.docx”,进行操作,结果以原文件名、原路径存盘。

设置正文部分:各段首行缩进 2 字符,两端对齐,行距设置为 1.5 倍行距。

【活动步骤】

[1] 选中正文部分内容。

[2] 选择“开始”选项卡,单击“段落”工具栏右下角  图标,打开“段落”对话框。

[3] 选择“缩进和间距”选项卡,在“常规”区域“对齐方式”框中选:两端对齐。

[4] 在“缩进”区域“特殊格式”框中选:首行缩进,“磅值”框中设置为:2 字符。

[5] 在“间距”区域“行距”框中选:1.5 倍行距,如图 1-1-9 所示。

[6] 单击“确定”。

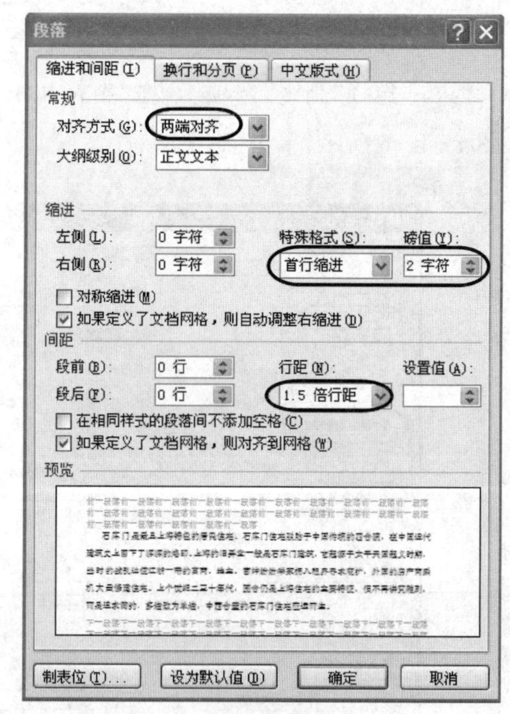

图 1-1-9

活动 1-6

打开文件“hd1-6.docx”,进行操作,结果以原文件名、原路径存盘。

设置标题,左右均缩进 3 字符,左对齐,加 1.5 磅双线下段落框线,如图 1-1-10 所示。

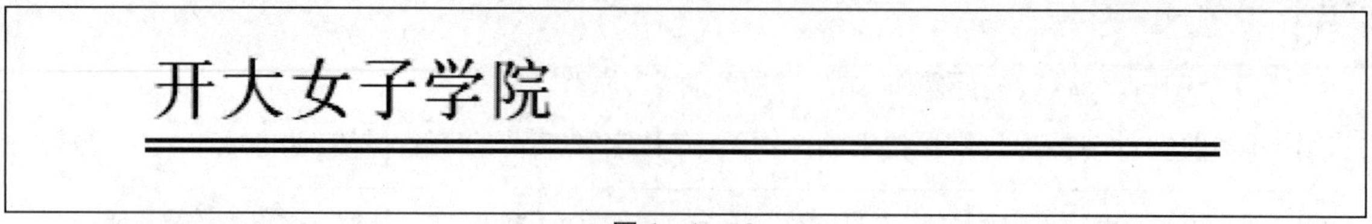

开大女子学院

图 1-1-10

【活动步骤】

[1] 选中标题“开大女子学院”。

[2] 选择“开始”选项卡,单击“段落”工具栏右下角  图标,打开“段落”对话框。

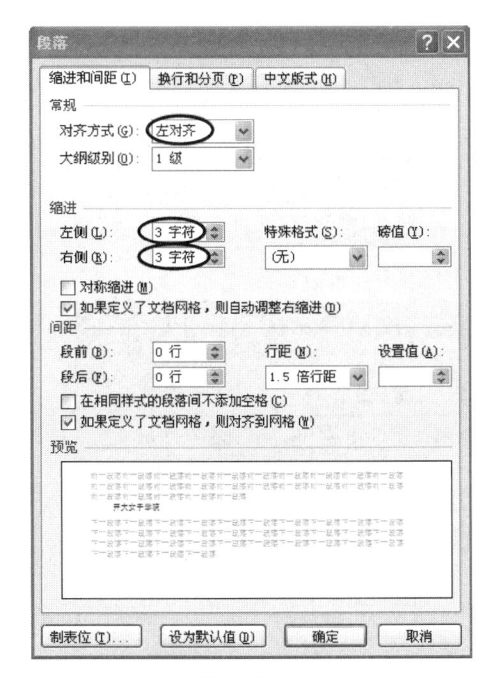

图 1-1-11

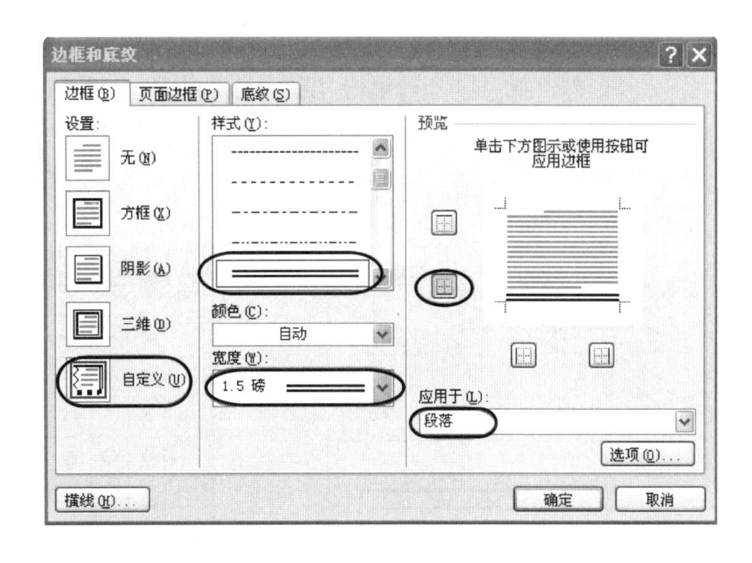

图 1-1-12

[3] 选择“缩进和间距”选项卡，在“常规”区域“对齐方式”框中选：左对齐。

[4] 在“缩进”区域“左侧”框中设置为：3 字符，“右侧”框中设置为：3 字符，如图 1-1-11 所示，单击“确定”。

[5] 单击“段落”工具栏下框线下拉列表 ，选择“边框和底纹”，打开“边框和底纹”对话框。

[6] 选择“边框”选项卡，在“设置”区域选中“自定义”按钮。

[7] 在“样式”框中选：双线，在“宽度”框中选：1.5 磅。

[8] 在“预览”区域，单击下框线按钮 。

[9] 在“应用于”框中选：段落，如图 1-1-12 所示。

[10] 单击“确定”。

活动 1-7

打开文件“hd1-7. docx”，进行操作，结果以原文件名、原路径存盘。

为最后三段正文段落设置项目符号“●”(字符 Wingdings：108)，项目符号和文字的缩进位置均为 0，如图 1-1-13 所示。

- **东方明珠塔是一个大小不一、错落有致的球体晶莹夺目，从蔚蓝的天空串联到如茵的草地，描绘出一幅“大珠小珠落玉盘”的如梦画卷。**
- **东方明珠塔凭借其穿梭于三根直径 9 米的擎天立柱之中的高速电梯，以及悬空于立柱之间的世界首部 360 度全透明三轨观光电梯，让每一位游客充分领略现代技术带来的无限风光。**
- **享誉中外的东方明珠空中旋转餐厅位于东方明珠塔 267 米上球体，作为亚洲最高的旋转餐厅，其营业面积达到 1500 平方米，可容纳 350 位来宾用餐。**

图 1-1-13

【活动步骤】

[1] 选中最后三段正文段落。

[2] 选择“开始”选项卡,单击“段落”工具栏中“项目符号”下拉列表☰ ▾,选择“定义新符号项目”,打开“定义新项目符号”对话框,如图1-1-14所示。

[3] 单击“符号”按钮,打开“符号对话框”,如图1-1-15所示。

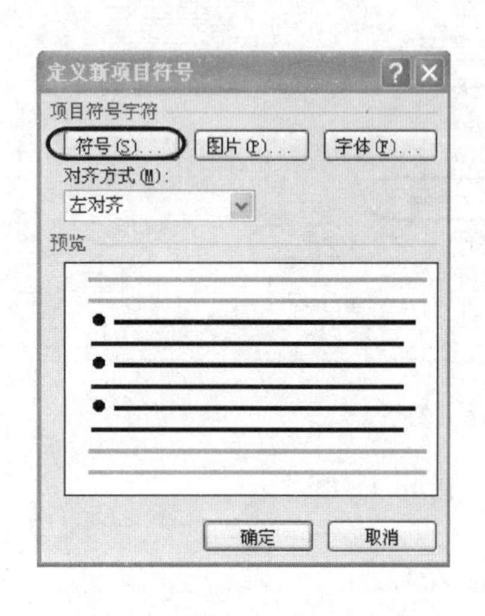

图1-1-14

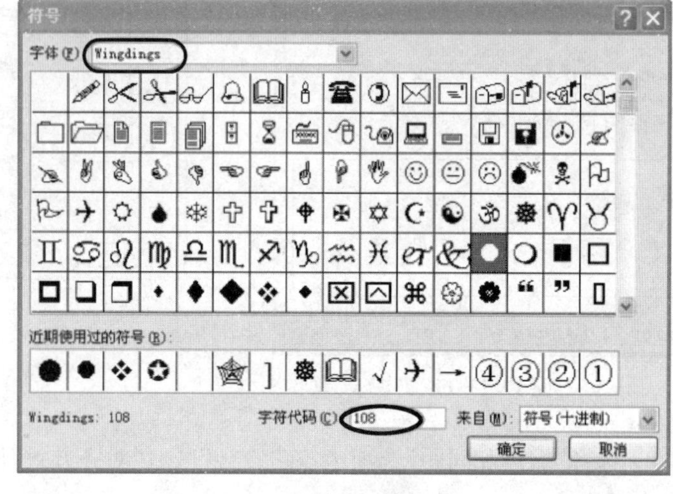

图1-1-15

[4] 在“字体”框中选择:Wingdings,在“字符代码”中设置:108,两次单击“确定”。

[5] 单击选中段落前的项目符号“●”。

[6] 单击鼠标右键,在打开的菜单中选择“调整列表缩进”,打开“调整列表缩进量”对话框。

[7] 在“项目符号位置”框中设置:0,在“文本缩进”框中设置:0,如图1-1-16所示。

[8] 单击“确定”。

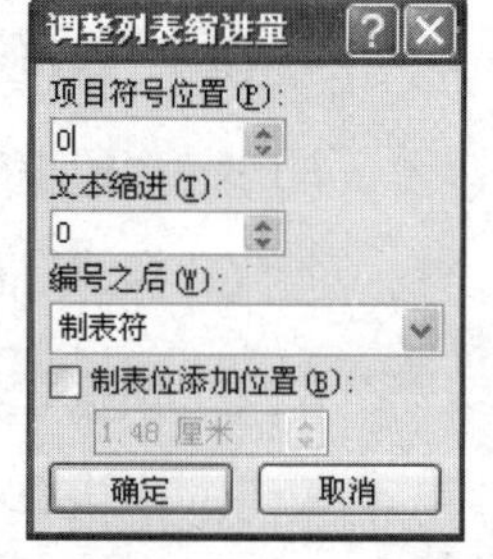

图1-1-16

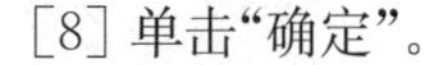

活动1-8

打开文件“hd1-8.docx”,进行操作,结果以原文件名、原路径存盘。

将第二段“这种建筑大量吸收了……”设为:粗体,两端对齐,段前、段后均为5磅,如图1-1-17所示。

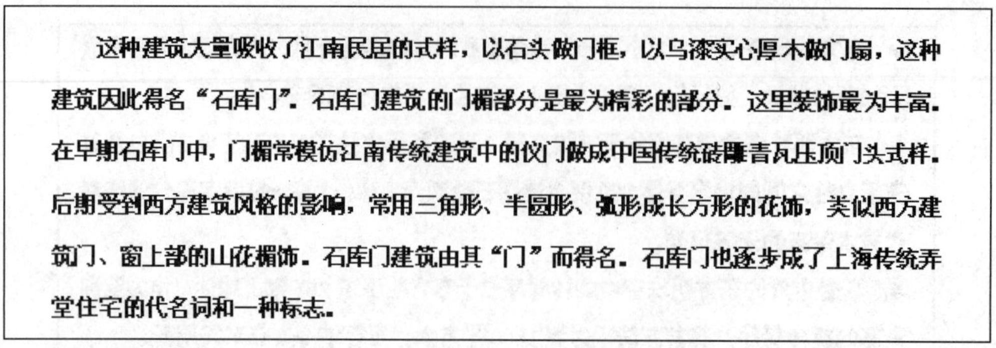

这种建筑大量吸收了江南民居的式样,以石头做门框,以乌漆实心厚木做门扇,这种建筑因此得名“石库门”。石库门建筑的门楣部分是最为精彩的部分。这里装饰最为丰富。在早期石库门中,门楣常模仿江南传统建筑中的仪门做成中国传统砖雕青瓦压顶门头式样。后期受到西方建筑风格的影响,常用三角形、半圆形、弧形成长方形的花饰,类似西方建筑门、窗上部的山花楣饰。石库门建筑由其“门”而得名。石库门也逐步成了上海传统弄堂住宅的代名词和一种标志。

图1-1-17

【活动步骤】

[1] 选中第二段“这种建筑大量吸收了……”所有内容。

[2] 单击“开始”选项卡，在“字体”工具栏“字体”框中，单击加粗按钮 **B** 。

[3] 单击“段落”工具栏右下角 图标，打开“段落”对话框。

[4] 选择“缩进和间距”选项卡，在“常规”区域“对齐方式”框中选：两端对齐。

[5] 在“间距”区域“段前”框中输入：5 磅，“段后”框中输入：5 磅，如图 1－1－18 所示。

[6] 单击“确定”。

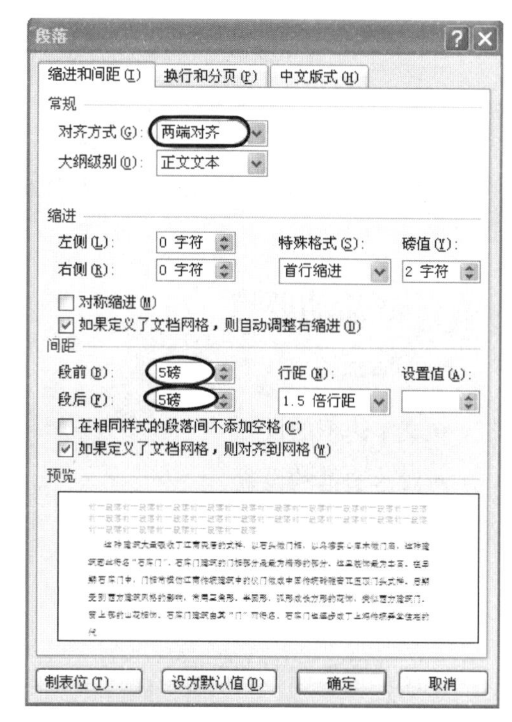

图 1－1－18

活动 1－9

打开文件“hd1-9. docx”，进行操作，结果以原文件名、原路径存盘。

设置正文中的三个小标题(一、掌握投资组合的艺术；二、做到知己知彼；三、适时调整资产结构)：“标题 3”样式，斜体。将全文中所有的英文字母大小写互换，如图 1－1－19 所示。

> 一、***掌握投资组合的艺术*** ZhangWoTouZiZuHeDeYiShu
>
> 二、***做到知己知彼*** ZuoDaoZHiJiZHiBi
>
> 三、***适时调整资产结构*** SHiSHiTiaoZHengZiCHanJieGou

图 1－1－19

【活动步骤】

[1] 选中正文中小标题“一、掌握投资组合的艺术”。

[2] 单击“开始”选项卡，在“样式”工具栏选择 AaBbC 标题 3。

[3] 在“字体”工具栏中单击“倾斜”按钮 *I* 。

[4] 双击“剪贴板”工具栏中的“格式刷”按钮 。

[5] 依次格式化“二、做到知己知彼”和“三、适时调整资产结构”。

[6] 按 Ctrl＋A 选中全文。

[7] 在“开始”选项卡“字体”工具栏中单击“更改大小写”下拉列表 Aa ，选择“切换大小写”。

活动二 Word 边框和底纹操作

一、活动要点

- 文字边框的设置
- 段落边框的设置
- 文字底纹的设置
- 段落底纹的设置
- 图文框底纹的设置
- 图片边框阴影的设置

二、活动内容

活动2-1

打开文件“hd2-1.docx”,进行操作,结果以原文件名、原路径存盘。

设置标题“东方明珠广播电视塔”右下斜偏移阴影效果,加浅色网格文字底纹,如图1-2-1所示。

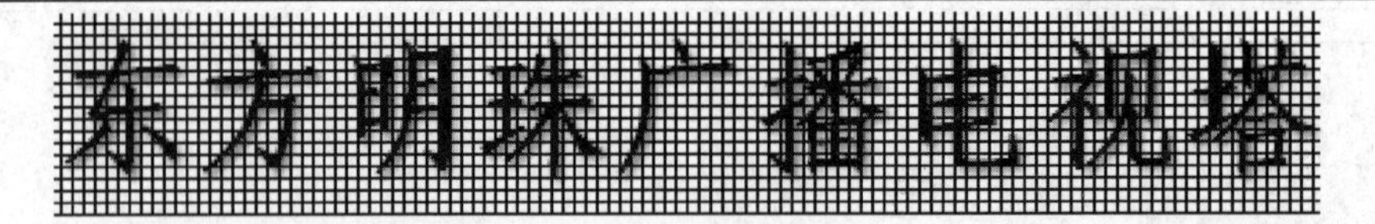

图1-2-1

【活动步骤】

[1] 选中标题“东方明珠广播电视塔”。

[2] 单击“开始”选项卡,在“字体”工具栏中单击“文本效果”下拉列表 A▾,选择“阴影”,再在“外部”中选择“右下斜偏移”阴影效果(第一行第一个),如图1-2-2所示。

[3] 单击“段落”工具栏下框线下拉列表 ▾(注:默认状态下),选择“边框和底纹”,打开“边框和底纹”对话框。

[4] 选择“底纹”选项卡,在“图案”区域“样式”框中选:浅色网格,如图1-2-3所示。

[5] 在“应用于”框中选:文字。

[6] 单击“确定”。

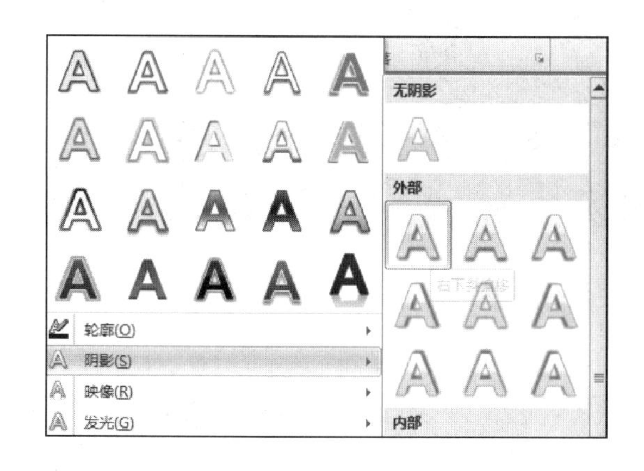

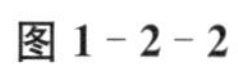
图 1-2-2

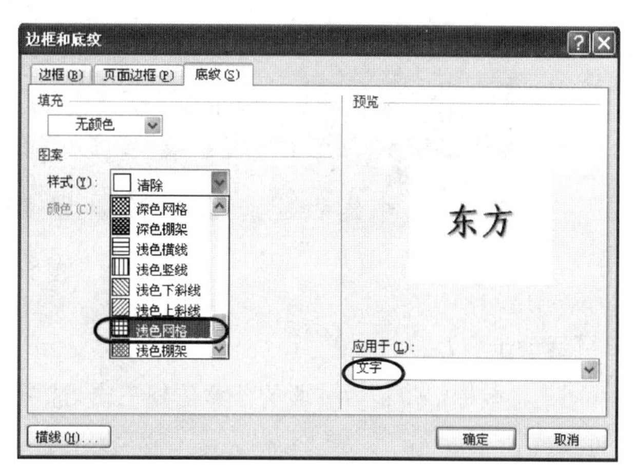

图 1-2-3

活动 2-2

打开文件"hd2-2. docx",进行操作,结果以原文件名、原路径存盘。

将第一段"航空母舰是现代科学技术的产物……"首字下沉的"航"字设置：25%图文框底纹,如图 1-2-4 所示。

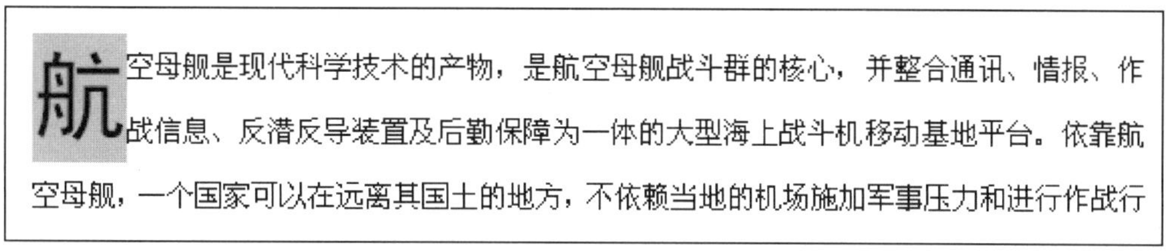

航空母舰是现代科学技术的产物，是航空母舰战斗群的核心，并整合通讯、情报、作战信息、反潜反导装置及后勤保障为一体的大型海上战斗机移动基地平台。依靠航空母舰，一个国家可以在远离其国土的地方，不依赖当地的机场施加军事压力和进行作战行

图 1-2-4

【活动步骤】

[1] 单击"航"字,然后点击图文框边框,选中"航"字图文框 航 。

[2] 在"开始"选项卡中单击"段落"工具栏下框线下拉列表 ,选择"边框和底纹",打开"边框和底纹"对话框。

[3] 选择"底纹"选项卡,在"图案"区域"样式"框中选：25%,如图 1-2-5 所示。

[4] 在"应用于"框中选：图文框。

[5] 单击"确定"。

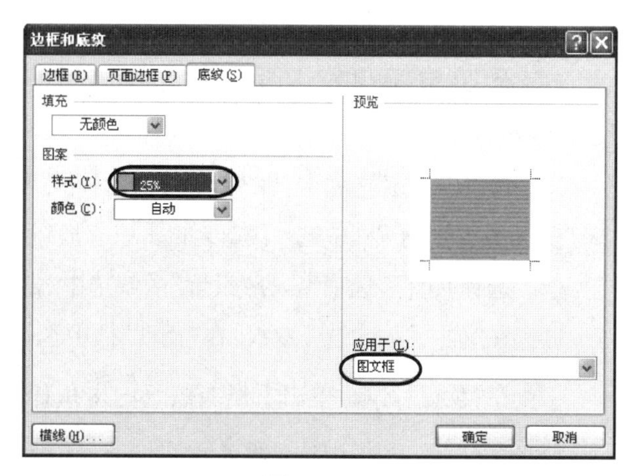

图 1-2-5

活动 2-3

打开文件"hd2-3. docx",进行操作,结果以原文件名、原路径存盘。

将最后一段"影响个人金融理财活动……"加浅蓝色的 100%纯色底纹,如图 1-2-6 所示。

影响个人金融理财活动的因素无论来自内部的自身条件，还是外部的环境条件都不会是固定的，而是千变万化的。所以投资者在确定理财目标，制订个人金融理财规划，并合理配置资金开始运作之后，还不能掉以轻心，必须根据各种内外因素的变化，适时地调整自己的资产结构，才能降低可能产生的风险，达到提高收益的目的。

图 1-2-6

【活动步骤】

[1] 将鼠标定位最后一段的任意位置三击，选中该段落。

[2] 在"开始"选项卡中单击"段落"工具栏下框线下拉列表 ，选择"边框和底纹"，打开"边框和底纹"对话框。

[3] 选择"底纹"选项卡，在"图案"区域"样式"框中选：纯色100%。

[4] 在"颜色"框中选：浅蓝。

[5] 在"应用于"框中选：段落，如图 1-2-7 所示。

[6] 单击"确定"。

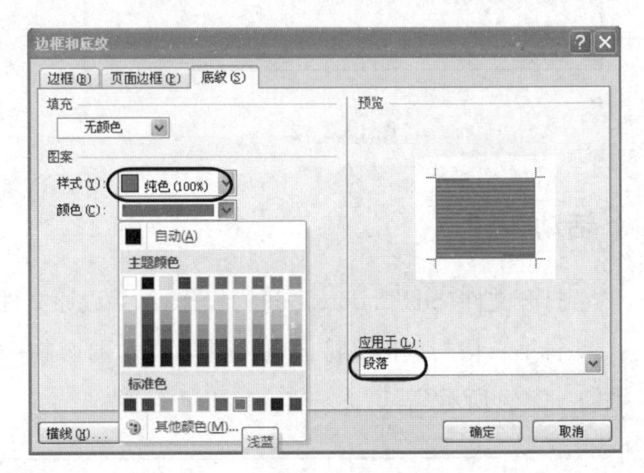

图 1-2-7

活动 2-4

打开文件"hd2-4. docx"，进行操作，结果以原文件名、原路径存盘。

设置标题段落加25%底纹和2.25磅框线，如图 1-2-8 所示。

徐家汇公园

图 1-2-8

【活动步骤】

[1] 选中标题"徐家汇公园"。

[2] 在"开始"选项卡中单击"段落"工具栏下框线下拉列表 ，选择"边框和底纹"，打开"边框和底纹"对话框。

[3] 选择"底纹"选项卡，在"图案"区域"样式"框中选：25%。

[4] 在"应用于"框中选：段落，如图 1-2-9 所示。

[5] 选择"边框"选项卡，在"设置"区域选中"自定义"按钮。

[6] 在"样式"框中选：双线，在"宽度"框中选：2.25 磅。

[7] 在"预览"区域，单击下框线按钮 和右框线按钮 。

[8] 在"应用于"框中选：段落，如图 1-2-10 所示。

[9] 单击"确定"。

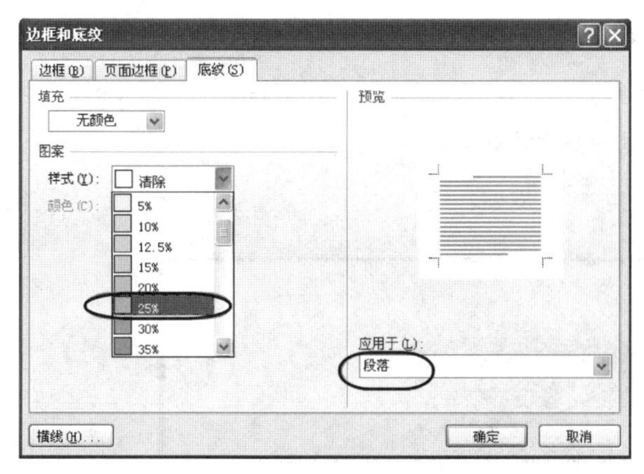

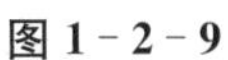

图 1-2-9

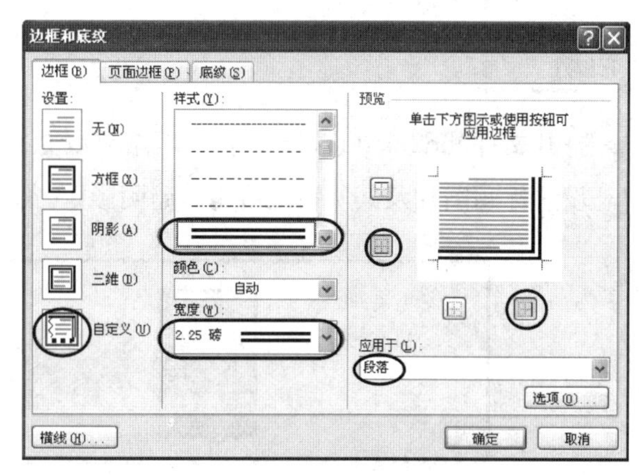

图 1-2-10

活动 2-5

打开文件“hd2-5. docx”,进行操作,结果以原文件名、原路径存盘。

设置标题文字加 20%底纹和段落加蓝色填充,如图 1-2-11 所示。

上海辰山植物园

图 1-2-11

【活动步骤】

[1] 选中标题“上海辰山植物园”。

[2] 在“开始”选项卡中单击“段落”工具栏下框线下拉列表 ,选择“边框和底纹”,打开“边框和底纹”对话框。

[3] 选择“底纹”选项卡,在“图案”区域“样式”框中选:20%。

[4] 在“应用于”框中选:文字,如图 1-2-12 所示,单击“确定”。

[5] 保持选中状态,再次打开“边框和底纹”对话框。

[6] 选择“底纹”选项卡,在“填充”框中选:蓝色。

[7] 在“应用于”框中选:段落,如图 1-2-13 所示,单击“确定”。

图 1-2-12

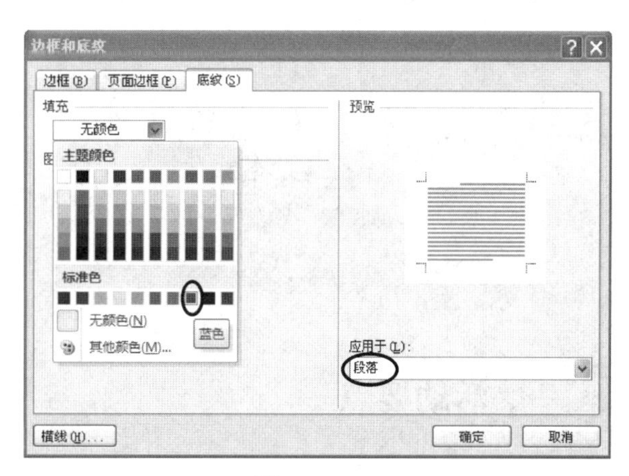

图 1-2-13

活动 2-6

打开文件“hd2-6. docx”，进行操作，结果以原文件名、原路径存盘。

设置标题图片及其所在段落 1.5 磅阴影框，如图 1-2-14 所示。

图 1-2-14

【活动步骤】

[1] 单击选中标题图片。

[2] 在“开始”选项卡中单击“段落”工具栏下框线下拉列表 ，选择“边框和底纹”，打开“边框和底纹”对话框。

[3] 选择“边框”选项卡，在“设置”区域选中“阴影”。

[4] 在“宽度”框中选择：1.5 磅，如图 1-2-15 所示，单击“确定”。

[5] 保持图片选中状态，重新打开“边框和底纹”对话框。

[6] 在“边框”选项卡“应用于”框中选择：段落，如图 1-2-16 所示，单击“确定”。

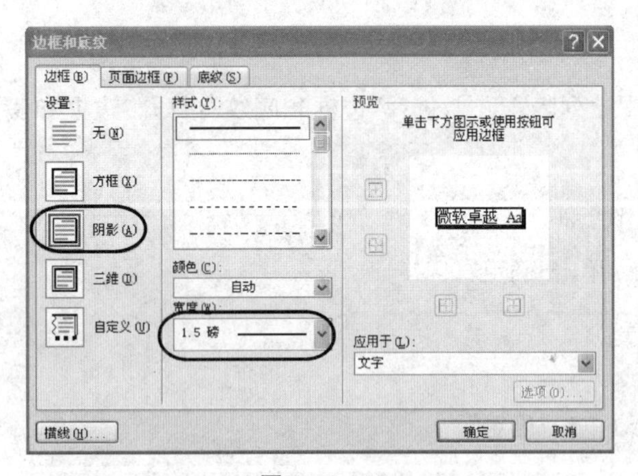

图 1-2-15

图 1-2-16

活动三 Word 插图与艺术字操作

一、活动要点

- 插入图片的操作

- 插入剪贴画的操作
- 插入 SmartArt 的操作
- 插入艺术字的操作

二、活动内容

活动 3－1

打开文件“hd3-1. docx”，进行操作，结果以原文件名、原路径存盘。

将文中已有的图片，缩放其高度和宽度为原始尺寸的 20%，将其移动嵌入到标题“开大女子学院”后，如图 1－3－1 所示。

图 1－3－1

【活动步骤】

[1] 单击选中图片。

[2] 在“格式”选项卡“大小”工具栏中单击 图标，打开“布局”对话框。

[3] 在“大小”选项卡“相对原始图片大小”复选框前打“√”。

[4] 在“缩放”区域“高度”框中输入“20%”，“宽度”框中输入“20%”，如图 1－3－2 所示。

[5] 单击“文字环绕”选项卡，在“环绕方式”区域选择“嵌入型”，如图 1－3－3 所示，单击“确定”。

[6] 单击图片，按住鼠标左键将其拖动到标题“开大女子学院”后。

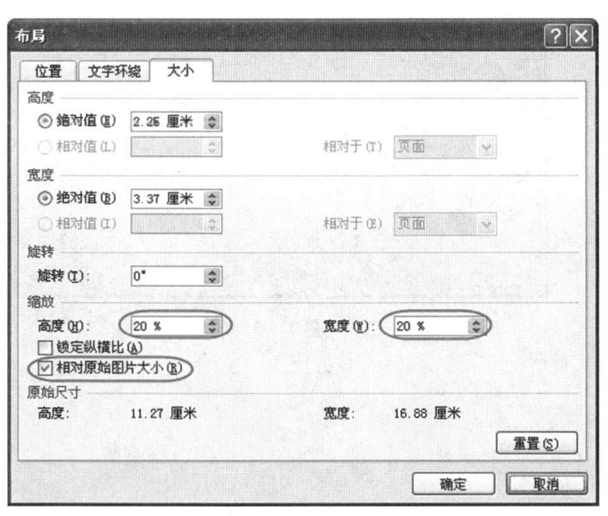

图 1－3－2

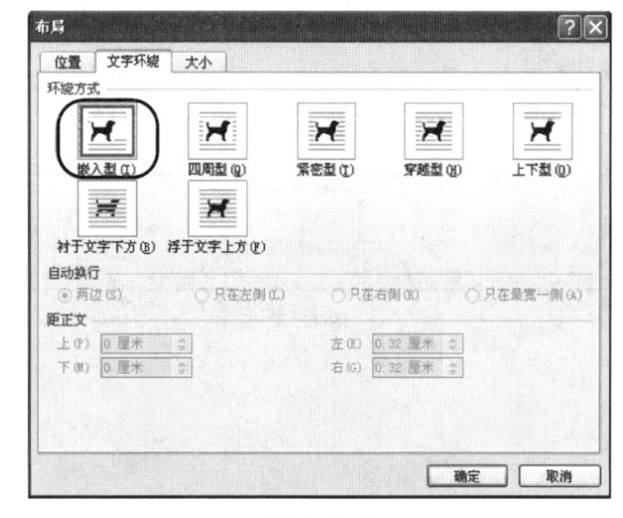

图 1－3－3

活动3－2

打开文件“hd3-2. docx”,进行操作,结果以原文件名、原路径存盘。

在标题前插入图片 hkmj. jpg(D:\OA8\word 活动集\hd3－插图与艺术字操作\素材):设置高度为 2. 42 厘米,宽度为 5. 85 厘米,四周型,如图 1－3－4 所示。

航空母舰

图 1－3－4

【活动步骤】

[1] 将光标定位在标题“航空母舰”前。

[2] 选择“插入”选项卡,在“插图”工具栏中,单击“图片”图标,打开“插入图片”对话框。

[3] 找到图片 hkmj. jpg,选中图片,单击“插入”按钮,如图 1－3－5 所示。

[4] 保持图片选中,在“格式”选项卡“大小”工具栏中单击 图标,打开“布局”对话框。

[5] 在“大小”选项卡中,去掉“锁定纵横比”复选框前的“√”。

[6] 在“高度”区域“绝对值”单选框中设置为:2. 42 厘米,在“宽度”区域“绝对值”单选框中设置为:5. 85 厘米,如图 1－3－6 所示。

[7] 单击“文字环绕”选项卡,在“环绕方式”区域选择“四周型”,单击“确定”。

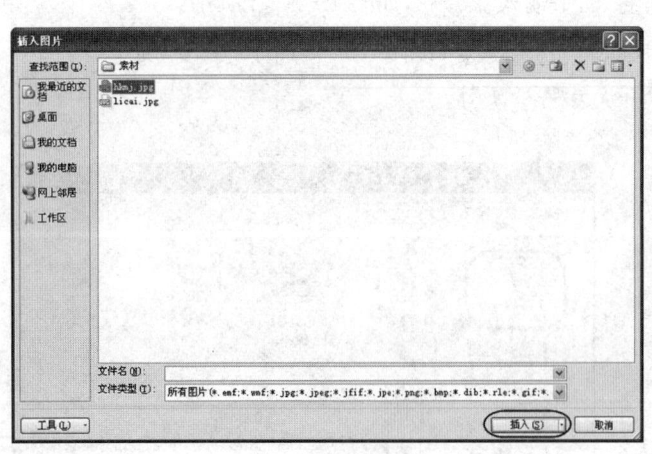

图 1－3－5

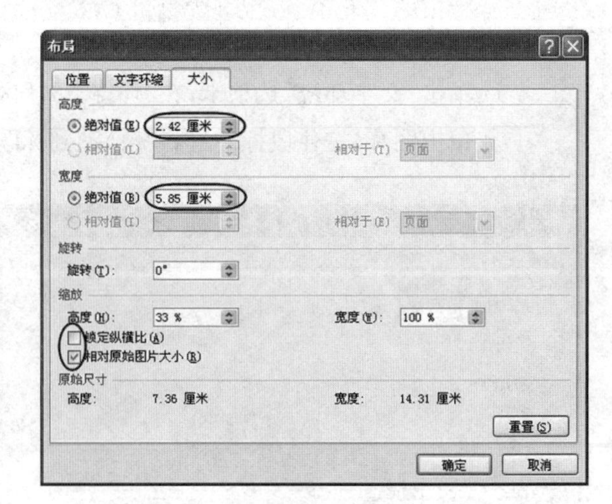

图 1－3－6

活动 3-3

打开文件“hd3-3. docx”，进行操作，结果以原文件名、原路径存盘。

在标题中插入图片 licai. jpg(D: \ OA8 \Word 活动集\hd3-插图与艺术字操作\素材)：高度 2.01 厘米和宽度 2.5 厘米，如图 1-3-7 所示。

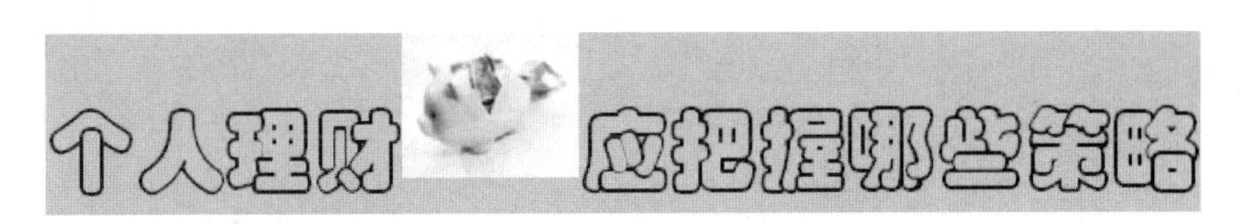

图 1-3-7

【活动步骤】

[1] 将光标定位在标题“个人理财”字符后。

[2] 单击“插入”选项卡，在“插图”工具栏中，单击“图片” ，打开“插入图片”对话框。

[3] 找到图片 licai. jpg，选中图片，单击“插入”按钮，如图 1-3-8 所示。

[4] 保持图片选中，在“格式”选项卡“大小”工具栏中单击 图标，打开“布局”对话框。

[5] 在“大小”选项卡中，去掉“锁定纵横比”复选框前的“√”。

[6] 在“高度”区域“绝对值”单选框中设置为：2.01 厘米。

[7] 在“宽度”区域“绝对值”单选框中设置为：2.5 厘米，如图 1-3-9 所示，单击“确定”。

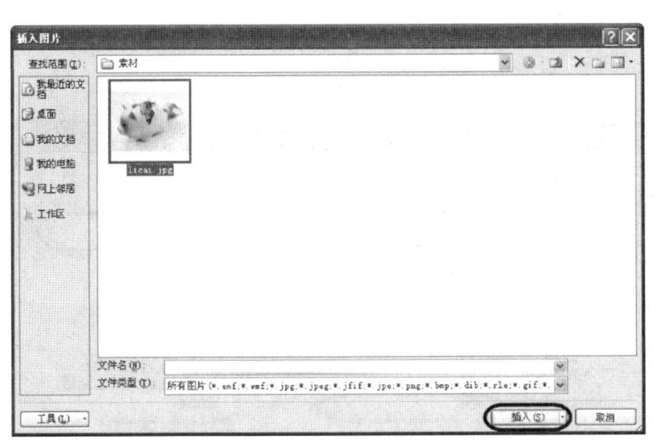

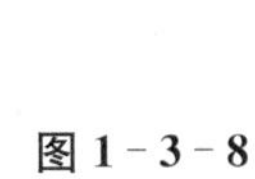
图 1-3-8

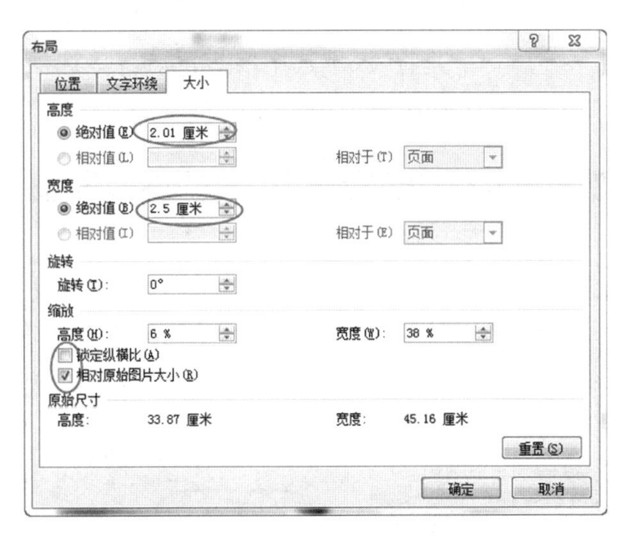

图 1-3-9

活动 3-4

打开文件“hd3-4. docx”，进行操作，结果以原文件名、原路径存盘。

设置艺术字标题“良好学习习惯”：宋体、40 磅。高度和宽度分别为 2 厘米和 10.2 厘米，四周型，距正文上、下、左、右均设为 0 厘米，水平居中于页面，垂直距页边距 0 厘米，如图 1-3-10 所示。

学习时集中注意，养成良好学习习惯，是节省学习时间和提高学习效率的最为基本的方法。集中注意指学习时专心致志。学习过程中注意高度集中时，学习者对周围其他事情

良好学习习惯

图 1-3-10

【活动步骤】

[1] 将光标定位在第一段段首。

[2] 单击“插入”选项卡，在“文本”工具栏中，单击“艺术字”下拉列表 A 艺术字，单击第一行第一列艺术字样式(即：填充-茶色，文本2，轮廓-背景2)。

[3] 输入文字“良好学习习惯”。

[4] 单击艺术字边框，选中艺术字文本框。

[5] 在“开始”选项卡，“字体”工具栏“字号”框中设置为：40。

[6] 单击“格式”选项卡，在“大小”工具栏中设置高度为：2厘米，宽度为：10.2厘米 2厘米 10.2厘米 大小。

[7] 保持艺术字选中，在“格式”选项卡“大小”工具栏中单击 图标，打开“布局”对话框。

[8] 单击“文字环绕”选项卡，在“环绕方式”区域选中“四周型”，在“距正文”区域左右框中分别设置为：0厘米，如图1-3-11所示。

[9] 单击“位置”选项卡，在“水平”区域选中“对齐方式”单选框，并设置为：居中，“相对于”框中设置为：页面。

[10] 在“垂直”区域选中“绝对位置”单选框，并设置为：0厘米，“下侧”框中设置为：页边距，如图1-3-12所示，单击“确定”。

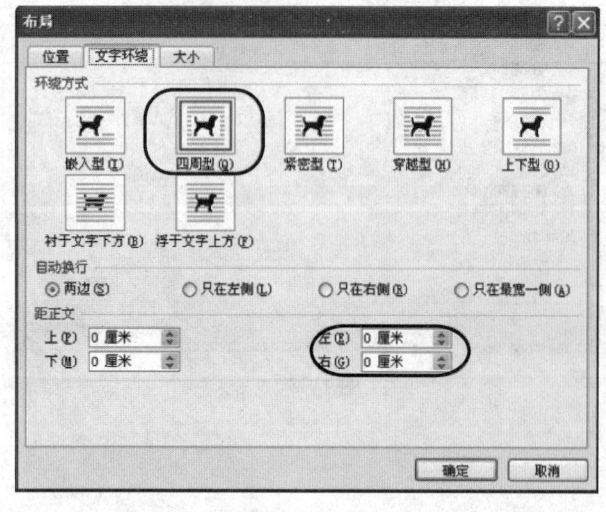

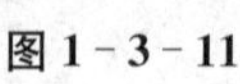
图 1-3-11

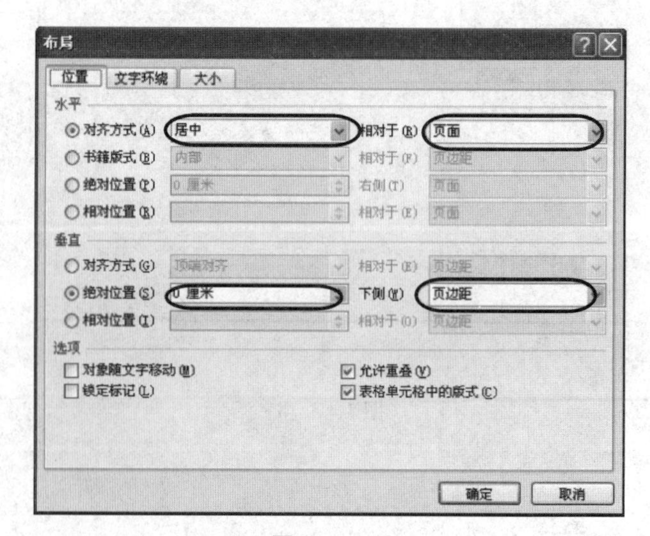

图 1-3-12

活动 3-5

打开文件“hd3-5.docx”，进行操作，结果以原文件名、原路径存盘。

在标题行插入艺术字“上海东方明珠广播电视塔”，环绕方式：嵌入式。艺术字样式：五行三列“填充-红色，强调文字颜色 2，暖色粗糙棱台”样式。文本效果：发光变体两行六列“橙色，8pt 发光，强调文字颜色 6”。文本效果：“转换”/“弯曲”一行四列“倒三角”，如图 1-3-13 所示。

图 1-3-13

【活动步骤】

[1] 将光标定位在标题行行首。

[2] 单击“插入”选项卡，在“文本”工具栏中，打开“艺术字”下拉菜单，在第五行第三列选择“填充-红色，强调文字颜色 2，暖色，粗糙棱台”样式 A ，单击选中，插入艺术字文本框，输入文字“上海东方明珠广播电视塔”。

[3] 选中艺术字文本框，单击鼠标右键，在菜单中选择“自动换行”中的“嵌入型”。

[4] 保持艺术字文本框选中状态，单击“格式”选项卡，在“艺术字样式”工具栏中，打开“文本效果”下列菜单 A 文本效果 ▾ ，在“发光”菜单“发光变体”区域选择第二行第六列：橙色，8pt 发光，强调文字颜色 6。

[5] 保持艺术字文本框选中状态，单击“格式”选项卡，在“艺术字样式”工具栏中，打开“文本效果”下列菜单，在“转换”菜单“弯曲”区域选择第一行第四列：倒三角 abcde 。

活动 3-6

打开文件“hd3-6. docx”，进行操作，结果以原文件名、原路径存盘。

将正文中第四段以后的文字，变成 SmartArt 图形：棱锥图(棱锥型列表)，文字字号：微软雅黑，9 号，加粗，如图 1-3-14 所示。

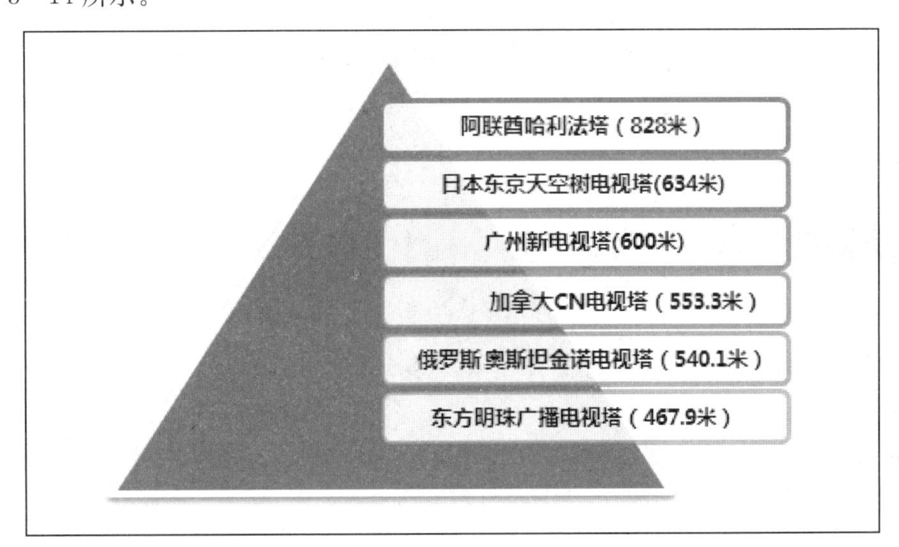

图 1-3-14

【活动步骤】

[1] 在“世界六大高塔”后另起一段,将光标定位在段首。

[2] 单击“插入”选项卡,在“插图”工具栏中单击“SmartArt”图标 。

[3] 在打开的“选择 SmartArt 图形”对话框列表中单击“棱锥图”,在右边选择第三个“棱锥型列表”按钮,单击“确定”,如图 1-3-15 所示。

[4] 选中第四段以后的文字,剪切(Ctrl+X)六行文字。

[5] 选中插入的 SmartArt 图形,在左边“在此处键入文字”框中粘贴(Ctrl+V)文字,并去掉多余的空行部分,如图 1-3-16 所示。

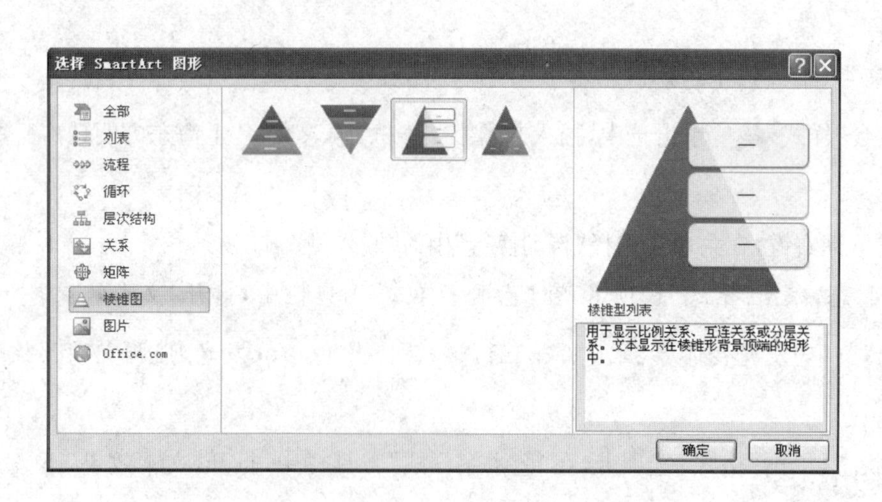

图 1-3-15

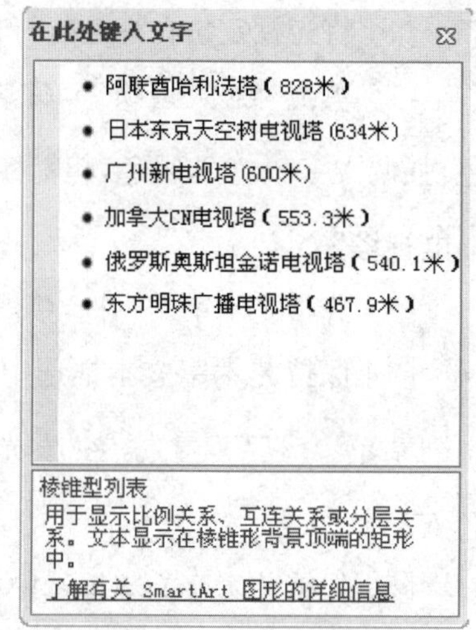

图 1-3-16

[6] 选中所有粘贴过来的文字,在“开始”选项卡,“字体”工具栏“字体”框中选:微软雅黑;在“字号”框中选:9 磅;点击加粗按钮 **B** 。

[7] 单击 SmartArt 图形边框,选中 SmartArt 图形,通过拖动边框,调整大小。

活动四　Word 表格操作

一、活动要点

- 插入表格操作
- 绘制表格操作
- 合并表格操作
- 表格属性的设置
- 表格与文字的转换

二、活动内容

活动 4－1

打开文件“hd4-1. docx”，进行操作，结果以原文件名、原路径存盘。

在文末插入一个表格：宋体、四号、表内容及整表均居中，表格粗框线为 3 磅、细框线为 1.5 磅，如图 1－4－1 所示。

姓名	语文	数学	英语	化学
张杰辉	80	89	77	86
隋晓丽	90	86	55	68
吴之龙	88	54	69	98

图 1－4－1

【活动步骤】

[1] 将光标定位在文末。

[2] 单击“插入”选项卡，在“表格”工具栏中单击“表格”下拉列表 表格。

[3] 选中“插入表格”按钮，打开“插入表格”对话框，在“表格尺寸”区域“列数”框中设置为：5，“行数”框中设置为：4，如图 1－4－2 所示，单击“确定”。

[4] 按照样张输入相关文字。

[5] 单击表格左上角 图标，选中整个表格，单击“开始”选项卡，在“段落”工具栏中，单击“居中”按钮，如图 1－4－3 所示，单击“布局”选项卡，在“对齐方式”工具栏中单击“水平居中”。

[6] 在“字体”框中选：宋体，在“字号”框中选：四号。

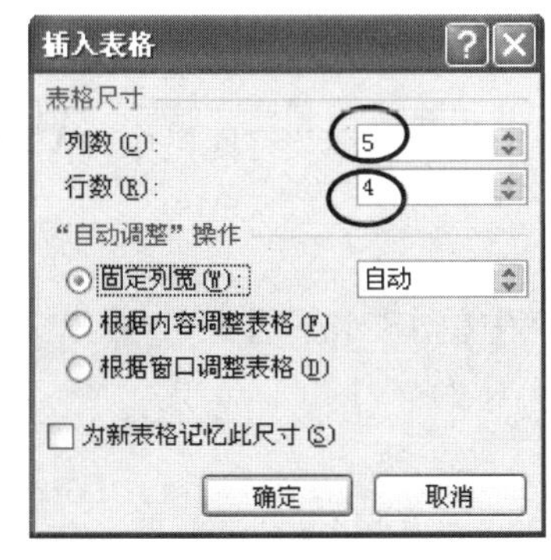

图 1－4－2

图 1－4－3

[7] 保持表格选中状态，单击“设计”选项卡，在“绘图边框”工具栏“笔画粗细”下列菜单中选：1.5 磅，在“表格样式”工具栏“边框”下列菜单中单击“所有框线”田。

[8] 保持表格选中状态,在"绘图边框"工具栏"笔画粗细"下列菜单中选:3.0 磅,在"表格样式"工具栏"边框"下列菜单中单击"外侧框线" 。

[9] 选中表格第一行,在"绘图边框"工具栏"笔画粗细"下列菜单中选:3.0 磅,在"表格样式"工具栏"边框"下列菜单中单击"下框线" 。

活动 4 - 2

打开文件"hd4-2.docx",进行操作,结果以原文件名、原路径存盘。

将文末几行文字转换成一个 3 行 4 列的表格,并设置各列列宽为 3 厘米,表内容及整表均居中,如图 1 - 4 - 4 所示。

姓名	地址	电话	E-mail
李世杰	汶水路 19 号	6435442	lsj@163.com
孙佳干	天阳路 18 号	6435456	sjg@hot.com

图 1 - 4 - 4

【活动步骤】

[1] 选中文末需要转换为表格的文字。

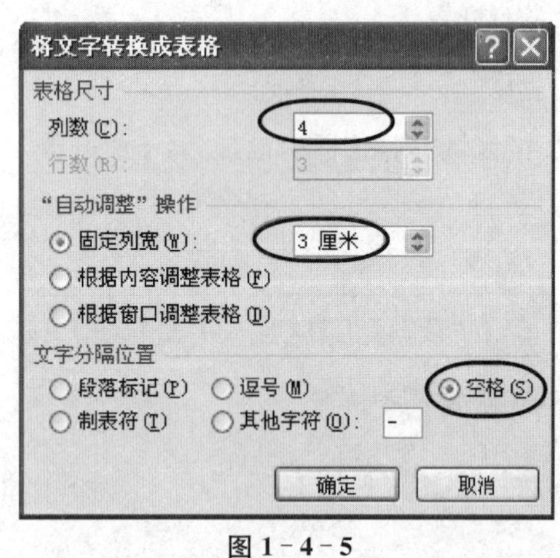

图 1 - 4 - 5

[2] 单击"插入"选项卡,在"表格"工具栏中单击"表格"下拉列表 表格 。

[3] 单击"文本转换成表格" ,打开"将文字转换成表格"对话框。

[4] 在"表格尺寸"区域"列数"框中设置为:4。

[5] 在"自动调整"操作,区域中选中"固定列宽"单选框,并设置为:3 厘米。

[6] 在"文字分隔位置"区域中选中"空格"单选框,如图 1 - 4 - 5 所示,单击"确定"。

[7] 单击表格左上角 图标,选中整个表格,单击"开始"选项卡,在"段落"工具栏中,单击"居中"按钮。

[8] 保持表格选中状态,单击"布局"选项卡,在"对齐方式"工具栏中单击"水平居中" 。

活动 4 - 3

打开文件"hd4-3.docx",进行操作,结果以原文件名、原路径存盘。

设置文末表格:第一行标题合并单元格,黑体、加粗、居中对齐、三号,加 12.5%底纹。表内容幼圆、小四号、居中对齐。表格粗框线 2.25 磅、细框线 1 磅,如图 1 - 4 - 6 所示。

上海证交所若干股票行情			
股票简称	类别	最高	最低
上海能源	能源	15.1	13.0
华发股份	房地产	6.8	6.6

图 1-4-6

【活动步骤】

[1] 选中第一行所有单元格。

[2] 单击“布局”选项卡，在“合并”工具栏中，单击“合并单元格”。

[3] 保持选中状态，单击“开始”选项卡，在“字体”框中选：黑体；在“字号”框中选：三号；单击加粗按钮 **B** 。

[4] 选择“布局”选项卡，单击“表”工具栏中“属性”，打开“表格属性”对话框，在“表格”选项卡中，单击“边框和底纹”按钮，如图 1-4-7 所示。

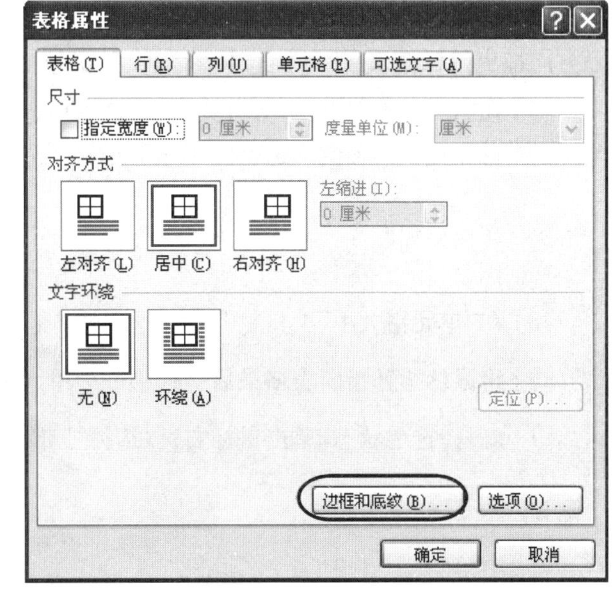

图 1-4-7

[5] 选择“底纹”选项卡，在“图案”区域“样式”框中选：12.5%；在“应用于”框中选：单元格，两次单击“确定”。

[6] 选中表的所有内容(标题除外)，单击“开始”选项卡，在“字体”框中选：幼圆；在“字号”框中选：小四号。

[7] 单击“布局”选项卡，在“对齐方式”工具栏中单击“水平居中” 。

[8] 单击表格左上角图标，选中整个表格。

[9] 保持表格选中状态，单击“设计”选项卡，在“绘图边框”工具栏“笔画粗细”下列菜单中选：1.0 磅。在“表格样式”工具栏“边框”下列菜单中单击“所有框线”。

[10] 保持表格选中状态，在“绘图边框”工具栏“笔画粗细”下列菜单中选：2.25 磅，在“表格样式”工具栏“边框”下列菜单中单击“外侧框线” 。

[11] 选中表格第一行，在“绘图边框”工具栏“笔画粗细”下列菜单中选：2.25 磅，在“表格样式”工具栏“边框”下列菜单中单击“下框线” 。

活动 4-4

打开文件“hd4-4.docx”，进行操作，结果以原文件名、原路径存盘。

在文末原表格第一列插入一列，并合并单元格，输入“成绩表”文字。设置表格内容：水平、垂直均居中对齐，第一列列宽为 2 厘米，删除最后一列，如图 1-4-8 所示。

成绩表	姓名	语文	数学	英语
	张杰辉	80	89	77
	隋晓丽	90	86	55
	吴之龙	88	54	69

图1-4-8

【活动步骤】

[1] 将光标定位于原表格第一列的任意单元格中。

[2] 单击“布局”选项卡,在“行和列”工具栏中,单击“在左侧插入”。

[3] 保持选中状态,在“合并”工具栏中,点击“合并单元格”。

[4] 在该单元格中输入“成”,按回车键换行,再输入“绩”,按回车键换行,再输入“表”。

[5] 将鼠标指针指向表格第一列第一个单元格的上边框线,鼠标指针变为 ⬇ ,按住鼠标左键不放,水平方向拖曳鼠标至最后一列(选中整表内容,不包括最后的段落标记)。

[6] 在“布局”选项卡“对齐方式”工具栏中单击“水平居中”按钮。

[7] 将光标定位在第一列第一个单元格中,单击“布局”选项卡,在“表”工具栏,单击“选择”下拉列表 选择 ,选择“选择列”。

[8] 在“单元格大小”工具栏“宽度”框中输入:2厘米。

[9] 将鼠标指针指向表格最后一列第一个单元格的上边框线,鼠标指针变为 ⬇ ,单击选中最后一列。

[10] 保持选中状态,单击鼠标右键,选择“删除列”。

活动 4-5

打开文件“hd4-5. docx”,进行操作,结果以原文件名、原路径存盘。

将文末原表格设置为:分布列。在最后一列插入一列,并在最后一列第一个单元格中输入文字“总成绩”,加粗,红色。用公式统计每个学生的总成绩,如图1-4-9所示。

成绩表	姓名	语文	数学	英语	总成绩
	张杰辉	80	89	77	246
	隋晓丽	90	86	55	231
	吴之龙	88	54	69	211

图1-4-9

【活动步骤】

[1] 单击表格左上角 图标,选中整个表格。

[2] 在“布局”选项卡“单元格大小”工具栏中,单击“分布列”图标 。

[3] 将光标定位于原表格第五列的任意单元格中。

[4] 在“布局”选项卡“行和列”工具栏中，单击“在右侧插入”图标。

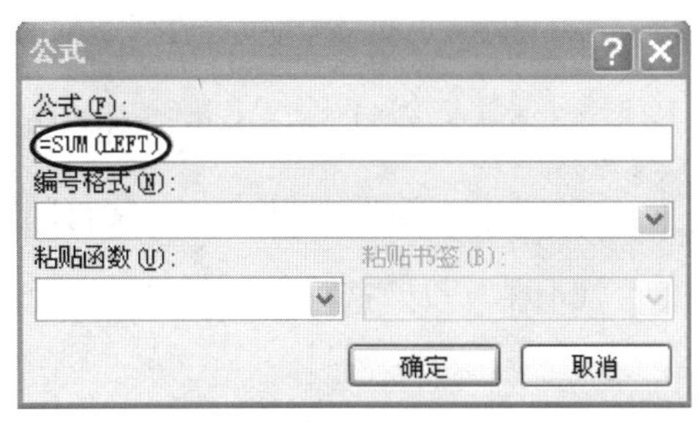

图 1-4-10

[5] 在最后一列第一个单元格中输入文字“总成绩”，选中文字，在“开始”选项卡“字体”工具栏中，单击加粗按钮 **B**，在“字体颜色”下拉列表中选红色 A。

[6] 将光标定位于最后一列第二个单元格中。

[7] 单击“布局”选项卡，在“数据”工具栏中，单击公式 *fx*，打开“公式”对话框，如图 1-4-10 所示。

[8] 在“公式”区域，输入公式“=SUM(LEFT)”，单击“确定”，计算出“张杰辉”的总成绩“246”。同理，计算出“隋晓丽”和“吴之龙”的总成绩分别为“231”和“211”。

活动五 Word 页眉/页脚及页面设置操作

一、活动要点

- 插入页眉/页脚操作
- 页眉/页脚的编辑
- 页边距的设置
- 纸张方向的设置
- 纸张大小的设置

二、活动内容

活动 5-1

打开文件“hd5-1.docx”，进行操作，结果以原文件名、原路径存盘。

设置已有的页脚“理财秘笈”：右对齐，字符间距为加宽 4 磅，如图 1-5-1 所示。

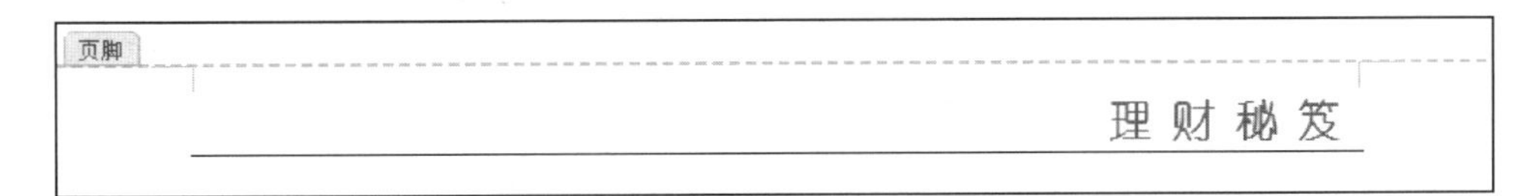

图 1-5-1

【活动步骤】

[1] 双击页脚位置，打开页脚编辑。

[2] 选中“理财秘笈”文字。

[3] 单击“开始”选项卡,在“段落”工具栏中,单击“文本右对齐”按钮。

[4] 在“字体”工具栏中单击右下角图标,打开“字体”对话框。

[5] 选择“高级”选项卡,在“字符间距”区“间距”框中选:加宽,并设置为:4 磅,单击“确定”。

[6] 在“设计”选项卡中单击“关闭页眉和页脚”按钮。

活动 5-2

打开文件“hd5-2.docx”,进行操作,结果以原文件名、原路径存盘。

设置页眉:黑体、小三号、加粗、分散对齐,加“浅色上斜线”段落底纹,如图 1-5-2 所示。

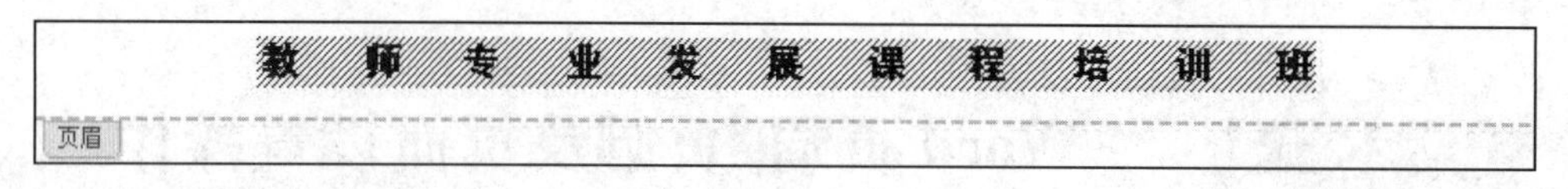

图 1-5-2

【活动步骤】

[1] 单击“插入”选项卡,在“页眉和页脚”工具栏中,单击“页眉”下拉列表,选择“空白”页眉。

[2] 在页眉编辑框中输入文字“教师专业发展课程培训班”。

[3] 选中“教师专业发展课程培训班”该段(包括段落标记),单击“开始”选项卡,在“字体”工具栏中设置:黑体、小三号、加粗。

[4] 在“段落”工具栏中,单击“分散对齐”按钮。

[5] 保持选中状态,单击“段落”工具栏下框线下拉列表,选择“边框和底纹”,打开“边框和底纹”对话框,单击“边框”选项卡,点去“预览”中的下框线。

[6] 单击“底纹”选项卡,在“图案”区域“样式”框中选择“浅色上斜线”底纹,在“预览”区域“应用于”中确认选择“段落”,单击“确定”。

[7] 单击“设计”选项卡,单击“关闭页眉和页脚”按钮。

活动 5-3

打开文件“hd5-3.docx”,进行操作,结果以原文件名、原路径存盘。

设置页脚:华文彩云、加粗、二号、红色、右对齐;加浅蓝色的 100%纯色底纹,如图 1-5-3 所示。

图 1-5-3

【活动步骤】

[1] 单击“插入”选项卡,在“页眉和页脚”工具栏中,单击“页脚”下拉列表,选择“空白”页脚。

[2] 在页脚编辑框中输入“股票有风险 投资需谨慎”文字。

[3] 选中文字,单击“开始”选项卡,在“字体”工具栏中设置:华文彩云、加粗、二号、红色。

[4] 在“段落”工具栏中,单击“文本右对齐”。

[5] 单击“段落”工具栏下框线下拉列表,选择“边框和底纹”,打开“边框和底纹”对话框。

[6] 选择“底纹”选项卡,在“图案”区域“样式”框中选:纯色 100%。

[7] 在“颜色”框中选:浅蓝。在“应用于”框中选:段落。

[8] 单击“确定”。

活动 5-4

打开文件“hd5-4.docx”,进行操作,结果以原文件名、原路径存盘。

设置页脚:插入符号(在 Webdings 中),小初、加粗、分散对齐、距下边界 4 厘米;给页脚加 1.5 磅双线边框线,如图 1-5-4 所示。

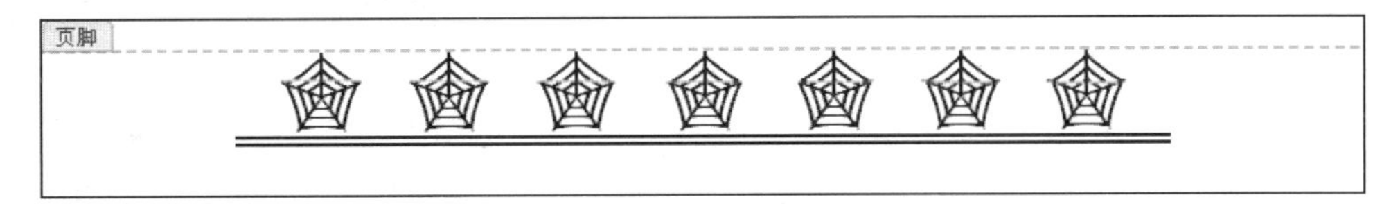

图 1-5-4

【活动步骤】

[1] 单击“插入”选项卡,在“页眉和页脚”工具栏中,单击“页脚”下拉列表,选择“空白”页脚。

[2] 光标定位于页脚编辑框中,单击“插入”选项卡,在“符号”工具栏中单击“符号”下拉列表 符号 ,选择“其他符号”,打开“符号”对话框,在“符号”选项卡“字体”框中选择“Webdings”,双击,如图 1-5-5 所示单击“关闭”。

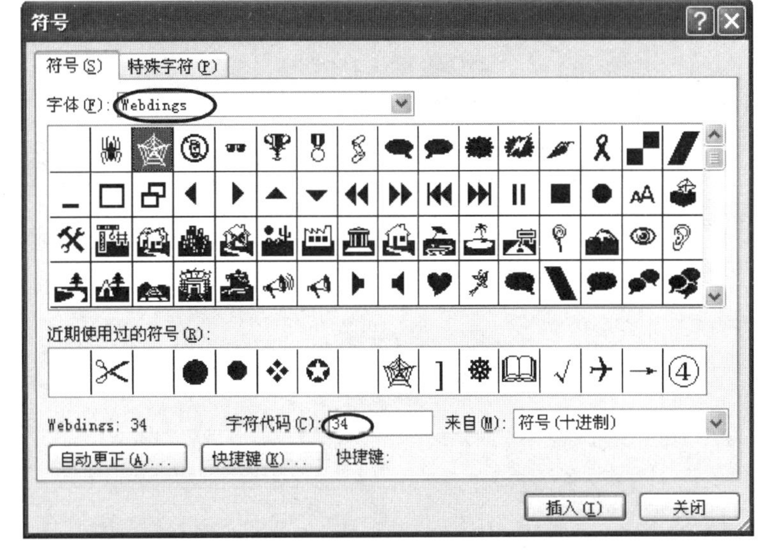

图 1-5-5

[3] 选中,按 Ctrl+C 复制,光标定位于后,按 Ctrl+V 键共 6 次。

[4] 选中页脚中该段(包括段落标记),在格式栏中设置:小初、加粗、分散对齐。

[5] 单击“设计”选项卡,在“位置”工具栏“页脚底端距离”设置为:4 厘米。

[6] 保持选中状态,单击“开始”选项卡,在“段落”工具栏中,单击下框线下拉列表,选择“边框和底纹”,打开“边框和底纹”对话框,单击“边框”选项卡,在“设置”区域选中“自定义”按钮,在“样式”框中选择:双线,在“宽度”框中选择:1.5 磅,在“预览”区域中,单击,在“应用于”框中选:段落,单击“确定”。

活动5-5

打开文件“hd5-5. docx”,进行操作,结果以原文件名、原路径存盘。

设置文档的上下边距均为:2厘米,纸张方向为:横向,左右边距均为:4厘米。

【活动步骤】

[1] 单击“页面布局”选项卡,在“页面设置”工具栏中,单击“页边距”下拉列表 页边距 ,选择“自定义边距”,如图1-5-6所示,打开“页面设置”对话框。

[2] 在“纸张方向”区域,选择:横向。

[3] 在“页边距”选项卡“页边距”区域,设置上下边距均为:2厘米,左右边距均为:4厘米,如图1-5-7所示,单击“确定”。

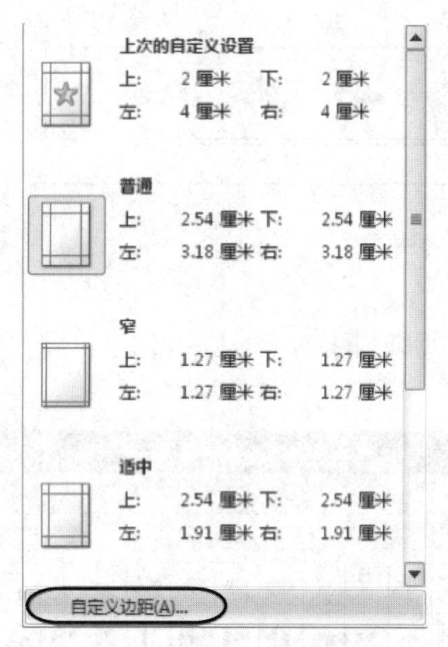

图1-5-6

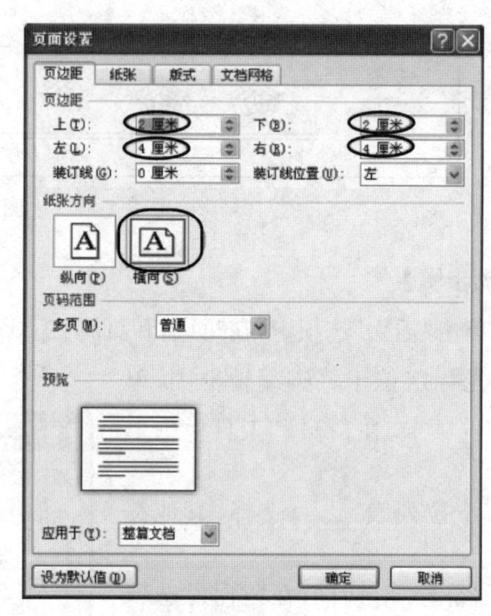

图1-5-7

活动六 Word分栏与替换操作

一、活动要点

- 等宽分栏的设置
- 不等宽分栏的设置
- 多栏的设置
- 文档内容替换操作
- 文档格式替换操作

二、活动内容

活动 6－1

打开文件“hd6-1. docx”，进行操作，结果以原文件名、原路径存盘。

将第二段“以茂密的大乔木……”分为等宽两栏，加分隔线，调整栏间距 5 字符，如图 1－6－1 所示。

以茂密的大乔木、各类花灌木、地被植物构成绿地的要素，绿化配置按照适地适树的原则。引进了一些特色绿化景观，有挺拔茂密的竹林，四季常青的松林，有展示热带风情的海枣和椰子，也有季相明显的栾树林，沿湖还有芬芳的桃李和摇摆的垂柳，绿化品种丰富，搭配合理。同时通过保留建筑、雕塑小品、平静的湖面、贯穿东西大半个园区的景观天桥以及保留并重新修缮的大工业时代留下的烟囱等景观将绿地连接为完整的城市绿色景观。

图 1－6－1

【活动步骤】

［1］将鼠标移到正文第二段中任意位置，三击鼠标左键。

［2］单击“页面布局”选项卡，在“页面设置”工具栏“分栏”下拉菜单中，单击“更多分栏”，打开“分栏”对话框。

［3］在“预设”区域单击“两栏”，确认“分隔线”前的复选框，使其打钩“√”。

［4］在“宽度和间距”区域“间距”框中设置间距为：5 字符。

［5］确认“栏宽相等”前的复选框已打钩“√”，如图 1－6－2 所示，单击“确定”。

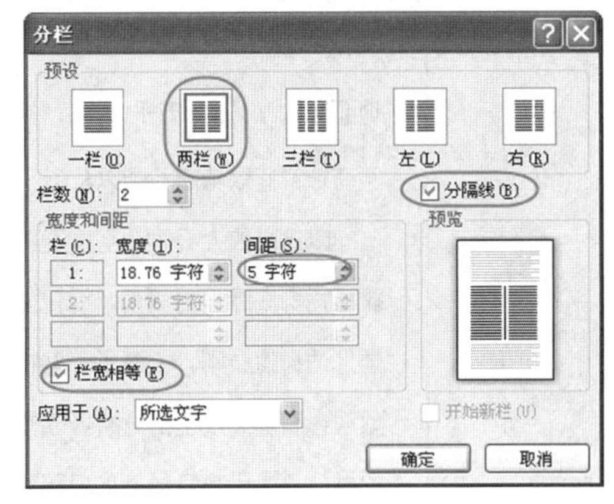

图 1－6－2

活动 6－2

打开文件“hd6-2. docx”，进行操作，结果以原文件名、原路径存盘。

将正文中第四段“公园：上海的缩影……”分为三栏，栏间距均为 2 字符，对相应段落加 1.5 磅“细单波浪线”边框线，如图 1－6－3 所示。

公园：上海的缩影。上海徐家汇公园整体布局呈上海版图状，公园湖设计成黄浦江形状，特别是“黄浦江”上架设了“徐浦”、“卢浦”、“南浦”、“杨浦”四座“大桥”，并在湖面第一个弯道处设计了豫园景观，更显示了公园人文景观设计的巧妙构思。

图 1－6－3

【活动步骤】

[1] 将鼠标移到正文第四段中任意位置,三击鼠标左键。

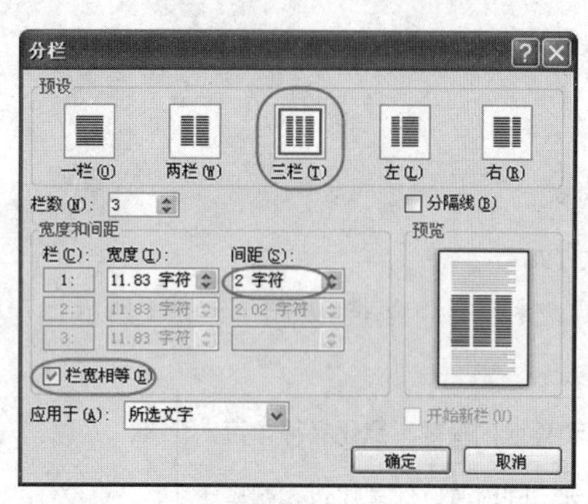

图 1-6-4

[2] 单击“页面布局”选项卡,在“页面设置”工具栏“分栏”下拉菜单中,单击“更多分栏”,打开“分栏”对话框。

[3] 在“预设”区域单击“三栏”。

[4] 在“宽度和间距”区域“间距”框中设置间距为:2字符。

[5] 确认“栏宽相等”前的复选框已打钩“√”,如图1-6-4所示,单击“确定”。

[6] 保持选中状态,在“页面背景”工具栏中单击“页面边框”按钮,在打开的“边框和底纹”对话框中选择“边框”选项卡,单击“设置”区域的“自定义”,在“样式”列表框中选:细单波浪线,在“宽度”列表框中选择“1.5磅”,在“预览”区域中单击“右边框”,单击“确定”。

活动 6-3

打开文件“hd6-3.docx”,进行操作,结果以原文件名、原路径存盘。

将正文中的所有数字格式替换为“三号、加粗、蓝色”,如图1-6-5所示。

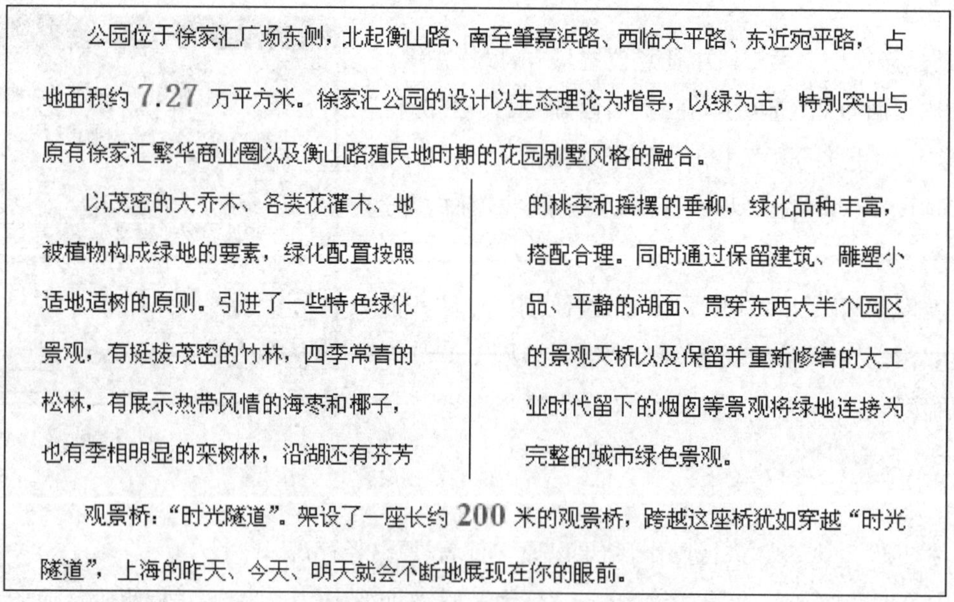

公园位于徐家汇广场东侧,北起衡山路、南至肇嘉浜路、西临天平路、东近宛平路,占地面积约 **7.27** 万平方米。徐家汇公园的设计以生态理论为指导,以绿为主,特别突出与原有徐家汇繁华商业圈以及衡山路殖民地时期的花园别墅风格的融合。

以茂密的大乔木、各类花灌木、地被植物构成绿地的要素,绿化配置按照适地适树的原则。引进了一些特色绿化景观,有挺拔茂密的竹林,四季常青的松林,有展示热带风情的海枣和椰子,也有季相明显的栾树林,沿湖还有芬芳的桃李和摇摆的垂柳,绿化品种丰富,搭配合理。同时通过保留建筑、雕塑小品、平静的湖面、贯穿东西大半个园区的景观天桥以及保留并重新修缮的大工业时代留下的烟囱等景观将绿地连接为完整的城市绿色景观。

观景桥:“时光隧道”。架设了一座长约 **200** 米的观景桥,跨越这座桥犹如穿越“时光隧道”,上海的昨天、今天、明天就会不断地展现在你的眼前。

图 1-6-5

【活动步骤】

[1] 光标定位在任意位置,单击“开始”选项卡,在“编辑”工具栏中单击“替换”按钮,在打开的“查找和替换”对话框中选择“替换”选项卡,单击“更多”按钮。

[2] 光标定位在“查找内容”框中,单击“替换”区域的“特殊格式”按钮,单击“任意数字”选中。

[3] 光标定位在“替换为”框中,单击“格式”按钮,在打开的菜单中单击“字体”,打开字体对话框,在对话框中设置:三号、加粗、蓝色,单击“确定”。

[4] 单击“全部替换”按钮,弹出对话框,单击“确定”,如图1-6-6所示,关闭“查找和替换”对话框。

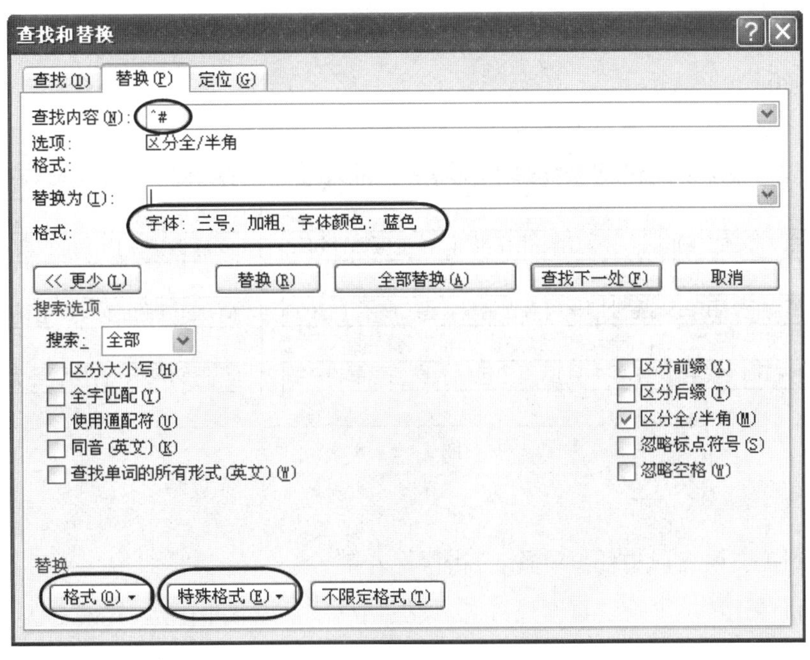

图 1－6－6

活动 6－4

打开文件“hd6-4. docx”，进行操作，结果以原文件名、原路径存盘。

将第二段“繁重的创作……”改为：两栏，第一栏栏宽 13 个字符，第 2 栏栏宽 25 个字符，无分隔线，相应段落加上 12.5%底纹，如图 1－6－7 所示。

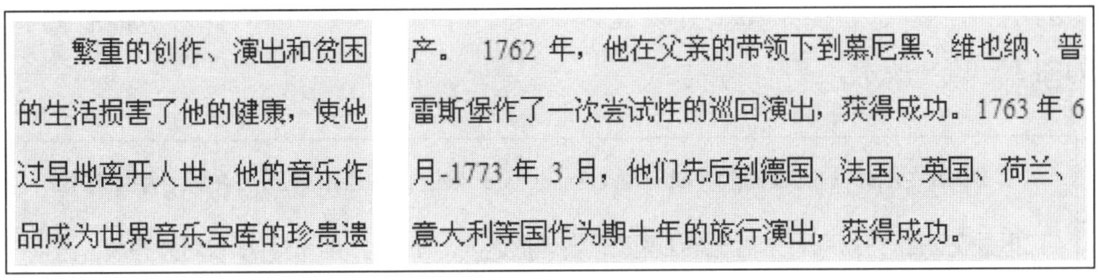

繁重的创作、演出和贫困的生活损害了他的健康，使他过早地离开人世，他的音乐作品成为世界音乐宝库的珍贵遗产。1762 年，他在父亲的带领下到慕尼黑、维也纳、普雷斯堡作了一次尝试性的巡回演出，获得成功。1763 年 6 月-1773 年 3 月，他们先后到德国、法国、英国、荷兰、意大利等国作为期十年的旅行演出，获得成功。

图 1－6－7

【活动步骤】

[1] 将鼠标移到正文第二段中任意位置，三击鼠标左键。

[2] 单击“页面布局”选项卡，在“页面设置”工具栏“分栏”下拉菜单中单击“更多分栏”，打开“分栏”对话框。

[3] 单击“分隔线”前的复选框，去掉“√”。

[4] 单击“栏宽相等”前的复选框，去掉“√”。

[5] 在 1 栏“宽度”框中设置：13 字符，在 2 栏“宽度”框中设置：25 字符，单击“确定”。

[6] 保持选中状态，单击“页面布局”选项卡，在“页面背景”工具栏中单击“页面边框”按钮，在打开的“边框和底纹”对话框中选择“底纹”选项卡，在“图案”区域“样式”框中选：12.5%，单击“确定”。

活动 6－5

打开文件“hd6-5. docx”，进行操作，结果以原文件名、原路径存盘。

将正文第三段“中心展示区的展览温室……”分为偏右两栏,加分隔线,相应段落设置1.0磅文字边框线,如图1-6-8所示。

中心展示区的展览温室是整个植物园的重要组成部分。它由3个独立的温室(分别为热带花果馆、沙生植物馆和珍奇植物馆)组成,温室外墙采用网壳结构,室内展示了3000余种植物(截至2011年1月),其中包括大量色彩鲜艳、植株独特(如一些兰科植物、多肉植物)的品种,在增添植物园特色的同时,也吸引了许多游园、摄影爱好者。

图1-6-8

【活动步骤】

[1] 将鼠标移到正文第三段中任意位置,三击鼠标左键。

[2] 单击“页面布局”选项卡,在“页面设置”工具栏“分栏”下拉菜单中选择“偏右”。

[3] 保持选中状态,在“页面设置”工具栏“分栏”下拉菜单中单击“更多分栏”,打开“分栏”对话框,单击“分隔线”前的复选框,使其打钩“√”,单击“确定”。

[4] 保持选中状态,在“页面背景”工具栏中单击“页面边框”按钮,在打开的“边框和底纹”对话框中选择“边框”选项卡,在“设置”区域,选中“方框(X)”,在“宽度”框中选:1.0磅,在“应用于”框中选:文字,单击“确定”。

活动6-6

打开文件“hd6-6.docx”,进行操作,结果以原文件名、原路径存盘。

将正文中的“上海”修改为“shanghai”并设置为“Arial Unicode MS字体、四号、加粗、倾斜、加删除线,突出显示”,如图1-6-9所示。

~~shanghai~~ 辰山植物园(ChenShanShanghaiBotanicalGarden)位于 ***~~shanghai~~*** 市松江区辰花公路3888号,坐落于佘山国家旅游度假区内,于2011年1月23日对外开放。占地面积207.63万平方米,是华东地区规模最大的植物园?植物园由 ***~~shanghai~~*** 市政府与中国科学院以及国家林业局、中国林业科学研究院合作共建,是一座集科研、科普和观赏游览于一体的综合性植物园。

~~shanghai~~ 辰山植物园分中心展示区、植物保育区、五大洲植物区和外围缓冲区等四大功能区。中心展示区建造了矿坑花园、岩石和药用植物园等26个专类园?中心展示区与辰山植物保育区的外围为全长4500米的绿环,展示了欧洲、非洲、美洲和大洋洲的代表性适生植物。

图1-6-9

【活动步骤】

[1] 选中正文(不包含标题),单击“开始”选项卡,在“编辑”工具栏中单击“替换”按钮,在打开的“查找和替换”对话框中选择“替换”选项卡,单击“更多”按钮。

[2] 光标定位在“查找内容”框中,输入文字“上海”。

[3] 光标定位在“替换为”框中，输入文字“shanghai”，单击“格式”按钮，在打开的菜单中单击“字体”，打开“替换字体”对话框，在对话框中设置：“西文字体”为 Arial Unicode MS 字体、四号、加粗 倾斜、加删除线，如图 1-6-10 所示，单击“确定”。

[4] 单击“格式”按钮，在打开的菜单中单击“突出显示”，如图 1-6-11 所示。

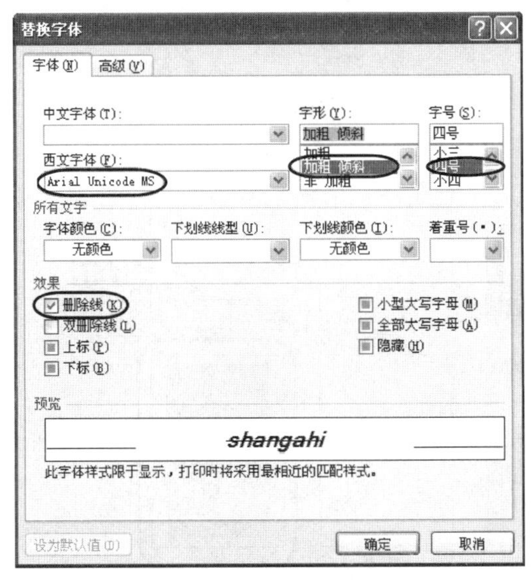

图 1-6-10

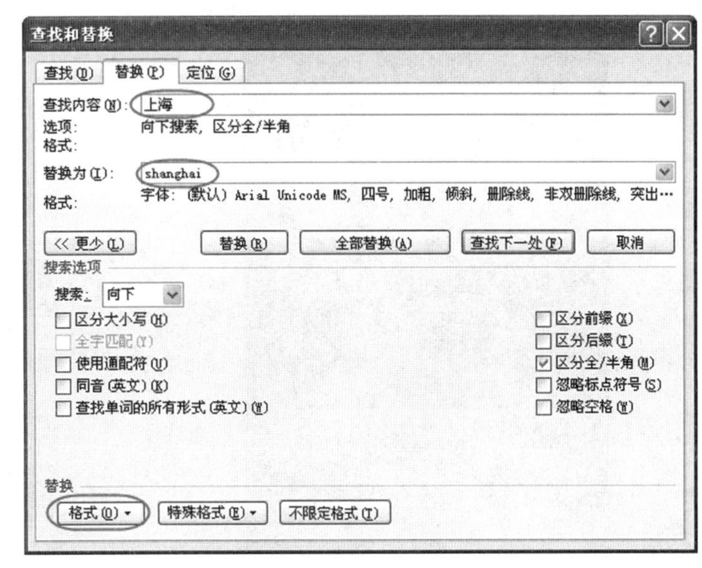

图 1-6-11

[5] 单击“全部替换”按钮在弹出的对话框中，选择“否”，关闭“查找和替换”对话框。

活动七 Word 引用操作

一、活动要点

- 插入封面
- 插入目录
- 插入脚注
- 插入题注
- 邮件合并

二、活动内容

活动 7-1

打开文件“hd7-1. docx”，进行操作，结果以原文件名、原路径存盘。

插入封面：内置的“对比度”样式，并在相应位置输入文字(标题：办公自动化手册；作者：刘之杰；摘要：本手册主要是针对参加上机考试的学习者而提供的一系列知识点汇总、练习和讲解；公司名称：上海软件有限公司；公司地址：上海国顺路288号；电话号码：25653284；传真号码：25653284；日期：2013-5-8)。如图1-7-1所示。

图1-7-1

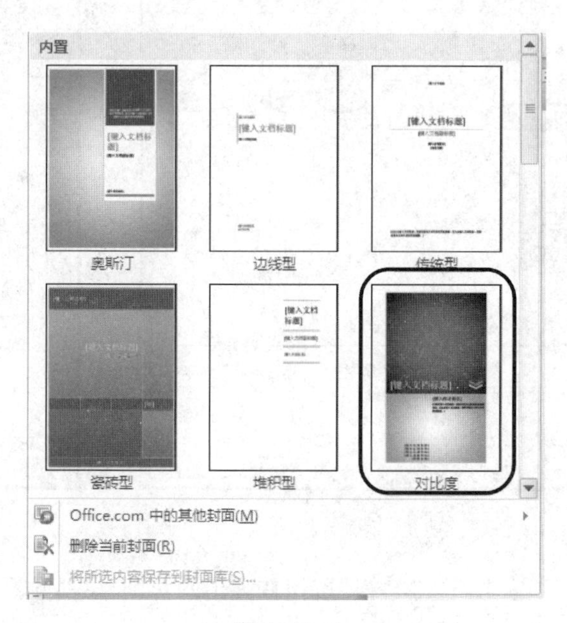

图1-7-2

【活动步骤】

[1] 将光标定位于文档的段首。

[2] 单击“插入”选项卡，在“页”工具栏中，单击“封面”下拉列表 封面，如图1-7-2所示。

[3] 在“内置”区域选择“对比度”样式，插入封面。

[4] 在封面的“键入文档标题”处输入：办公自动化手册。

[5] 在“作者”处输入：刘之杰。

[6] 在“摘要”处输入：本手册主要是针对参加上机考试的学习者而提供的一系列知识点汇总、练习和讲解。

[7] 在“公司名称”处输入：上海软件有限公司。

[8] 在“公司地址”处输入：上海国顺路288号。

[9] 在“电话号码”处输入：25653284。

[10] 在“传真号码”处输入文字：25653284。

[11] 在“选取日期”处选择日期：2013-5-8。

活动7-2

打开文件“hd7-2.docx”，进行操作，结果以原文件名、原路径存盘。

插入目录，格式：优雅，显示级别：2级，如图1-7-3所示。

第一章 第 1 代计算机 1
 第一节 电子管数字计算机 1
第二章第 2 代计算机 1
 第一节 晶体管数字计算机 1
第三章 第 3 代计算机 2
 第一节 集成电路数字计算机 2
第四章 第 4 代计算机 2
 第一节 大规模集成电路计算机 2

图 1-7-3

【活动步骤】

[1] 在标题下另起一段,光标定位于段首。

[2] 单击“引用”选项卡,在“目录”工具栏中单击目录下拉列表 目录 。

[3] 在下拉列表中选择“插入目录”,打开“目录”对话框。

[4] 在“常规”区域“格式”框中选:优雅。

[5] 在“显示级别”框中选:2,如图 1-7-4 所示,单击“确定”。

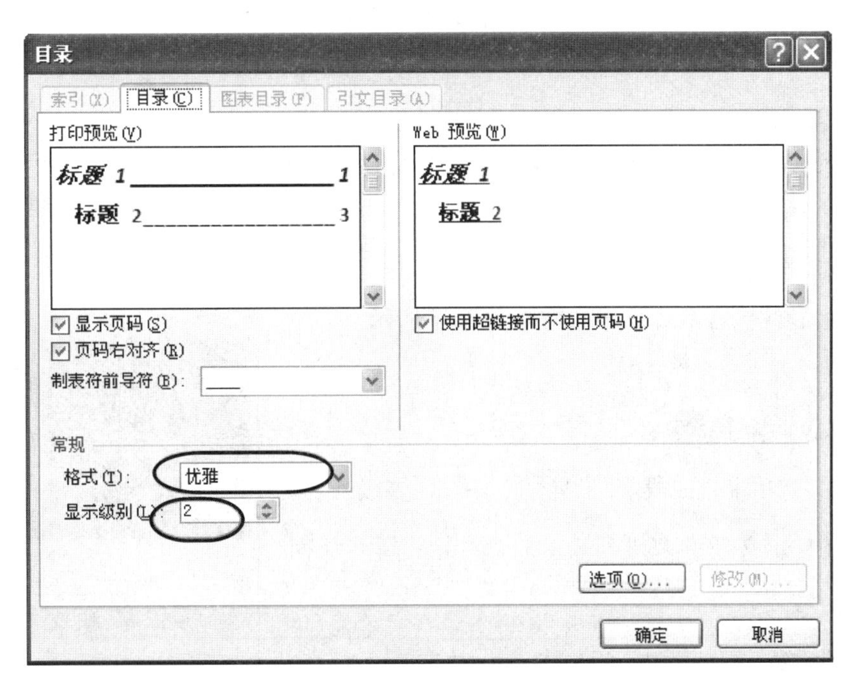

图 1-7-4

活动 7-3

打开文件“hd7-3. docx”,进行操作,结果以原文件名、原路径存盘。

在正文第一段和最后一段插入脚注,脚注位置:页面底端,脚注内容和样式如图 1-7-5 所示。

【活动步骤】

[1] 单击“引用”选项卡,在“脚注”工具中,单击右下角 图标,打开“脚注和尾注”对话框。

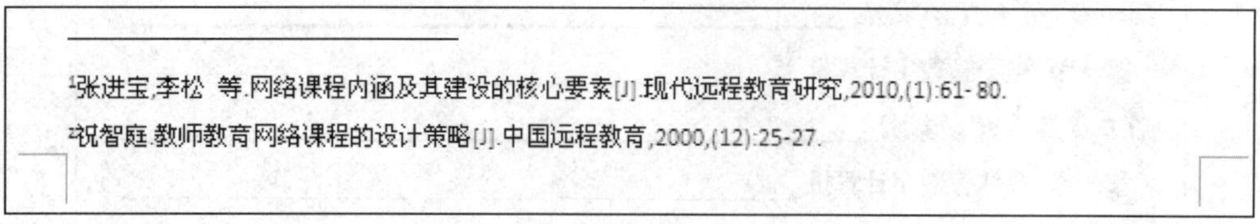

1张进宝,李松 等.网络课程内涵及其建设的核心要素[J].现代远程教育研究,2010,(1):61- 80.

2祝智庭.教师教育网络课程的设计策略[J].中国远程教育,2000,(12):25-27.

图 1-7-5

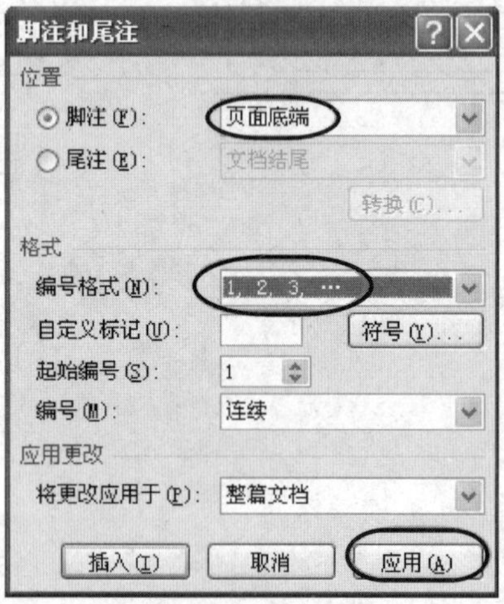

脚注和尾注
位置
脚注(F): 页面底端
尾注(E): 文档结尾
转换(C)...
格式
编号格式(N): 1, 2, 3, …
自定义标记(U): 符号(Y)...
起始编号(S): 1
编号(M): 连续
应用更改
将更改应用于(P): 整篇文档
插入(I) 取消 应用(A)

图 1-7-6

[2] 在“位置”区域,选中“脚注”单选框,并设置为:页面底端。

[3] 在“格式”区域,设置“编号格式”为:1,2,3,…。

[4] 单击“应用”按钮,如图 1-7-6 所示。

[5] 光标定位于第一段的段末。

[6] 单击“引用”选项卡,在“脚注”工具中,单击“插入脚注” AB1 。

[7] 输入脚注内容:“张进宝,李松 等. 网络课程内涵及其建设的核心要素[J]. 现代远程教育研究,2010,(1):61— 80.”。

[8] 光标定位于最后一段的段末。

[9] 单击“引用”选项卡,在“脚注”工具中,单击“插入脚注” AB1 。

[10] 输入脚注内容:“祝智庭. 教师教育网络课程的设计策略[J]. 中国远程教育,2000,(12):25—27.”。

活动 7-4

打开文件“hd7-4. docx”,进行操作,结果以原文件名、原路径存盘。

将文档中的章节样式“一,二,三…”修改为“1,2,3,…”,并分别给图片插入题注,题注包含章节节号,如图 1-7-7 所示。

【活动步骤】

[1] 单击选中章节编号 第一章 。

[2] 单击“开始”选项卡,在“段落”工具栏中,单击“多级列表”下拉列表 ,选中“定义新的多级列表”,打开“定义新多级列表”对话框。

[3] 在“此级别的编号样式”框中选择:1,2,3,…,如图 1-7-8 所示。

[4] 将光标定位在第 1 张图片的下方。

[5] 单击“引用”选项卡,在“题注”工具栏中,单击“插入题注” 。

[6] 打开“题注”对话框,单击“编号”按钮,打开“题注编号”对话框,在“包含章节号”复选框前打钩“√”,如图 1-7-9 所示,单击“确定”。

第1章 航空母舰的由来

图 1-1

第2章 航空母舰的发展

图 2-1

图 1-7-7

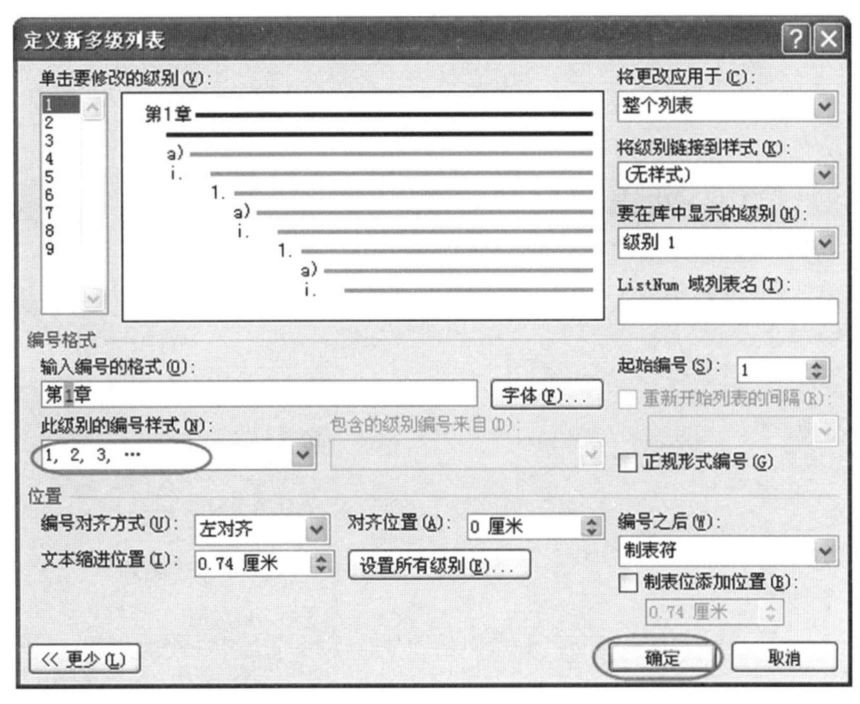

图 1-7-8

[7] 在“题注”对话框中,单击“新建标签”,打开“新建标签”对话框,输入文字:图,如图 1-7-10 所示,单击“确定”。

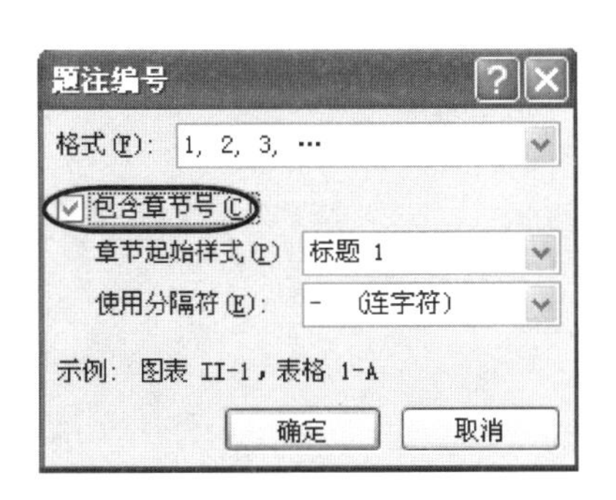

图 1-7-9

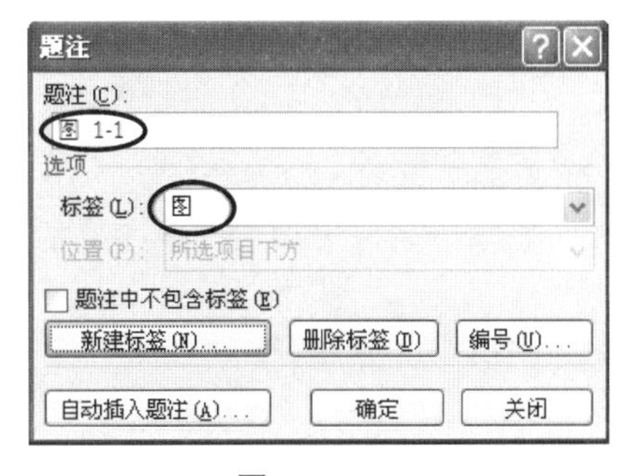

图 1-7-10

[8] 调整题注“图 1-1”的位置为:居中。

[9] 将光标定位在第 2 张图片的下方。

[10] 单击“引用”选项卡,在“题注”工具栏中,单击“插入题注”。

[11] 打开“题注”对话框,单击“确定”。

[12] 调整题注“图 2-1”的位置为:居中。

活动 7-5

打开文件“hd7-5.docx”,进行操作,结果以文件名“hd7-5_OK.docx”、原路径存盘。

利用“邮件合并分布向导”批量生成打印证书。

【活动步骤】

[1] 将光标定位于文档第一段段首冒号“:”的前面。

[2] 单击“邮件”选项卡,在“开始邮件合并”工具栏中,单击“开始邮件合并”。

[3] 在下拉列表中,单击“邮件合并分步向导”邮件合并分步向导(W)...,打开“邮件合并”对话框,如图1-7-11所示。

[4] 在“选择文档类型”区域中,选中“信函”单选框。

[5] 单击“下一步:正在启动文档”。

[6] 再单击“下一步:选取收件人”,如图1-7-12所示。

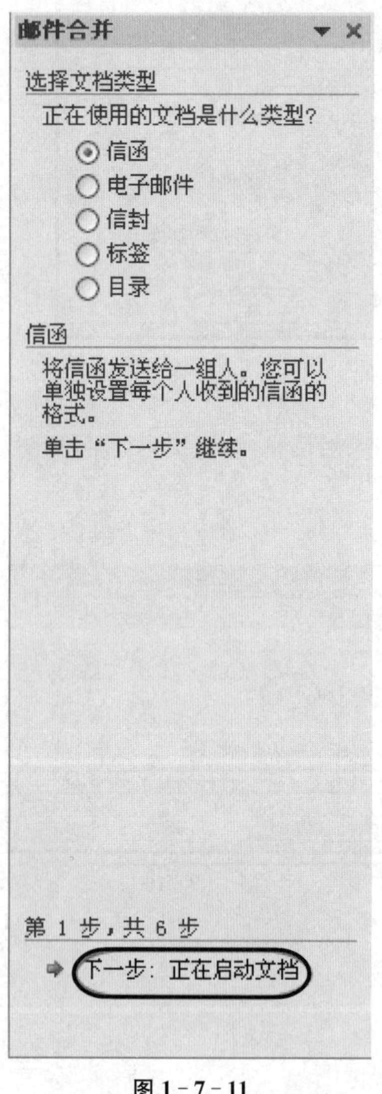

图1-7-11

图1-7-12

[7] 单击“浏览”,打开“选择数据源”对话框,找到并选中数据shuju.xlsx(D:\OA8\Word习题集\h7一引用操作\素材),如图1-7-13所示,单击“打开”按钮。

[8] 打开“选择表格”对话框,选中 Sheet1$,如图1-7-14所示,单击“确定”。

[9] 打开“邮件合并收件人”对话框,选择所需数据,如图1-7-15所示,单击“确定”。

[10] 在“邮件合并”对话框中,单击“下一步:撰写信函”。

[11] 单击“邮件”选项卡,在“编写和插入域”工具栏中,单击“插入合并域”下拉列表 插入合并域,选择“姓名”。

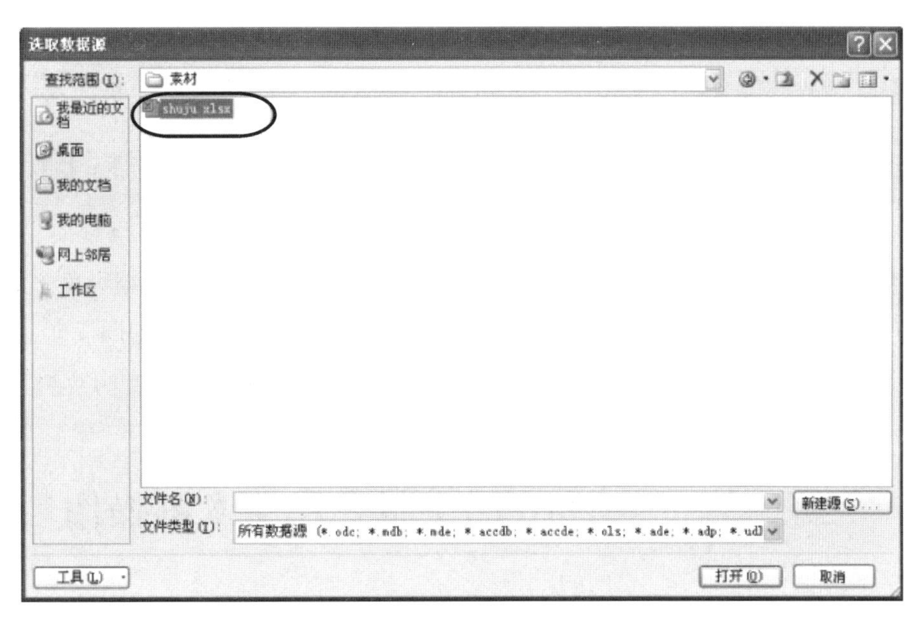

图 1-7-13

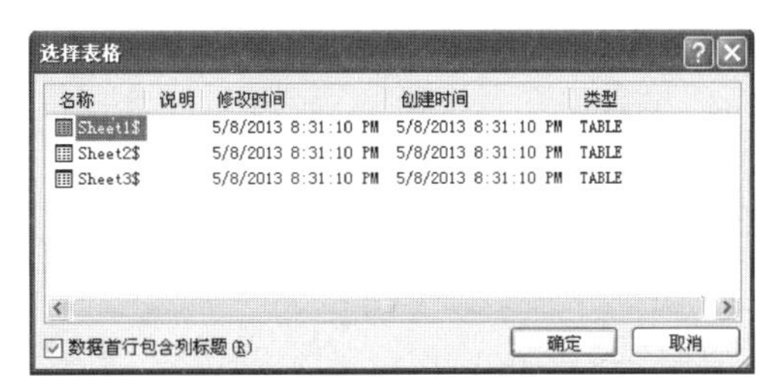

图 1-7-14

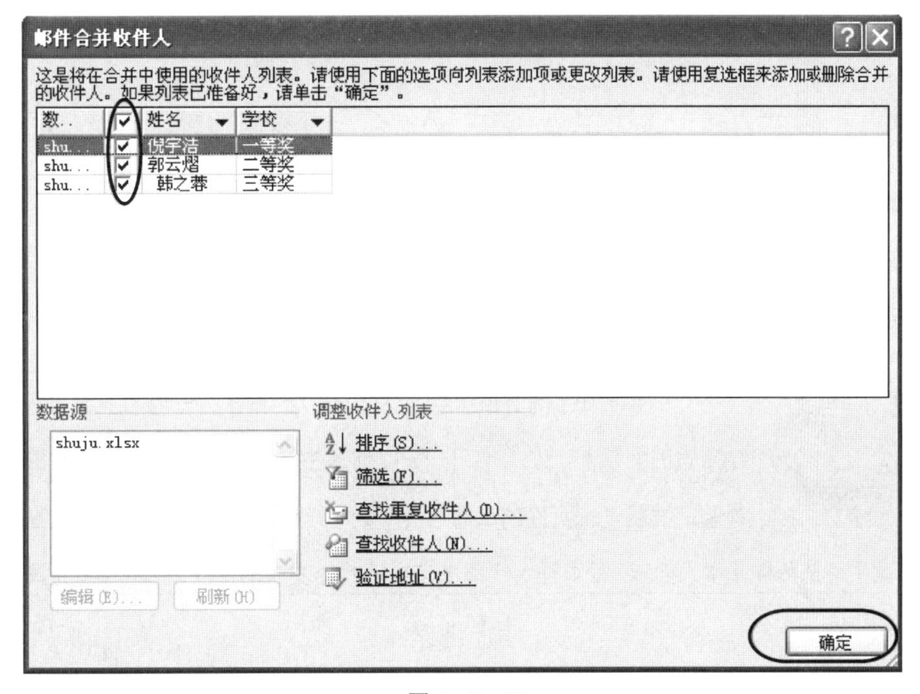

图 1-7-15

[12] 光标定位于“荣获”文字的后面。

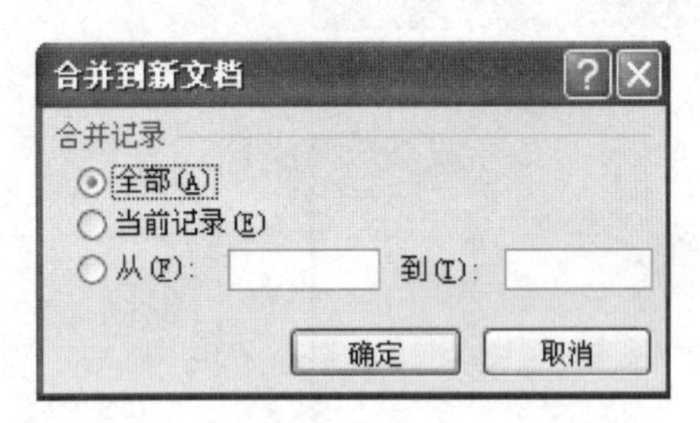

图 1-7-16

[13] 单击“插入合并域”下拉列表 插入合并域，选择“奖项”。

[14] 单击“邮件合并”对话框中的“下一步：预览信函”。

[15] 单击 << 和 >> 查看制作的证书。

[16] 单击“下一步：完成合并”，选择“编辑单个信函”，打开“合并到新文档”对话框，选择“全部”单选框，如图 1-7-16 所示，单击“确定”，生成一个新的文档，保存为“hd7-5_OK.docx”。

活动八 Word 图文版式和文本框操作

一、活动要点

- 文本环绕图片方式的设置
- 插入文本框的操作
- 文本框样式的设置

二、活动内容

活动 8-1

打开文件“hd8-1.docx”，进行操作，结果以原文件名、原路径存盘。

将文档图片缩放其高度为原始尺寸的 80%，锁定纵横比且相对原始图片大小，并进行图文混排，具体设置为：顶端居左，四周型文字环绕，如图 1-8-1 所示。

女子学院在上海开放大学“为了一切学习者，一切为了学习者”办学宗旨的引领下，以“学习——女性的生活方式，实践——女性的社会体验，发展——女性的幸福感受”为学院宗旨，满足上海女性提高素质和丰富生活的多样化学习要求，培育适合上海城市经济社会发展的女性人才，推进上海终身

图 1-8-1

【活动步骤】

[1] 选中正文中的图片。

[2] 在“格式”选项卡“大小”工具栏中单击 图标，打开“布局”对话框。

[3] 在“大小”选项卡中，单击“重置”按钮。

[4] 在“锁定纵横比”和“相对原始图片大小”复选框前打钩“√”。

[5] 在“缩放”区的“高度”框中输入“80%”，单击“确定”。

[6] 保持图片选中状态，单击“格式”选项卡，在“排列”工具栏中，单击“位置”下拉列表 位置。

[7] 在下拉列表中，单击“文字环绕”区域的第一行第一列，如图 1-8-2 所示。

图 1-8-2

活动 8-2

打开文件“hd8-2.docx”，进行操作，结果以原文件名、原路径存盘。

在正文中插入文本框，填充为：浅蓝色，在其中插入图片 hm.jpg(D:\OA8\word 活动集\hd8-图文版式和文本框操作\素材)，并设置为：顶端居中，四周型文字环绕，如图 1-8-3 所示。

航空母舰是现代科学技术的产物，是航空母舰战斗群的核心，并整合通讯、情报、作战信息、反潜反导装置及后勤保障为一体的大型海上战斗机移动基地平台。依靠航空母舰，一个国家可以在远离其国土的地方，不依赖当地的机场施加军事压力和进行作战行动。世界上第一艘航空母舰是 1918 年 5 月完工，同年 9 月正式编入英

图 1-8-3

【活动步骤】

[1] 光标定位于正文中的任意位置。

[2] 单击“插入”选项卡，在“文本”工具栏中，单击“文本框”下拉列表 文本框。

[3] 在下拉列表中单击“绘制文本框”图标 绘制文本框(D)，此时鼠标指针变为“+”，拖动鼠标绘制一个文本框。

[4] 选中该文本框，在“格式”选项卡，“形状样式”工具栏中，单击“形状填充”下拉列表 形状填充，在“标准色”区域选择：浅蓝。

[5] 光标定位于文本框中，选择“插入”选项卡，在“插图”工具栏中，单击“图片”图标，打开“插入图片”对话框。

[6] 找到图片 hm.jpg，选中图片，单击“插入”按钮。

[7] 单击文本框边缘，选中文本框。

[8] 单击“格式”选项卡，在“排列”工具栏中，单击“位置”下拉列表 。

[9] 在下拉列表中，单击“文字环绕”区域的第一行第二列(顶端居中，四周型文字环绕)。

活动 8 - 3

打开文件“hd8-3. docx”，进行操作，结果以原文件名、原路径存盘。

在正文中插入竖排文本框，形状为菱形，高度为 4 厘米，宽度为 3.3 厘米，形状样式为：第二行第六列(彩色填充-水绿色，强调颜色 5)；输入文字：八角金盘，黑体，小四，加粗；图文混排为：中间居中，四周型文字环绕，如图 1 - 8 - 4 所示。

抹平，略加压实表面，再将种子均匀地撒在苗床表面上，然后用细筛筛土覆盖种子，覆土厚度 3 厘米左右。搭拱形棚架盖塑料薄膜保温保湿，发现床面表土干燥要及时浇水，保证土壤经常处于湿润状态。一般种子在 20 天左右发芽。幼苗长出后注意遮阴，遮阴材料可用 50%或 50%以上遮光度的黑色遮阴网，也可用芦柴帘子遮阴。苗木长到 2 片至 3 片真叶后，进行第一次间苗，第二次间苗在苗木长到 10 厘米以上时进行。当年生苗木可高达 15 厘米至 20 厘米左右。八角金盘扦插育苗应在早春或秋季进行，选用 1 年至 3 年生苗干做插穗，插穗长 20 厘米左右，不带叶片，

图 1 - 8 - 4

【活动步骤】

[1] 光标定位于正文中的任意位置。

[2] 单击“插入”选项卡，在“文本”工具栏中，单击“文本框”下拉列表 。

[3] 在下拉列表中单击“绘制竖排文本框”图标 ，此时鼠标指针变为“＋”，拖动鼠标绘制一个文本框。

[4] 在文本框中输入文字：八角金盘。

[5] 选中文字，在“开始”选项卡，“字体”工具栏中设置其格式为：黑体，小四，加粗。

[6] 单击文本框边缘，选中文本框，在“格式”选项卡，“大小”工具栏中，设置高度为：4 厘米，宽度为：3.3 厘米。

[7] 保持文本框选中状态，在“格式”选项卡“插入形状”工具栏中，单击“编辑形状”下拉列表图标 。在下拉列表中，选择“更改形状” 。在“更改形状”的“基本形状”区域选择：菱形。

[8] 保持文本框选中状态，在“格式”选项卡，“形状样式”工具栏“形状样式”下拉列表中单击第二行第六列(彩色填充-水绿色，强调颜色 5) 。

[9] 保持文本框选中状态,单击“格式”选项卡,在“排列”工具栏中,单击“位置”下拉列表 位置。

[10] 在下拉列表中,单击“文字环绕”区域的第二行第二列(中间居中,四周型文字环绕)。

活动九 Word 文档操作

一、活动要点

- 文档的加密保存
- 文档保持为 PDF 文档
- 文档的审阅操作

二、活动内容

活动 9-1

打开文件“hd9-1. docx”,将文档进行加密操作,打开和修改密码均为:123,结果文件名为“hd9-1_jiami. docx”,原路径存盘。

【活动步骤】

[1] 单击 文件 图标,打开下拉列表,单击 另存为 ,打开“另存为”对话框,如图 1-9-1 所示。

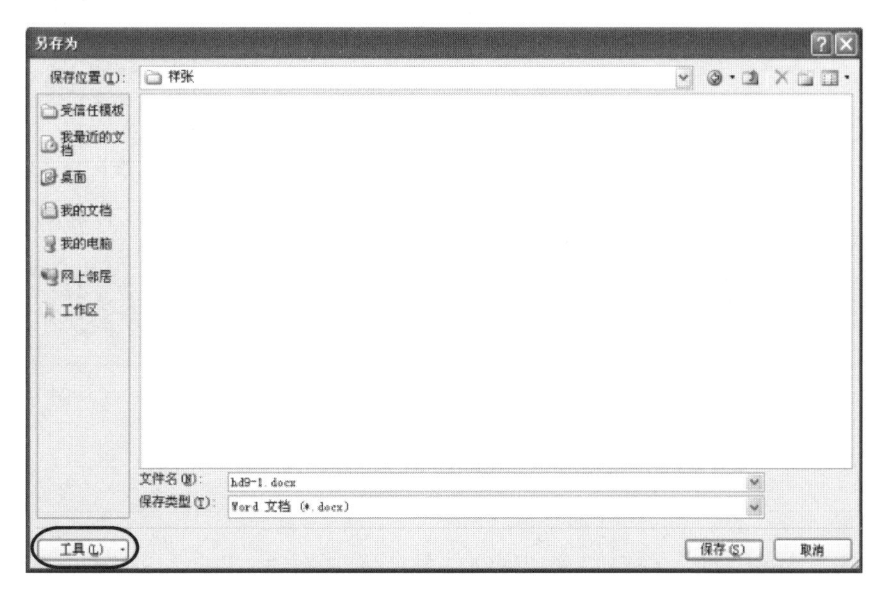

图 1-9-1

[2] 在“另存为”对话框中，单击“工具”按钮，选择单击“常规选项”，打开“常规选项”对话框。

[3] 在“打开文件时的密码”框中输入：123，在“修改文件时的密码”框中输入：123，如图 1-9-2 所示。

[4] 单击“确定”，再次确认输入“打开文件时的密码”，并再次确认输入“修改文件时的密码”。

[5] 单击“常规选项”对话框中的“确定”按钮。

[6] 在“另存为”对话框，“文件名”框中输入文件名“hd9-1_jiami”，单击“确定”。

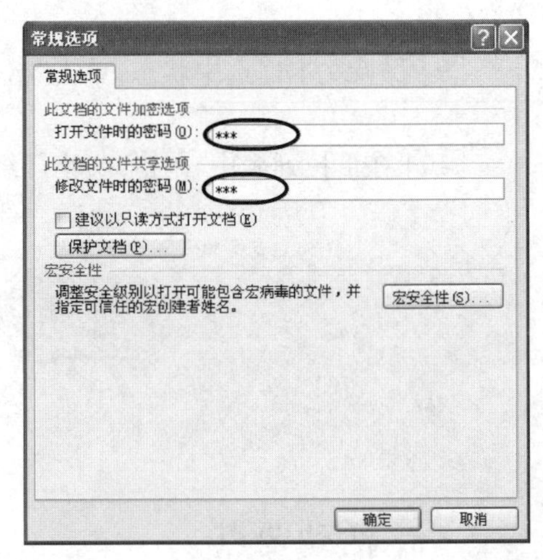

图 1-9-2

活动 9-2

打开文件“hd9-2.docx”，将文档的第一页另存为 PDF 文档，结果文件名为“hd9-2.pdf”，原路径存盘。

【活动步骤】

[1] 将光标定位在文档的第一页。

[2] 单击 文件 ，打开下拉列表，单击 另存为 ，打开“另存为”对话框，如图 1-9-3 所示。

[3] 在“保存位置”中设置为原来路径。

[4] 在“保存类型”框中选择：PDF(*.pdf)。

[5] 单击“选项”按钮，打开“选项”对话框。

[6] 在“选项”对话框“页范围”区域，选中“当前页”单选框，如图 1-9-4 所示，单击“确定”。

[7] 单击“另存为”对话框中的“保存”按钮。

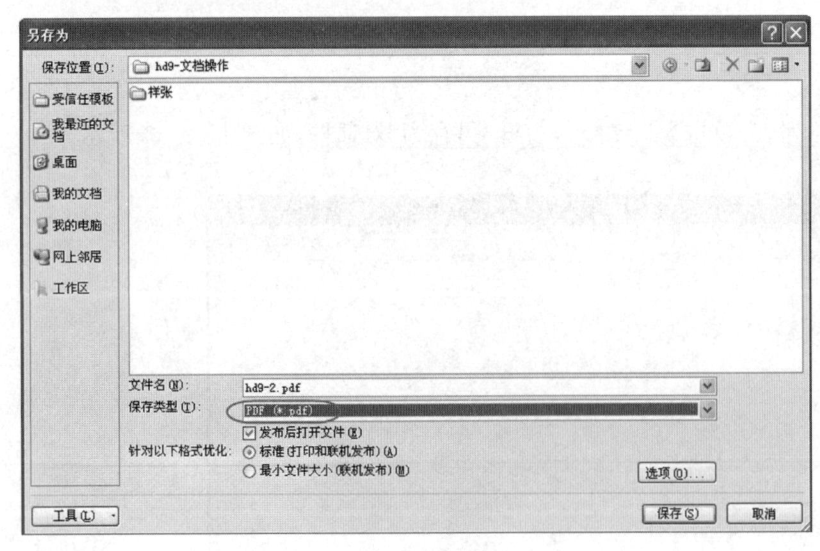

图 1-9-3

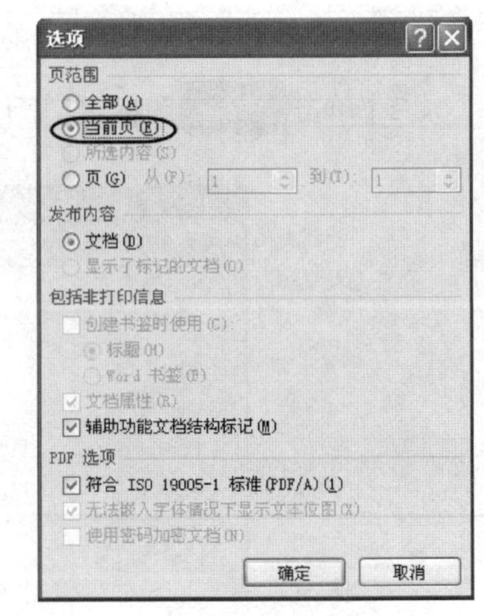

图 1-9-4

活动 9-3

打开文件“hd9-3.docx”，进行操作，结果以原文件名、原路径存盘。

设置文档只能在“修订”的编辑类型下进行文档的编辑，在“修订”模式下，将文档繁体标题文字转换为简体，小标题“二、相关概念”上加批注：“概念阐述有待进一步深入”，如图 1-9-5 所示。

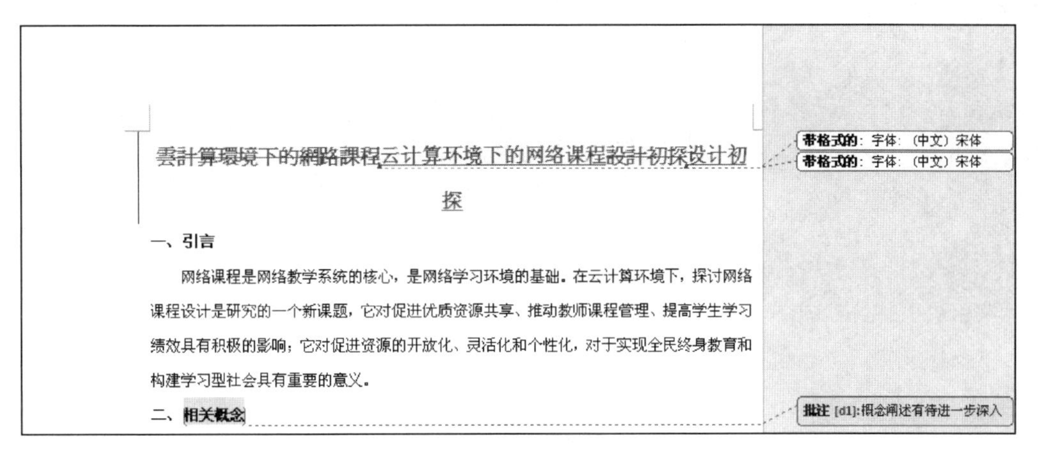

图 1-9-5

【活动步骤】

[1] 单击“审阅”选项卡，在“保护”工具栏中单击“限制编辑” 限制编辑，打开“限制格式和编辑”对话框，如图 1-9-6 所示。

[2] 在“2. 编辑限制”区域，选中“仅允许在文档中进行此类型的编辑”单选框，在下拉列表中选择“修订”。

[3] 在“审阅”选项卡中，单击“修订”工具栏中的“修订” 修订，在下拉列表中单击“修订”。

[4] 选中文档繁体标题文字，在“审阅”选项卡中，单击“中文简繁转换”工具栏中的“繁转简” 繁转简。

[5] 选中小标题“二、相关概念”，单击“批注”工具栏中的“新建批注” 新建批注，在批注中输入“概念阐述有待进一步深入”。

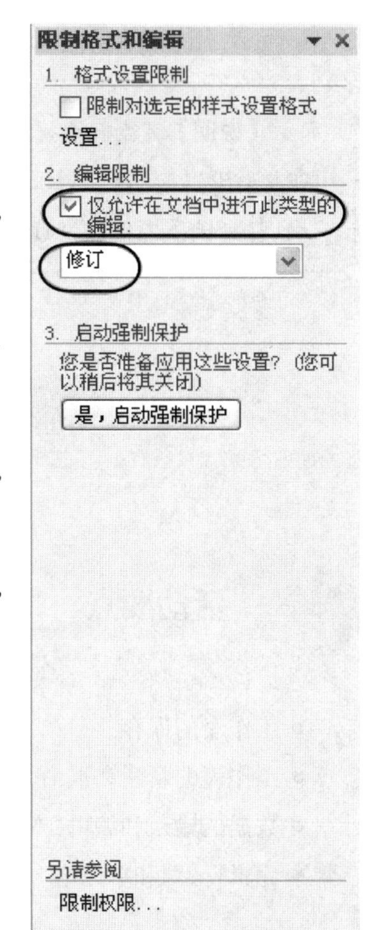

图 1-9-6

第二部分

Excel 活动集

【说明】实验前请将扫码下载的"OA8"文件夹复制到D盘根目录下，如：打开"hd1-1. xlsx"，即指打开"D: \OA8\Excel 活动集\hd1-Excel 工作表基本操作\hd1-1. xlsx"。每一个活动完成后，都要保存文件。为行文简洁，下文中不再详细标明文件路径。

活动一 Excel 工作表基本操作

一、活动要点

- 工作表的保存
- 工作表的新建和重命名
- 数据的输入和编辑
- 编辑行、列和单元格

二、活动内容

活动 1－1

新建一个 Excel 文件，保存在D盘，文件命名为"我的表格"，要求该文件同时能在 Excel 2003 版本中打开。

【活动步骤】

[1] 打开 Excel，新建空白文档，单击“文件”菜单，单击选择“另存为”命令，单击“浏览”命令，打开“另存为”对话框。

[2] 在“另存为”对话框中，拖动左边的滚动条，选择 D 盘，在“文件名”中输入“我的表格”。

[3] 在“保存类型”中选择“Excel 97－2003 工作簿(*. xls)”(如图 2－1－1 所示)，单击“保存”按钮(注意：Excel 2010 以上版本默认的文件扩展名为 xlsx，如果保存的文件需要在 Excel 2003 中打开，则不能选择默认的文件扩展名)。

图 2－1－1

活动 1－2

新建一个 Excel 文件，要求该文件包含有 4 个工作表，分别命名为“我的工作表 1”“我的工作表 2”“我的工作表 3”。

【活动步骤】

[1] 新建一个 Excel 文件，双击左下角的工作表标签“Sheet1”，进入编辑状态(如图 2－1－2 所示)，输入“我的工作表 1”，完成重命名。

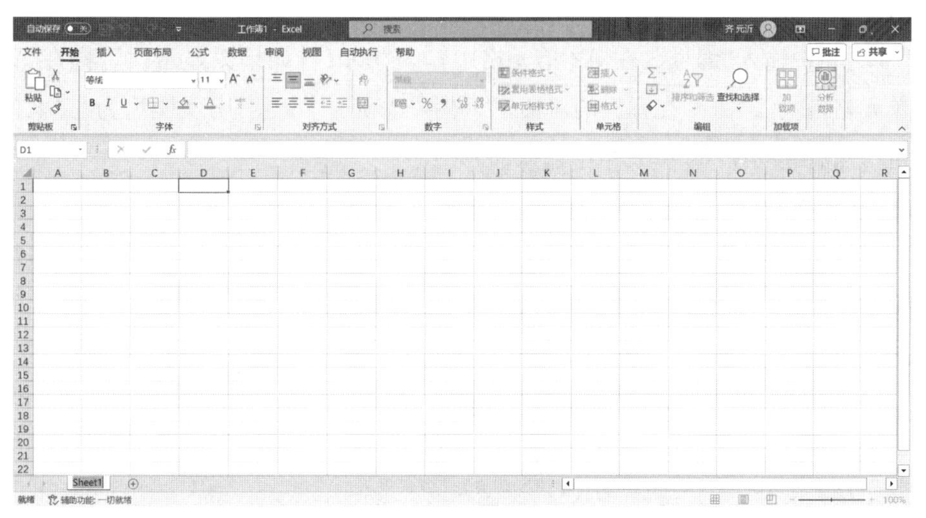

图 2－1－2

[2] 单击“新工作表”符号,依次新建“Sheet2”“Sheet3”,并将其分别重命名为“我的工作表 2”“我的工作表 3”,如图 2-1-3。

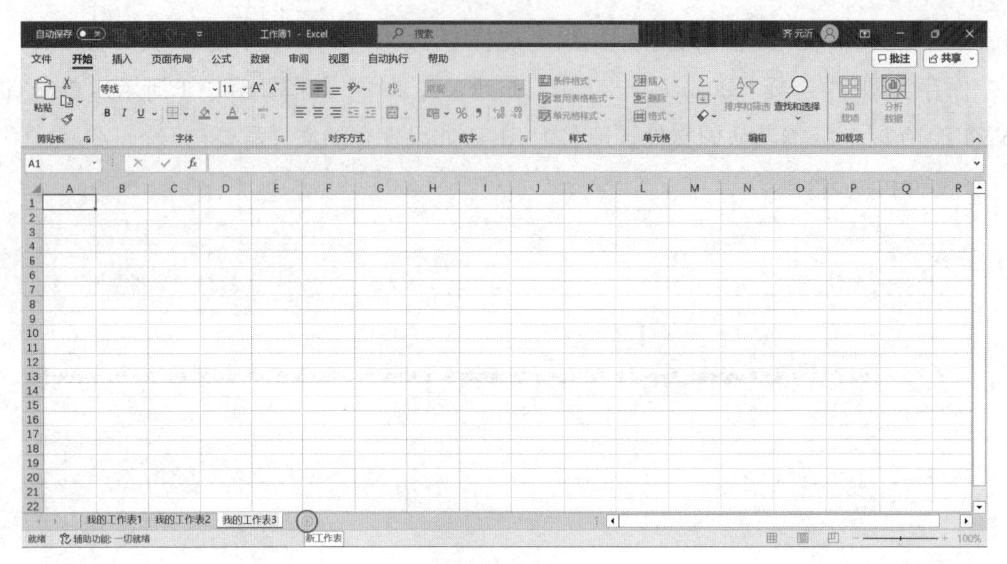

图 2-1-3

活动 1-3

在 Excel 中制作如图 2-1-4 所示的表格。

要求:字体为宋体,大小为 10 号,首行文字加粗,所有文字居中对齐。

	A	B	C	D
1	**编号**	**种类**	**价格**	**日期**
2	0001	生菜	¥1.30	2013年7月5日
3	0002	芹菜	¥2.00	2013年7月6日
4	0003	土豆	¥3.40	2013年7月7日
5	0004	黄瓜	¥2.50	2013年7月8日
6	0005	青椒	¥6.50	2013年7月9日

图 2-1-4

【活动步骤】

[1] 在 A1 单元格中输入“编号”,在 A2 单元格中输入“0001”,如果只显示“1”,则在 A2 单元格上右击,单击“设置单元格格式(F)…”,在弹出的对话框“数字”选项卡中,选择分类类型为“文本”,如图 2-1-5 所示,单击“确定”,然后继续在 A2 单元格中输入“0001”。

[2] 单击 A2 单元格,然后将鼠标移动到 A2 单元格右下角,当鼠标由空心十字架变成实心十字架时,按下鼠标往 A3～A6 拖拉,松开鼠标,编号自动填充。注意:单击图 2-1-6 中圆圈所示的符号,可以进一步明确拖拉的目的。

[3] 在 B1～B6 单元格以及 C1 单元格中依次输入文字。

[4] 在 C2 单元格中输入:1.3,在 C2 单元格上右击,单击“设置单元格格式(F)…”,在弹出的对话框中“数字”选项卡下,选择“货币”,单击“确定”,如图 2-1-7 所示。

图 2-1-5

图 2-1-6

图 2-1-7

［5］单击 C2 单元格，然后将鼠标移动到 C2 单元格右下角，当鼠标由空心十字架变成实心十字架时，按下鼠标往 C3～C6 拖拉，松开鼠标，单击图 2-1-8 中圆圈所示的符号，选择第三个“仅填充格式”，依次在 C3～C6 中输入数字：2，3.4，2.5，6.5。

［6］右击 D2 单元格，单击“设置单元格格式(F)…”，在弹出的对话框中选择“日期”，之后选择“2012 年 3 月 14 日”，如图 2-1-9 所示，单击“确定”，输入“2013-7-5”。

图 2-1-8

图 2-1-9

D2 | 2013/7/5

	A	B	C	D	E	F
1	编号	种类	价格	日期		
2	0001	生菜	¥1.30	2013年7月5日		
3	0002	芹菜	¥2.00	2013年7月6日		
4	0003	土豆	¥3.40	2013年7月7日		
5	0004	黄瓜	¥2.50	2013年7月8日		
6	0005	青椒	¥6.50	2013年7月9日		

复制单元格(C)
填充序列(S)
仅填充格式(F)
不带格式填充(O)
以天数填充(D)
填充工作日(W)
以月填充(M)
以年填充(Y)
快速填充(F)

图 2-1-10

[7] 单击 D2 单元格,然后将鼠标移动到 D2 单元格右下角,当鼠标由空心十字架变成实心十字架时,按下鼠标往 D3~D6 拖拉,松开鼠标,单击图 2-1-10 中圆圈所示的符号,确认选择第二个“填充序列”,如图 2-1-10 所示。

[8] 用鼠标从最左上角的 A1 单元格拖曳至区域的最右下角 D6 单元格,所选区域突出显示。在“字体”工具栏中设置字体为:宋体,字号为:10 号。在“段落”工具栏中设置对齐方式为:居中对齐,如图 2-1-11 所示。

[9] 单击第一行中的行号“1”,选中第一行,单击加粗按钮 **B** 对字体进行加粗,如图 2-1-12 所示。

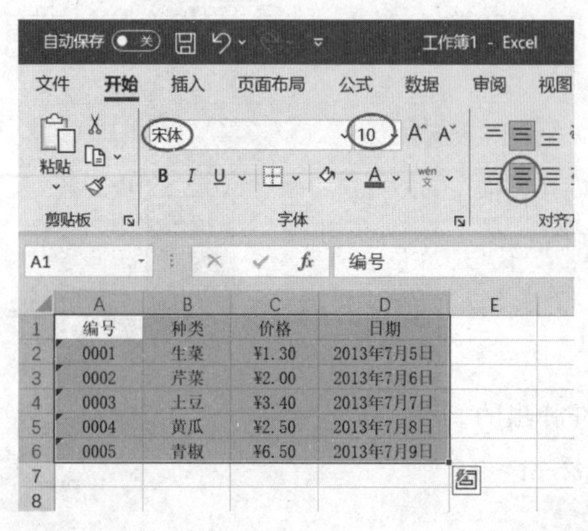

图 2-1-11

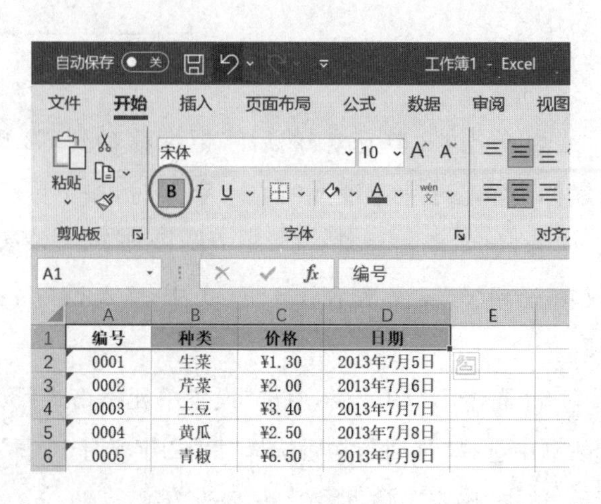

图 2-1-12

活动1-4

打开"hd1-4. xlsx"，按下列要求进行操作，结果仍以原文件名、原路径保存。

对Sheet1工作表操作：将该工作表名称改为"参考价目表"，在第2行之前插入1行，将单元格A1内的文字"（单位：元）"移动到D2单元格，并将最后一行移动到编号为00089所在行的后面。Sheet1工作表的原始数据如图2-1-13所示。

	A	B	C	D
1	部分商品拍卖价格表（单位：元）			
2	编号	标　的　名　称	参考价	拍卖日期
3	00076	电子书	60	2012-8-5
4	00077	剃须刀等	60	2012-8-6
5	00088	佳能相机	100	2012-8-7
6	00089	松下摄像机	600	2012-8-8
7	00080	电视机	100	2012-8-9
8	00081	厦新游龙手机	80	2012-8-10
9	00047	手机	100	2012-8-11
10	00048	海尔彩智星3000C手机	160	2012-8-12
11	00023	科健K320手机	100	2012-8-13
12	00024	斯达康手机	100	2012-8-14
13	00025	科健K308手机	100	2012-8-15

图2-1-13

【活动步骤】

［1］双击"Sheet1"名称，将其更改为"参考价目表"，如图2-1-14所示。

［2］选中第2行，右击后单击"插入"，如图2-1-15所示，在第2行前插入1行。

［3］单击A1，在编辑栏中选中"（单位：元）"，按Ctrl+X，单击D2，按Ctrl+V粘贴文字，字号大小设置为10磅。

［4］选中第14行，右击后单击"剪切"，选择编号为00089所在行的下一行即第8行，右击后单击"插入剪切的单元格"，如图2-1-16所示。

	A	B	C	D
1	部分商品拍卖价格表（单位：元）			
2	编号	标　的　名　称	参考价	拍卖日期
3	00076	电子书	60	2012-8-5
4	00077	剃须刀等	60	2012-8-6
5	00088	佳能相机	100	2012-8-7
6	00089	松下摄像机	600	2012-8-8
7	00080	电视机	100	2012-8-9
8	00081	厦新游龙手机	80	2012-8-10
9	00047	手机	100	2012-8-11
10	00048	海尔彩智星3000C手机	160	2012-8-12
11	00023	科健K320手机	100	2012-8-13
12	00024	斯达康手机	100	2012-8-14
13	00025	科健K308手机	100	2012-8-15
14				

Sheet1

图2-1-14

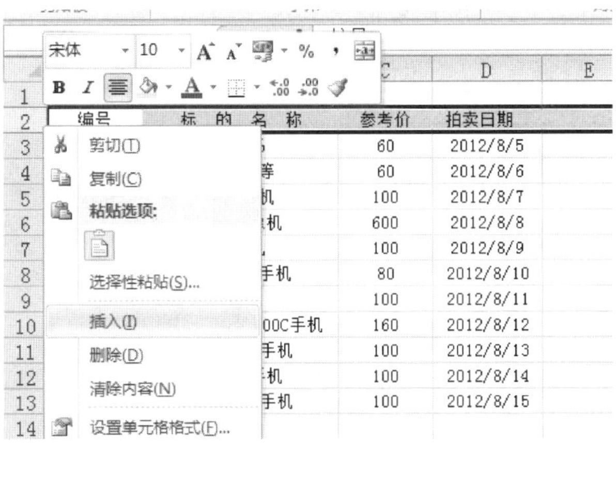

图2-1-15

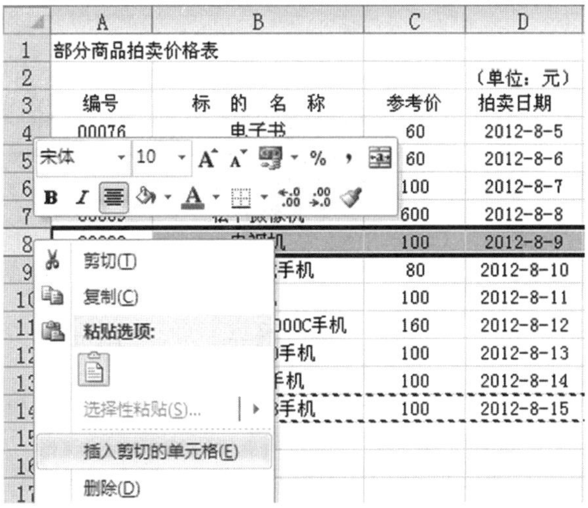

图2-1-16

活动 1-5

打开“hd1-5. xlsx”,按下列要求进行操作,结果仍以原文件名、原路径保存。

对 Sheet1 工作表操作:交换表格第 3 行、第 6 行(即“大族激光”“东信和平”记录)的位置。Sheet1 工作表的原始数据如图 2-1-17 所示。

	A	B	C	D	E	F
1			部分股票行情			
2	股票简称	开盘	最高	最低	今收盘	涨跌
3	大族激光	10.77	11.13	11.1	10.6	0.43
4	天奇股份	8.1	8.20	8.34	8.06	0.08
5	中航精机	7.68	7.51	7.68	7.25	0.02
6	东信和平	9.65	9.78	9.85	9.60	0.13
7	平均	9.06	9.16	9.25	8.88	0.17
8	最小	7.68	7.51	7.68	7.25	0.02

图 2-1-17

【活动步骤】

[1] 选中 A3:F3,剪切粘贴至 A9:F9,如图 2-1-18 所示。

	A	B	C	D	E	F
1			部分股票行情			
2	股票简称	开盘	最高	最低	今收盘	涨跌
3						
4	天奇股份	8.1	8.20	8.34	8.06	0.08
5	中航精机	7.68	7.51	7.68	7.25	0.02
6	东信和平	9.65	9.78	9.85	9.60	0.13
7	平均	8.48	8.50	8.62	8.30	0.08
8	最小	7.68	7.51	7.68	7.25	0.02
9	大族激光	10.77	11.13	11.1	10.6	0.43

图 2-1-18

[2] 选中 A6:F6,剪切粘贴至 A3:F3,如图 2-1-19 所示。

	A	B	C	D	E	F
1			部分股票行情			
2	股票简称	开盘	最高	最低	今收盘	涨跌
3	东信和平	9.65	9.78	9.85	9.60	0.13
4	天奇股份	8.1	8.20	8.34	8.06	0.08
5	中航精机	7.68	7.51	7.68	7.25	0.02
6						
7	平均	8.48	8.50	8.62	8.30	0.08
8	最小	7.68	7.51	7.68	7.25	0.02
9	大族激光	10.77	11.13	11.1	10.6	0.43

图 2-1-19

[3] 选中 A9:F9,剪切粘贴至 A6:F6,如图 2-1-20 所示。

	A	B	C	D	E	F
1	部分股票行情					
2	股票简称	开盘	最高	最低	今收盘	涨跌
3	东信和平	9.65	9.78	9.85	9.60	0.13
4	天奇股份	8.1	8.20	8.34	8.06	0.08
5	中航精机	7.68	7.51	7.68	7.25	0.02
6	大族激光	10.77	11.13	11.1	10.6	0.43
7	平均	8.48	8.50	8.62	8.30	0.08
8	最小	7.68	7.51	7.68	7.25	0.02

图 2-1-20

[4] 双击 B7 单元格，B7 中的公式应修改为"=AVERAGE(B3：B6)"，横向拖曳其自动填充柄至 F7，如图 2-1-21 所示。

SUM　=AVERAGE(B3:B6)　AVERAGE(**number1**, [number2], ...)

	A	B	C	D	E	F
1	部分股票行情					
2	股票简称	开盘	最高	最低	今收盘	涨跌
3	东信和平	9.65	9.78	9.85	9.60	0.13
4	天奇股份	8.1	8.20	8.34	8.06	0.08
5	中航精机	7.68	7.51	7.68	7.25	0.02
6	大族激光	10.77	11.13	11.1	10.6	0.43
7	平均	E(B3:B6)	8.50	8.62	8.30	0.08
8	最小	7.68	7.51	7.68	7.25	0.02

图 2-1-21

[5] 双击 B8 单元格，B8 中的公式应修改为"=MIN(B3：B6)"，横向拖曳其自动填充柄至 F8，如图 2-1-22 所示。

SUM　=MIN(B3:B6)　MIN(**number1**, [number2], ...)

	A	B	C	D	E	F
1	部分股票行情					
2	股票简称	开盘	最高	最低	今收盘	涨跌
3	东信和平	9.65	9.78	9.85	9.60	0.13
4	天奇股份	8.1	8.20	8.34	8.06	0.08
5	中航精机	7.68	7.51	7.68	7.25	0.02
6	大族激光	10.77	11.13	11.1	10.6	0.43
7	平均	9.06	9.16	9.25	8.88	0.17
8	最小	N(B3:B6)	7.51	7.68	7.25	0.02

图 2-1-22

活动二　Excel 数据运算

一、活动要点

- 使用公式计算数据

- 使用函数计算数据
- 公式的编辑

二、活动内容

活动2-1

打开“hd2-1. xlsx”,按下列要求进行操作,结果仍以原文件名、原路径保存。

对Sheet1工作表操作:计算Sheet1数据清单中的库存金额[本月库存金额=(上月末库存+本月购进数量-本月销售数量)×单价]和最后合计,Sheet1工作表的原始数据如图2-2-1所示。

	A	B	C	D	E	F	G
3	商品编号	商品名称	单价	上月末库存	本月购进数量	本月销售数量	本月库存金额
4	1030101	商品1	600.00	10	123	100	
5	1030102	商品2	700.00	60	121	100	
6	1030103	商品3	60.00	50	122	90	
7	1030104	商品4	500.00	12	143	125	
8	1030105	商品5	80.00	23	89	90	
9	1030106	商品6	80.00	5	89	90	
10	1030107	商品7	90.00	3	90	69	
11	1030108	商品8	90.00	40	675	599	
12	1030109	商品9	50.00	8	56	55	
13	1030110	商品10	60.00	18	98	97	
14	1030111	商品11	50.00	20	65	68	
15	1030112	商品12	602.00	22	45	44	
16	1030113	商品13	800.00	23	22	23	
17	1030114	商品14	456.00	21	20	10	
18	1030115	商品15	54.00	20	65	23	
19	合计	-----	-----	-----	-----	-----	

图2-2-1

【活动步骤】

[1] 单击G4单元格,在编辑栏输入“=(”。单击D4单元格,在编辑栏中输入“+”。单击E4单元格,在编辑栏中输入“-”;单击F4单元格,然后输入“)*”;单击C4单元格,最后编辑栏中的公式应该为“=(D4+E4-F4)*C4”,按回车即可计算商品1的本月库存,如图2-2-2所示。

G4 =(D4+E4-F4)*C4

	A	B	C	D	E	F	G	H
1					库存商品月报表			
2								
3	商品编号	商品名称	单价	上月末库存	本月购进数量	本月销售数量	本月库存金额	
4	1030101	商品1	600.00	10	123	100	19800.00	
5	1030102	商品2	700.00	60	121	100		
6	1030103	商品3	60.00	50	122	90		
7	1030104	商品4	500.00	12	143	125		
8	1030105	商品5	80.00	23	89	90		
9	1030106	商品6	80.00	5	89	90		
10	1030107	商品7	90.00	3	90	69		
11	1030108	商品8	90.00	40	675	599		

图2-2-2

[2] 单击 G4 单元格，然后将鼠标移动到 G4 单元格右下角，当鼠标由空心十字架变成实心十字架时，按下鼠标往 G5 至 G18 拖拉，松开鼠标，即可看到各个商品的本月库存金额，如图 2-2-3 所示。

G4　=(D4+E4-F4)*C4

	A	B	C	D	E	F	G
1	库存商品月报表						
2							
3	商品编号	商品名称	单价	上月末库存	本月购进数量	本月销售数量	本月库存金额
4	1030101	商品1	600.00	10	123	100	19800.00
5	1030102	商品2	700.00	60	121	100	56700.00
6	1030103	商品3	60.00	50	122	90	4920.00
7	1030104	商品4	500.00	12	143	125	15000.00
8	1030105	商品5	80.00	23	89	90	1760.00
9	1030106	商品6	80.00	5	89	90	320.00
10	1030107	商品7	90.00	3	90	69	2160.00
11	1030108	商品8	90.00	40	675	599	10440.00
12	1030109	商品9	50.00	8	56	55	450.00
13	1030110	商品10	60.00	18	98	97	1140.00
14	1030111	商品11	50.00	20	65	68	850.00
15	1030112	商品12	602.00	22	45	44	13846.00
16	1030113	商品13	800.00	23	22	23	17600.00
17	1030114	商品14	456.00	21	20	10	14136.00
18	1030115	商品15	54.00	20	65	23	3348.00
19	合计	-----	-----	-----	-----	-----	

图 2-2-3

[3] 单击 G19 单元格，然后单击“∑自动求和”按钮，按回车键求出最后合计金额，如图 2-2-4 所示。

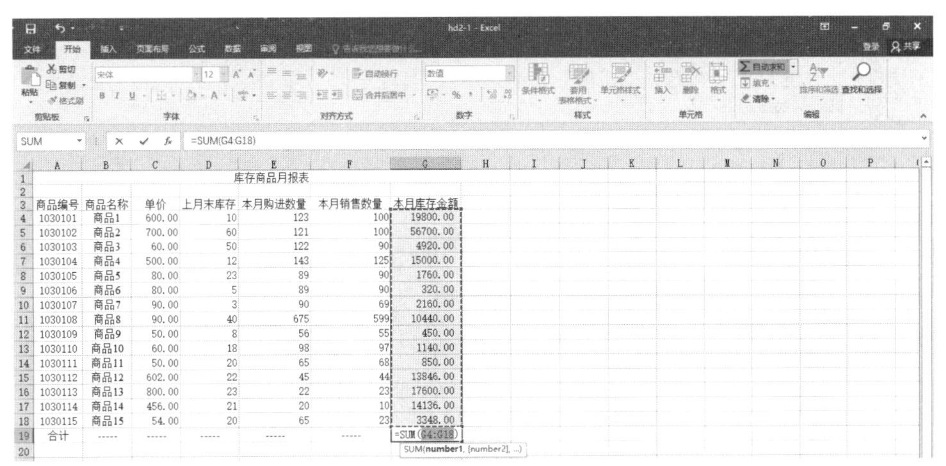

图 2-2-4

活动 2-2

打开“hd2-2. xlsx”，按下列要求进行操作，结果仍以原文件名、原路径保存。

对 Sheet1 工作表操作：计算四条股票记录的“涨跌(%)”[=(今收盘−开盘)÷开盘×100]。计算出 5 个数值字段的“平均”值、“最小”值，Sheet1 工作表的原始数据如图 2-2-5 所示。

	A	B	C	D	E	F
1	部分股票行情					
2	股票简称	开盘	最高	最低	今收盘	涨跌(%)
3	大族激光	10.77	11.13	11.1	10.6	
4	天奇股份	8.1	8.20	8.34	8.06	
5	中航精机	7.68	7.51	7.68	7.25	
6	东信和平	9.65	9.78	9.85	9.60	
7	平均					
8	最小					

图 2-2-5

【活动步骤】

[1] 单击F3单元格,在编辑区域输入“=”,输入“(”,然后单击E3,输入“-”;单击B3,输入“)/”,单击B3,输入“*100”,即可得编辑区域的公式“=(E3-B3)/B3*100”,最后单击编辑区域左边的输入按钮“√”计算出“涨跌(%)”,如图2-2-6所示。

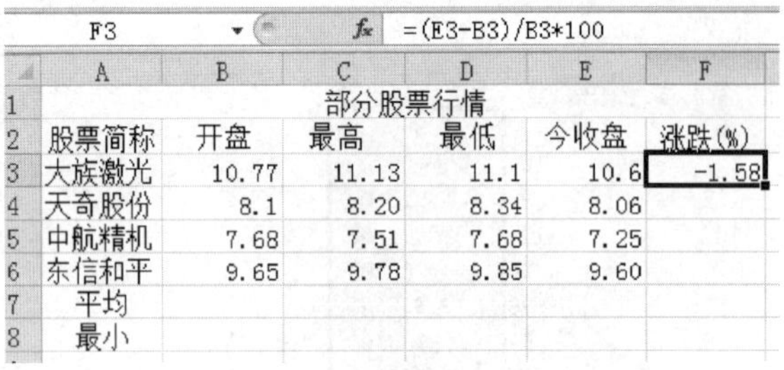

F3 =(E3-B3)/B3*100

	A	B	C	D	E	F
1			部分股票行情			
2	股票简称	开盘	最高	最低	今收盘	涨跌(%)
3	大族激光	10.77	11.13	11.1	10.6	-1.58
4	天奇股份	8.1	8.20	8.34	8.06	
5	中航精机	7.68	7.51	7.68	7.25	
6	东信和平	9.65	9.78	9.85	9.60	
7	平均					
8	最小					

图2-2-6

[2] 单击F3单元格,将鼠标移动到F3单元格右下角,当鼠标由空心十字架变成实心十字架时,按下鼠标往F4至F6拖拉,松开鼠标,即可看到各个股票的涨跌(%)。

[3] 单击B7单元格,然后单击“∑自动求和”按钮下的“平均值(A)”,按回车即可计算“开盘”的平均值,如图2-2-7所示。

SUM =AVERAGE(B3:B6)

	A	B	C	D	E	F
1			部分股票行情			
2	股票简称	开盘	最高	最低	今收盘	涨跌(%)
3	大族激光	10.77	11.13	11.1	10.6	-1.58
4	天奇股份	8.1	8.20	8.34	8.06	-0.74
5	中航精机	7.68	7.51	7.68	7.25	-5.60
6	东信和平	9.65	9.78	9.85	9.60	-0.52
7	平均	=AVERAGE(B3:B6)				
8	最小					

求和(S)
平均值(A)
计数(C)
最大值(M)
最小值(I)
其他函数(F)...

图2-2-7

[4] 单击B7单元格,然后将鼠标移动到B7单元格右下角,当鼠标由空心十字架变成实心十字架时,按下鼠标往C7至F7拖拉,松开鼠标,即可看到各个方面的平均值。

[5] 单击B8单元格,然后单击“∑自动求和”按钮下的“最小值(I)”,重新改变求最小值的区域为B3:B6,按回车即可计算“开盘”的最小值,如图2-2-8所示。

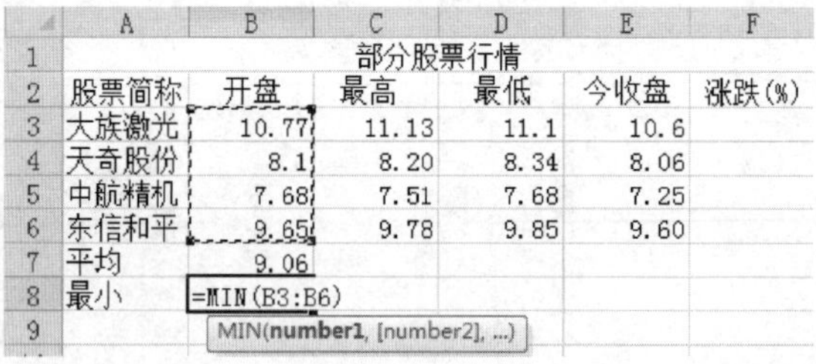

	A	B	C	D	E	F
1			部分股票行情			
2	股票简称	开盘	最高	最低	今收盘	涨跌(%)
3	大族激光	10.77	11.13	11.1	10.6	
4	天奇股份	8.1	8.20	8.34	8.06	
5	中航精机	7.68	7.51	7.68	7.25	
6	东信和平	9.65	9.78	9.85	9.60	
7	平均	9.06				
8	最小	=MIN(B3:B6)				
9		MIN(number1, [number2], ...)				

图2-2-8

[6] 单击B8单元格,然后将鼠标移动到B8单元格右下角,当鼠标由空心十字架变成实心十字架时,按下鼠标往C8至F8拖拉,松开鼠标,即可看到各方面的最小值。

活动2-3

打开“hd2-3.xlsx”,按下列要求进行操作,结果仍以原文件名、原路径保存。

计算Sheet1数据清单中的“最大销量”和“分类合计”,结果数据均保留一位数,Sheet1工作表的原始数据如图2-2-9所示。

【活动步骤】

[1] 单击F4单元格,然后单击“∑自动求和”按钮下的“最大值(M)”,按回车即可计算“科技类”的最大销量,如图2-2-10所示。

	A	B	C	D	E	F	G
1	图书销售统计表						
2							
3		一月份	二月份	三月份	四月份	最大销量	分类合计
4	科技类	65.32	54.34	40.60	56.45		
5	金融类	37.23	23.12	34.23	23.18		
6	教育类	101.78	134.21	123.89	123.12		
7	外语类	78.56	69.85	56.68	45.98		
8	生化类	45.12	41.29	38.92	67.21		
9	工程类	43.16	34.85	29.12	56.14		

图 2－2－9

SUM =MAX(B4:E4)

	A	B	C	D	E	F	G
1	图书销售统计表						
2							
3		一月份	二月份	三月份	四月份	最大销量	分类合计
4	科技类	65.32	54.34	40.60	56.45	=MAX(B4:E4)	
5	金融类	37.23	23.12	34.23	23.18		
6	教育类	101.78	134.21	123.89	123.12		
7	外语类	78.56	69.85	56.68	45.98		
8	生化类	45.12	41.29	38.92	67.21		
9	工程类	43.16	34.85	29.12	56.14		

图 2－2－10

［2］单击 F4 单元格，然后将鼠标移动到 F4 单元格右下角，当鼠标由空心十字架变成实心十字架时，按下鼠标往 F5 至 F9 拖拉，松开鼠标，即可看到各个类别的最大销量值。

［3］单击 G4 单元格，然后单击“∑自动求和”按钮下的“求和(S)”，如图 2－2－11 所示，注意“分类合计”的求和只包括“一月份”至“四月份”的数值，不应包括最大销量的数值，故需要改变求和的区域，在编辑区域将“＝SUM(B4 ： F4)”改为“＝SUM(B4 ： E4)”，按“√”按钮即可。

SUM =SUM(B4:F4)

	A	B	C	D	E	F	G
1	图书销售统计表						
2							
3		一月份	二月份	三月份	四月份	最大销量	分类合计
4	科技类	65.32	54.34	40.60	56.45	65.3	=SUM(B4:F4)
5	金融类	37.23	23.12	34.23	23.18	37.2	SUM(number1, [number2], ...)
6	教育类	101.78	134.21	123.89	123.12	134.2	
7	外语类	78.56	69.85	56.68	45.98	78.6	
8	生化类	45.12	41.29	38.92	67.21	67.2	
9	工程类	43.16	34.85	29.12	56.14	56.1	

图 2－2－11

［4］单击 G4 单元格，然后将鼠标移动到 G4 单元格右下角，当鼠标由空心十字架变成实心十字架时，按下鼠标往 G5 至 G9 拖拉，松开鼠标，即可看到各个类别的分类合计。

［5］选中“F4 ： G9”，右击后选择“设置单元格式(F)”。在“设置单元格格式”中选择数值，将小数位数设置为 1，如图 2－2－12 所示，单击“确定”。

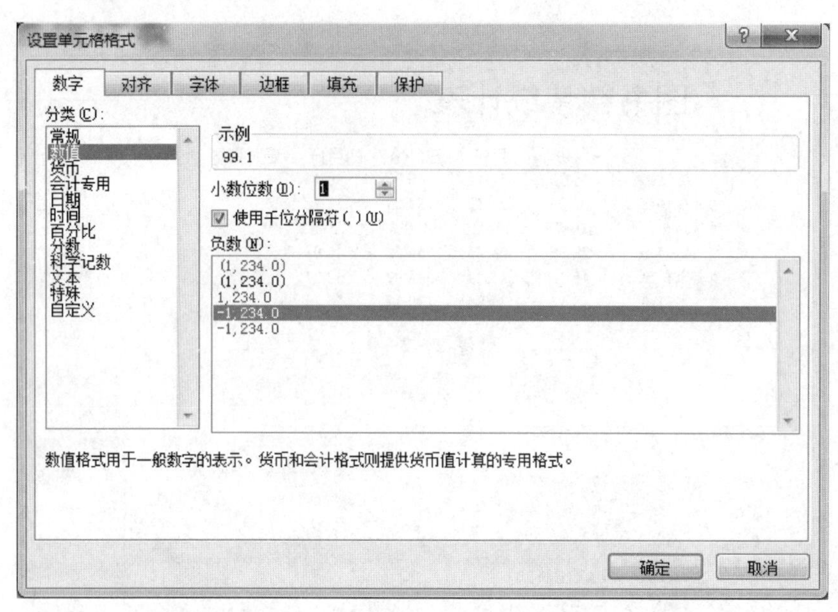

图 2-2-12

活动 2-4

打开“hd2-4. xlsx”,按下列要求进行操作,结果仍以原文件名、原路径保存。

对 Sheet1 工作表操作:计算 6 种货物的“毛利”[=定货数量×(销售单价-进货单价)],在 G9 单元格计算“毛利合计”,计算结果均保留两位小数,Sheet1 工作表的原始数据如图 2-2-13 所示。

	A	B	C	D	E	F	G
1	大华公司一月份订单一览表						
2	定货单位	订单号	货物名称	定货数量	销售单价	进货单价	毛利
3	万达广场	10087656	IPAD2	10	4100.00	3500.00	
4	长城宾馆	10087659	电话机	40	150.00	120.00	
5	靖江之星	10087662	电视机	9	2350.00	1560.00	
6	二星商厦	10087665	空调	6	2570.00	1980.00	
7	开大总社	10087668	冰箱	3	2980.00	2300.00	
8	西洋百货	10087671	手机	24	1930.00	1450.00	
9	毛利合计						

图 2-2-13

【活动步骤】

[1] 选中 G3,在编辑区域输入“=”,然后单击 D3,输入“*(”;单击 E3,输入“-”;单击 F3,输入“)”,即可得编辑区域的公式“=D3*(E3-F3)”,如图 2-2-14 所示,最后单击编辑区域左边的输入按钮“√”便计算出 IPAD2 的毛利。

SUM =D3*(E3-F3)

	A	B	C	D	E	F	G	H
1	大华公司一月份订单一览表							
2	定货单位	订单号	货物名称	定货数量	销售单价	进货单价	毛利	
3	万达广场	10087656	IPAD2	10	4100.00	3500.00	=D3*(E3-F3)	
4	长城宾馆	10087659	电话机	40	150.00	120.00		
5	靖江之星	10087662	电视机	9	2350.00	1560.00		
6	二星商厦	10087665	空调	6	2570.00	1980.00		
7	开大总社	10087668	冰箱	3	2980.00	2300.00		
8	西洋百货	10087671	手机	24	1930.00	1450.00		
9	毛利合计							

图 2-2-14

[2] 单击 G3 单元格，然后将鼠标移动到 G3 单元格右下角，当鼠标由空心十字架变成实心十字架时，按下鼠标往 G4 至 G8 拖拉，松开鼠标，即可看到各个货物的毛利。

[3] 单击 G9 单元格，然后单击“∑自动求和”按钮下的“求和(S)”，如图 2-2-15 所示，按回车即可求得毛利合计值。

SUM　=SUM(G3:G8)

	A	B	C	D	E	F	G
1	大华公司一月份订单一览表						
2	定货单位	订单号	货物名称	定货数量	销售单价	进货单价	毛利
3	万达广场	10087656	IPAD2	10	4100.00	3500.00	6000
4	长城宾馆	10087659	电话机	40	150.00	120.00	1200
5	靖江之星	10087662	电视机	9	2350.00	1560.00	7110
6	二星商厦	10087665	空调	6	2570.00	1980.00	3540
7	开大总社	10087668	冰箱	3	2980.00	2300.00	2040
8	西洋百货	10087671	手机	24	1930.00	1450.00	11520
9	毛利合计						=SUM(G3:G8)

图 2-2-15

[4] 选中“G3：G9”，右击后选择“设置单元格格式”。在“设置单元格格式”中选择数值，将小数位数设置为 2，如图 2-2-16 所示，单击“确定”。

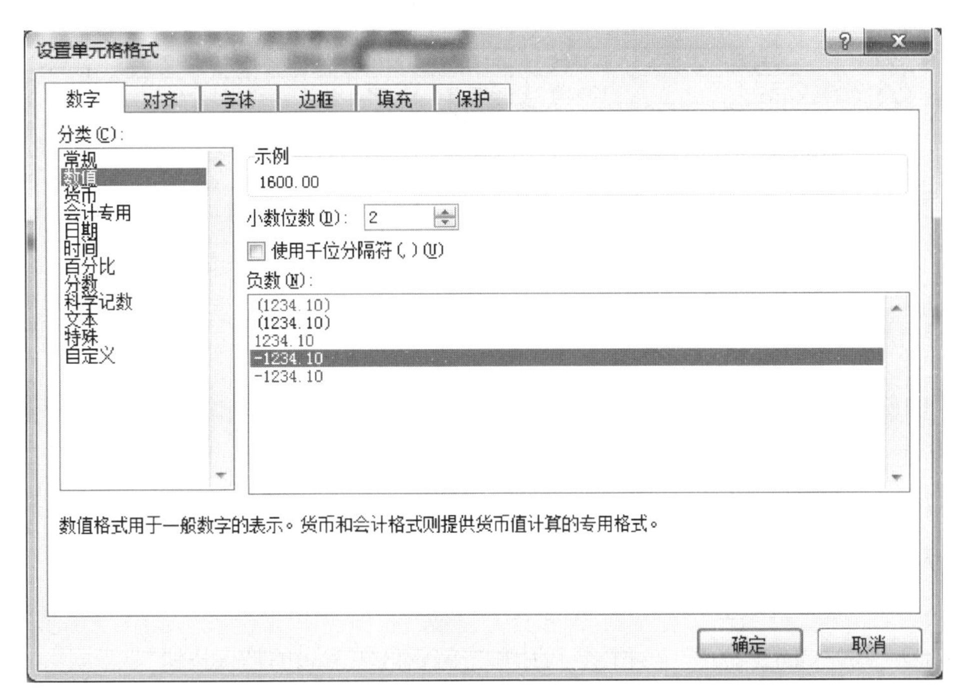

图 2-2-16

活动 2-5

打开“hd2-5. xlsx”，按下列要求进行操作，结果仍以原文件名、原路径保存。

对 Sheet1 工作表操作：计算 4 种方案的“平均造价(万元/公里)”=[投资(亿元)÷线路总长(公里)×10000]和“桥隧总长占线路总长(%)”[=桥隧总长度(公里)÷线路总长(公里)×100]。在 F4 至 F11 计算出 4 种方案各种指标的“最大值”。计算结果均保留两位小数，Sheet1 工作表的原始数据如图 2-2-17 所示。

	A	B	C	D	E	F
1	中国青藏铁路建设					
2	——四种进藏铁路方案比较					
3	方案	青藏线	甘藏线	川藏线	滇藏线	最大值
4	投资(亿元)	139.2	638.4	787.9	653.8	
5	线路总长(公里)	1088	2126	1927	1594	
6	桥隧总长度(公里)	30.6	438.69	819.24	710.65	
7	总工期(年)	6	32	38	32	
8	拉萨至北京距离(公里)	3952	4022	4063	5204	
9	拉萨至上海距离(公里)	4326	4396	4366	5089	
10	平均造价(万元/公里)					
11	桥隧总长占线路总长(%)					

图2-2-17

【活动步骤】

[1] 选中B10,在编辑区域输入"=";然后单击B4,输入"/";单击B5,输入" * 10000",即可得编辑区域的公式"=B4/B5 * 10000",如图2-2-18所示,最后单击编辑区域左边的输入按钮"√"便计算青藏线的平均造价。

SUM =B4/B5*10000

	A	B	C	D	E	F
1	中国青藏铁路建设					
2	——四种进藏铁路方案比较					
3	方案	青藏线	甘藏线	川藏线	滇藏线	最大值
4	投资(亿元)	139.2	638.4	787.9	653.8	
5	线路总长(公里)	1088	2126	1927	1594	
6	桥隧总长度(公里)	30.6	438.69	819.24	710.65	
7	总工期(年)	6	32	38	32	
8	拉萨至北京距离(公里)	3952	4022	4063	5204	
9	拉萨至上海距离(公里)	4326	4396	4366	5089	
10	平均造价(万	=B4/B5*10000				
11	桥隧总长占线路总长(%)					

图2-2-18

[2] 单击B10单元格,然后将鼠标移动到B10单元格右下角,当鼠标由空心十字架变成实心十字架时,按下鼠标往C10至E10拖拉,松开鼠标,即可看到各个线路的平均造价。

[3] 选择B10:E10,右击后选择"设置单元格格式",在"设置单元格格式"中选择数值,将小数位数设置为2,单击"确定"。

[4] 选中B11,在编辑区域输入"=";然后单击B6,输入"/";单击B5,输入" * 100",即可得编辑区域的公式"=B6/B5 * 100",如图2-2-19所示,最后单击编辑区域左边的输入按钮"√"。

[5] 单击B11单元格,然后将鼠标移动到B11单元格右下角,当鼠标由空心十字架变成实心十字架时,按下鼠标往C11至E11拖拉,松开鼠标,即可看到各个线路桥隧总长占线路总长的小数值。

[6] 选择B11:E11,右击后选择"设置单元格格式",在"设置单元格格式"中选择数值,将小数位数设置为2,如图2-2-20所示,单击"确定"。

[7] 单击F4单元格,然后单击"∑自动求和"按钮下的"最大值(M)",按回车即可计算投资的最大值。

[8] 单击F4单元格,然后将鼠标移动到F4单元格右下角,当鼠标由空心十字架变成实心十字架时,按下鼠标往F5至F11拖拉,松开鼠标,即可看到各种指标的"最大值"。

[9] 选择F4:F11,右击后选择"设置单元格格式",在"设置单元格格式"中选择数值,将小数位数设置为2,单击"确定"。最终表格的结果如图2-2-21所示。

ADDRESS =B6/B5*100

	A	B	C	D	E	F
1	中国青藏铁路建设					
2	——四种进藏铁路方案比较					
3	方案	青藏线	甘藏线	川藏线	滇藏线	最大值
4	投资(亿元)	139.2	638.4	787.9	653.8	
5	线路总长(公里)	1088	2126	1927	1594	
6	桥隧总长度(公里)	30.6	438.69	819.24	710.65	
7	总工期(年)	6	32	38	32	
8	拉萨至北京距离(公里)	3952	4022	4063	5204	
9	拉萨至上海距离(公里)	4326	4396	4366	5089	
10	平均造价(万元/公里)	1279.41	3002.82	4088.74	4101.63	
11	桥隧总长占线	=B6/B5*100				

图 2-2-19

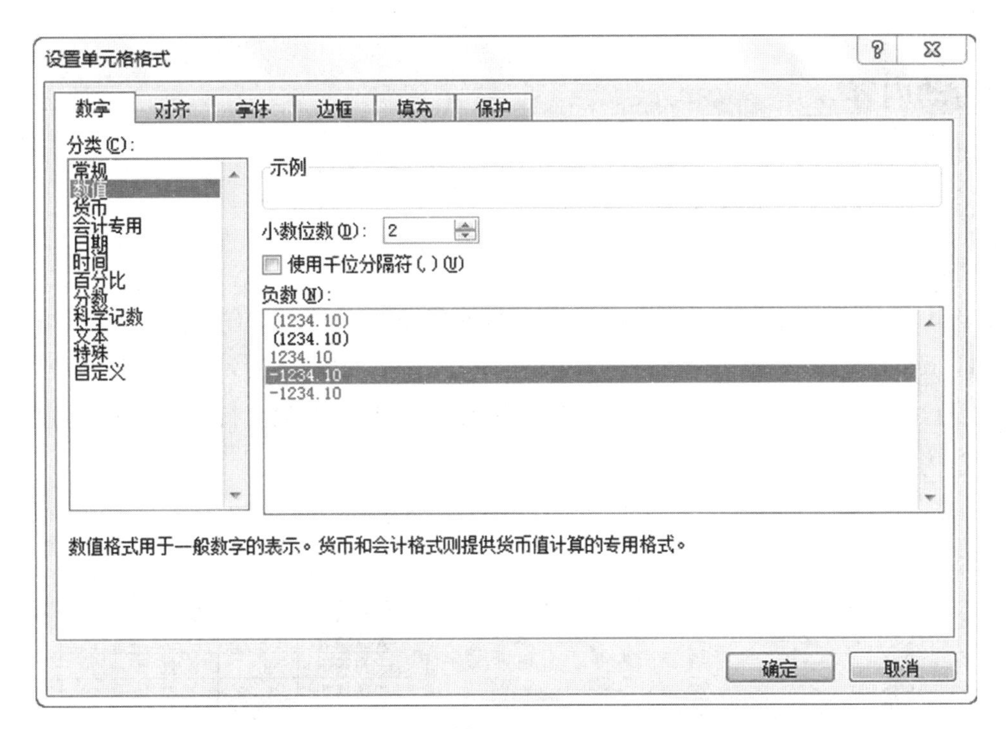

图 2-2-20

	A	B	C	D	E	F
1	中国青藏铁路建设					
2	——四种进藏铁路方案比较					
3	方案	青藏线	甘藏线	川藏线	滇藏线	最大值
4	投资(亿元)	139.2	638.4	787.9	653.8	787.90
5	线路总长(公里)	1088	2126	1927	1594	2126.00
6	桥隧总长度(公里)	30.6	438.69	819.24	710.65	819.24
7	总工期(年)	6	32	38	32	38.00
8	拉萨至北京距离(公里)	3952	4022	4063	5204	5204.00
9	拉萨至上海距离(公里)	4326	4396	4366	5089	5089.00
10	平均造价(万元/公里)	1279.41	3002.82	4088.74	4101.63	4101.63
11	桥隧总长占线路总长(%)	2.81	20.63	42.51	44.58	44.58

图 2-2-21

活动三 Excel 工作表格式化

一、活动要点

- 设置数据格式
- 设置表格的边框和背景
- 使用条件格式

二、活动内容

活动 3－1

打开“hd3-1. xlsx”，按下列要求进行操作，结果仍以原文件名、原路径保存。

对 Sheet1 工作表操作：设置第 1 行字体为黑体，14 磅，加粗，行高 25 磅，居中对齐。A 列宽设置为 10 磅，其他各列宽设置为 7 磅，水平垂直都居中对齐，字体大小为 11 磅(除第 1 行外)，并进行划线分隔(外边框取粗匣框线，内部取最细单线)，前后对比图如图 2－3－1 所示。

	A	B	C	D	E	F
1	部分股票行情					
2	股票简称	开盘	最高	最低	今收盘	涨跌
3	大族激光	10.77	11.13	11.1	10.6	0.43
4	天奇股份	8.1	8.20	8.34	8.06	0.08
5	中航精机	7.68	7.51	7.68	7.25	0.02
6	东信和平	9.65	9.78	9.85	9.60	0.13
7	平均	9.06	9.16	9.25	8.88	0.17
8	最小	7.68	7.51	7.68	7.25	0.02

⇨

	A	B	C	D	E	F
1	部分股票行情					
2	股票简称	开盘	最高	最低	今收盘	涨跌
3	大族激光	10.77	11.13	11.1	10.6	0.43
4	天奇股份	8.1	8.20	8.34	8.06	0.08
5	中航精机	7.68	7.51	7.68	7.25	0.02
6	东信和平	9.65	9.78	9.85	9.60	0.13
7	平均	9.06	9.16	9.25	8.88	0.17
8	最小	7.68	7.51	7.68	7.25	0.02

图 2－3－1

【活动步骤】

[1] 选中 A1：F1，单击“合并后居中”。选中文字“部分股票行情”，设置字体为“黑体”，大小为“14 磅”，加粗，如图 2－3－2 所示。

[2] 单击 A1：F1 合并的单元格，右击后单击“设置单元格格式”，进入其对话框后单击“对齐”选项卡，在“水平对齐”中选择“居中”，在“垂直对齐”中选择“居中”，如图 2－3－3 所示，单击“确定”。

[3] 单击第 1 行，右击后选择“行高”，设置值为 25。

[4] 单击 A 列，右击后选择“列宽”，设置值为 10。选择 B、C、D、E、F 列，右击后选择“列宽”，设置值为 7。

[5] 选择 A2：F8，字体大小设置为 11 磅，对齐方式选择“居中”对齐。单击第 2 行，字体加粗。

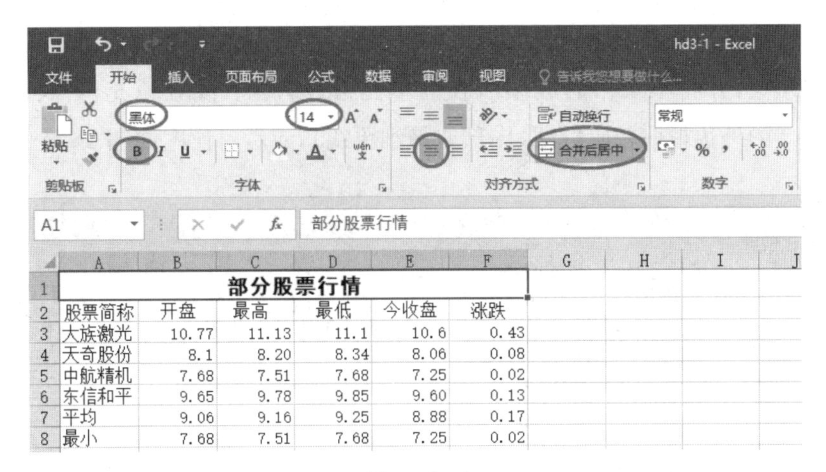

图 2-3-2

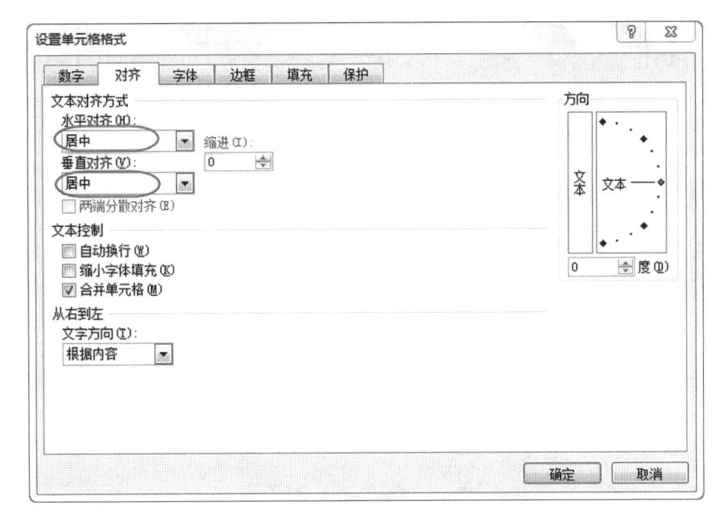

图 2-3-3

[6] 选择 A2：F8，选择“边框”中的“所有框线”。之后单击“边框”中的“粗匣框线”，如图 2-3-4 所示。

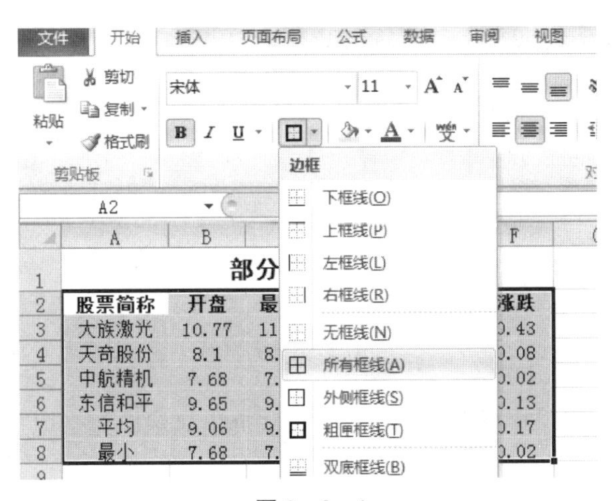

图 2-3-4

活动 3-2

打开“hd3-2. xlsx”，按下列要求进行操作，结果仍以原文件名、原路径保存。

对 Sheet1 工作表操作：设置表标题，楷体、18 磅、加粗，格式化表格(A2∶C13)；各行取最适合的行高，各列取最适合的列宽，并将不及格的成绩所在的单元格设置为：浅红填充色深红色文本，划线分隔(A2∶C2 与 A3∶C13 的外边框取粗匣框线，内部取最细单线)，前后对比图如图 2-3-5 所示。

	A	B	C
1	笔试成绩		
2	姓名	准考证号	笔试成绩
3	时志亮	10103020325	51.8
4	陈淑兰	10103020306	76
5	邹剑锋	10103020307	89.8
6	徐小羽	10103020308	47.2
7	许娟	10103020309	69.4
8	李杏	10103020310	72
9	甘丽娟	10103020311	51.4
10	刘平香	10103020312	66.6
11	朱栋	10103020313	65.4
12	彭爱霞	10103020314	54.8
13	吴志坚	10103020315	74.8

⇨

	A	B	C
1	笔试成绩		
2	姓名	准考证号	笔试成绩
3	时志亮	10103020325	51.8
4	陈淑兰	10103020306	76
5	邹剑锋	10103020307	89.8
6	徐小羽	10103020308	47.2
7	许娟	10103020309	69.4
8	李杏	10103020310	72
9	甘丽娟	10103020311	51.4
10	刘平香	10103020312	66.6
11	朱栋	10103020313	65.4
12	彭爱霞	10103020314	54.8
13	吴志坚	10103020315	74.8

图 2-3-5

【活动步骤】

[1] 选中 A1∶C1，单击“合并后居中”，选中文字“笔试成绩”，设置字体为“楷体”、大小为“18 磅”、加粗。

[2] 选中 A2∶C13，单击“单元格”工具栏中“格式”按钮中的“自动调整行高”和“自动调整列宽”，如图 2-3-6 所示。

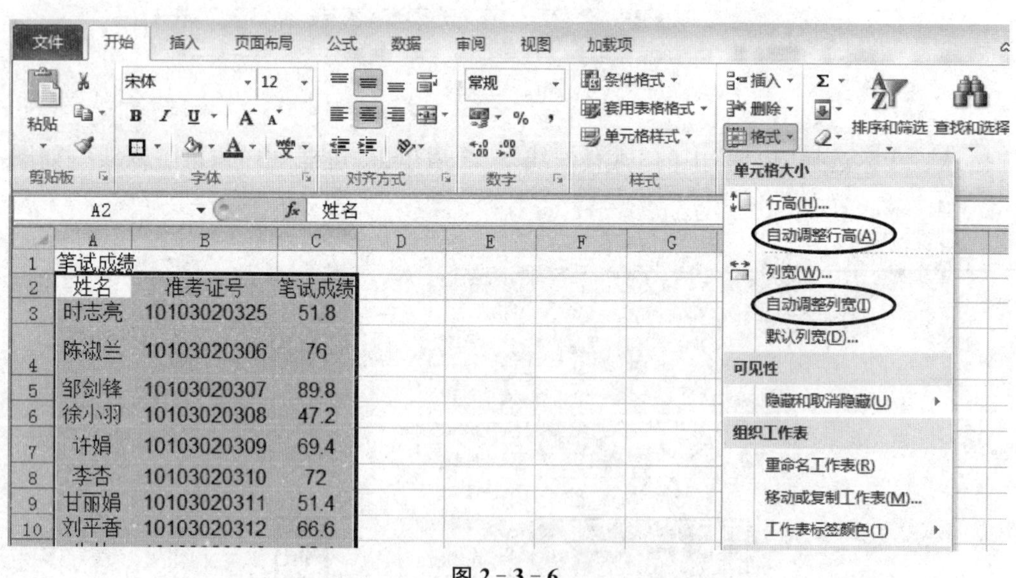

图 2-3-6

[3] 选中 C3∶C13，单击“样式”中的“条件格式”，选择“突出显示单元格规则”中的“小于”，如图 2-3-7 所示。

[4] 在“小于”对话框中第一个输入 60，设置为“浅红填充色深红色文本”，如图 2-3-8 所示，单击“确定”。

[5] 选择 A2∶C13，选择“边框”中的“所有框线”。选择 A2∶C2，单击“边框”中的“粗匣框线”。

[6] 选择 A3∶C13，单击“边框”中的“粗匣框线”，如图 2-3-9 所示。

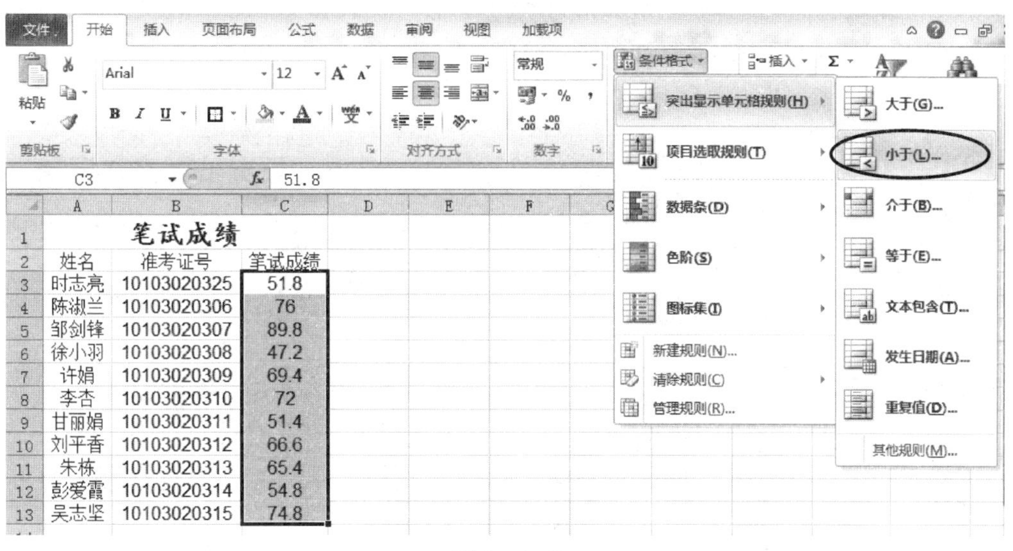

图 2-3-7

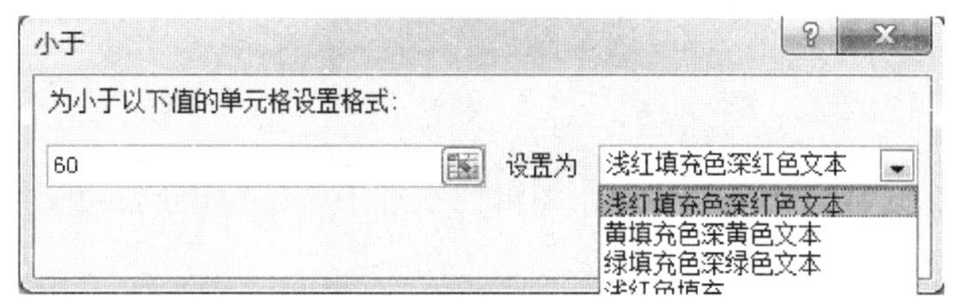

图 2-3-8

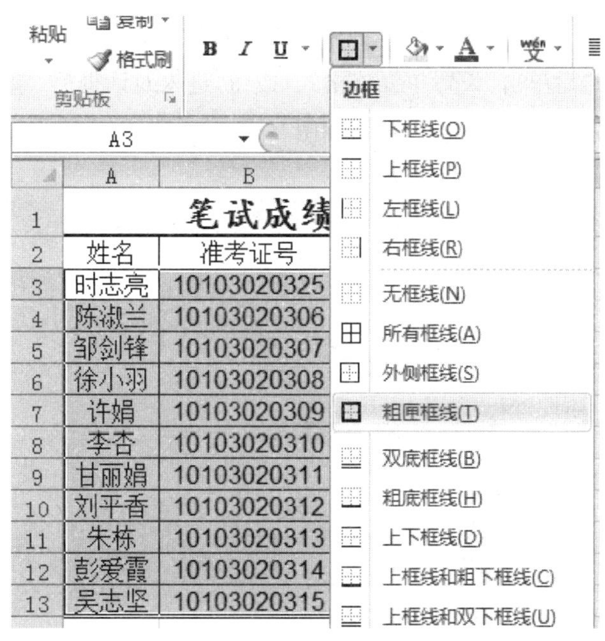

图 2-3-9

活动 3-3

打开“hd3-3. xlsx”，按下列要求进行操作，结果仍以原文件名、原路径保存。

设置 Sheet1 的表标题：上行黑体、18 磅，合并居中。下行隶书、12 磅，右对齐，相应单元格填充背景色为“橙色,强调文字颜色 6,淡色 60%”。格式化表格(A3：F18)：各列取最适合的列宽,表内容居中对齐,划线分隔(外边框取最粗单线,内部取最细单线),前后对比图如图 2-3-10 所示。

	A	B	C	D	E	F
1	证券公司交易记录（单位：元）					
2						
3	证券名称	证券分类	买入日期	买入总价	卖出日期	卖出总价
4	江南重工	股票	5/21/12	15370.66	5/21/12	15923.15
5	江西临工	股票	5/22/12	5214.74	5/22/12	5194.66
6	五洲同城	股票	5/23/12	2740.71	5/23/12	6900.56
7	春兰股份	股票	5/24/12	11004.03	5/24/12	11154.62
8	大唐电信	股票	5/25/12	4794.9	5/25/12	6281.52
9	赣能股份	股票	9/20/12	6402.5	9/20/12	7821.45
10	钢运股份	股票	9/21/12	3067.06	9/21/12	2082.7
11	海鸟电子	股票	11/11/12	3525.53	11/11/12	3534.08
12	华东科技	股票	11/12/12	4079.35	11/12/12	4666.1
13	基金小盘	基金	11/13/12	4200.04	11/13/12	4708.2
14	基金安信	基金	11/14/12	9660.92	11/14/12	9079.75
15	基金金龙	基金	3/14/13	1000.34	3/14/13	5180.83
16	基金开元	基金	3/16/13	1515.16	3/16/13	3216.94
17	摩根兴业	基金	3/17/13	17569.88	3/17/13	17821.63
18	博时价值	基金	3/18/13	16142.8	3/18/13	16832.87

⇨

	A	B	C	D	E	F
1	证券公司交易记录					
2						（单位：元）
3	证券名称	证券分类	买入日期	买入总价	卖出日期	卖出总价
4	江南重工	股票	5/21/12	15370.66	5/21/12	15923.15
5	江西临工	股票	5/22/12	5214.74	5/22/12	5194.66
6	五洲同城	股票	5/23/12	2740.71	5/23/12	6900.56
7	春兰股份	股票	5/24/12	11004.03	5/24/12	11154.62
8	大唐电信	股票	5/25/12	4794.9	5/25/12	6281.52
9	赣能股份	股票	9/20/12	6402.5	9/20/12	7821.45
10	钢运股份	股票	9/21/12	3067.06	9/21/12	2082.7
11	海鸟电子	股票	11/11/12	3525.53	11/11/12	3534.08
12	华东科技	股票	11/12/12	4079.35	11/12/12	4666.1
13	基金小盘	基金	11/13/12	4200.04	11/13/12	4708.2
14	基金安信	基金	11/14/12	9660.92	11/14/12	9079.75
15	基金金龙	基金	3/14/13	1000.34	3/14/13	5180.83
16	基金开元	基金	3/16/13	1515.16	3/16/13	3216.94
17	摩根兴业	基金	3/17/13	17569.88	3/17/13	17821.63
18	博时价值	基金	3/18/13	16142.8	3/18/13	16832.87
19						

图 2-3-10

【活动步骤】

[1] 选中 A1：F1,单击“合并后居中”。在编辑栏中选中文字“证券公司交易记录”,设置字体为“黑体”,大小为“18 磅”。

[2] 在编辑栏中选中文字“(单位：元)”,剪切粘贴到 F2,同时设置字体为“隶书”,大小为“12 磅”。选中 F2,单击“文本右对齐”按钮,单击“填充颜色”,选择“橙色,强调文字颜色 6,淡色 60%”。

[3] 选中 A3：F18,单击“格式”按钮中的“自动调整列宽”,单击“对齐方式”工具栏中的“居中”按钮。

[4] 选中 A3：F18,右击后单击“设置单元格格式”按钮,进入对话框后,单击“边框”选项卡,选中最粗单线,单击“外边框”,选中最细边线,单击“内部”,如图 2-3-11 所示,单击“确定”。

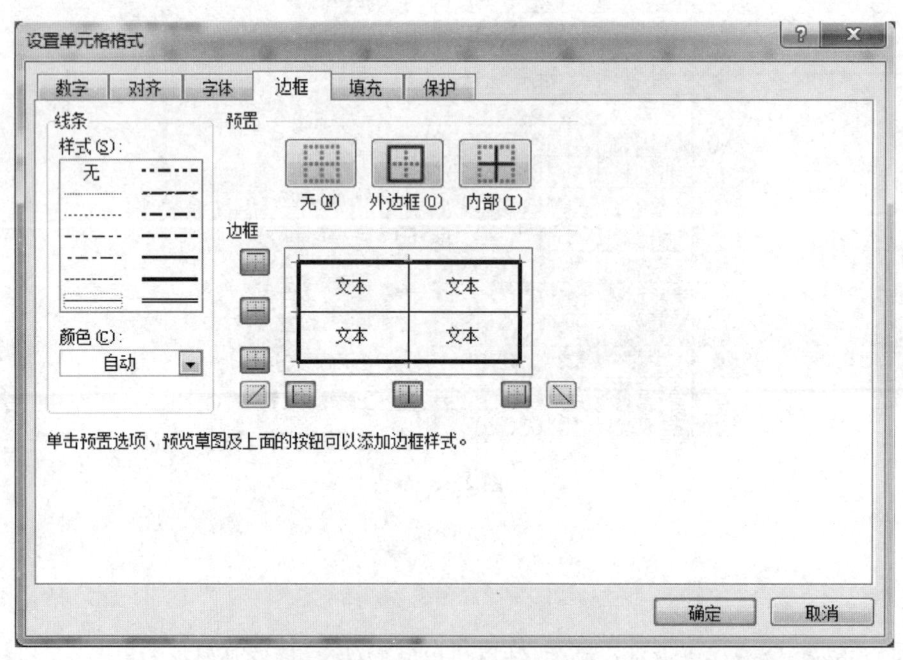

图 2-3-11

活动 3－4

打开“hd3-4. xlsx”，按下列要求进行操作，结果仍以原文件名、原路径保存。

对 Sheet1 工作表操作：设置表标题，上行为黑体、22 磅、加粗，分散对齐于下面表格，下行为隶书、20 磅，跨列居中于下面表格，底纹为“白色，背景 1，深色 15%”。格式化表格（A3：H15）：各列取最适合的列宽，表内容居中对齐，划线分隔（外边框取粗匣框线，内部取最细单线），前后对比图如图 2－3－12 所示。

	A	B	C	D	E	F	G	H
1	高二（2）班考试成绩表(2012学年第二学期)							
2								
3	学号	姓名	性别	数学(考试)	政治(考查)	物理(考试)	英语(考试)	考试课总成绩
4	1001	向果冻	男	76	79	82	74	232
5	1016	陈海红	女	88	74	78	77	243
6	1002	李财德	男	57	54	53	53	163
7	1003	谭　圆	女	85	71	77	67	229
8	1004	周　敏	女	91	68	82	76	249
9	1014	王向天	男	74	67	77	84	235
10	1006	沈　翔	男	86	79	87	80	253
11	1008	司马燕	女	93	73	88	68	249
12	1010	刘山谷	男	87	93	96	90	273
13	1012	张雅政	女	45	67	58	78	181
14	平均分			78	73	78	75	231
15	最高分			93	93	96	90	273

⇨

	A	B	C	D	E	F	G	H
1	高　二　（　2　）　班　考　试　成　绩　表							
2	(2012学年第二学期)							
3	学号	姓名	性别	数学(考试)	政治(考查)	物理(考试)	英语(考试)	考试课总成绩
4	1001	向果冻	男	76	79	82	74	232
5	1016	陈海红	女	88	74	78	77	243
6	1002	李财德	男	57	54	53	53	163
7	1003	谭　圆	女	85	71	77	67	229
8	1004	周　敏	女	91	68	82	76	249
9	1014	王向天	男	74	67	77	84	235
10	1006	沈　翔	男	86	79	87	80	253
11	1008	司马燕	女	93	73	88	68	249
12	1010	刘山谷	男	87	93	96	90	273
13	1012	张雅政	女	45	67	58	78	181
14	平均分			78	73	78	75	231
15	最高分			93	93	96	90	273

图 2－3－12

【活动步骤】

[1] 选中 A1：H1，单击“合并后居中”，选中文字“高二(2)班考试成绩表”，设置字体为“黑体”，大小为“22 磅”。选中文字“(2012 学年第二学期)”，剪切并粘贴到 A2，设置字体为“隶书”，大小为“20 磅”。

[2] 选中 A2：H2，右击后单击“设置单元格格式”，进入其对话框后单击“对齐”选项卡，在“水平对齐”中选择“跨列居中”，在“垂直对齐”中选择“居中”，单击“确定”。

[3] 单击 A1：H1 合并的单元格，右击后单击“设置单元格格式”，进入其对话框后单击“对齐”选项卡，在“水平对齐”中选择“分散对齐(缩进)”，在“垂直对齐”中选择“居中”，如图 2－3－13 所示，单击“确定”。

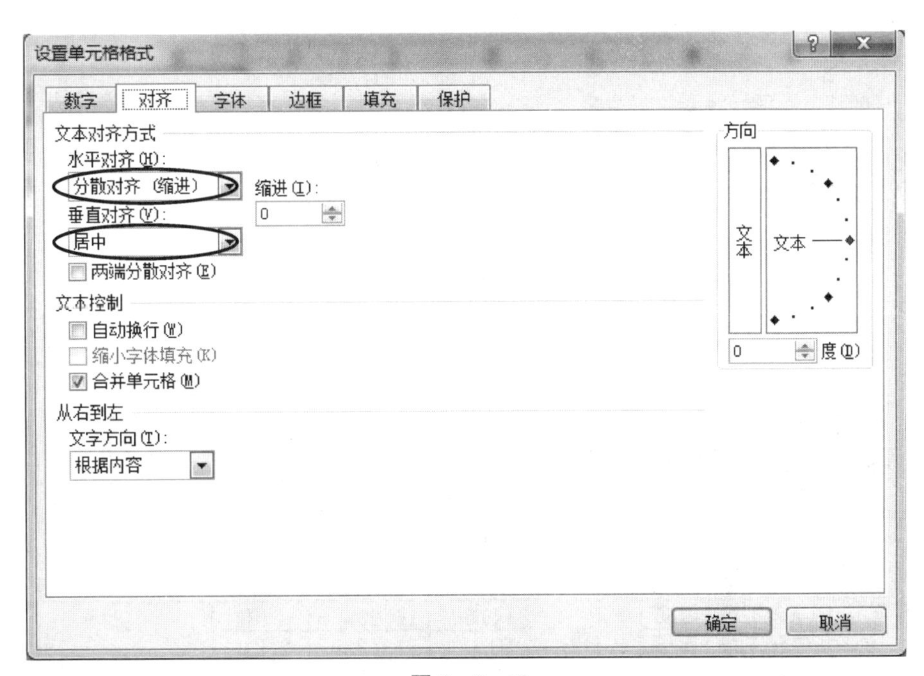

图 2－3－13

[4] 选中 A2：H2，单击“填充颜色”，选择“白色，背景 1，深色 15%”，如图 2－3－14 所示。

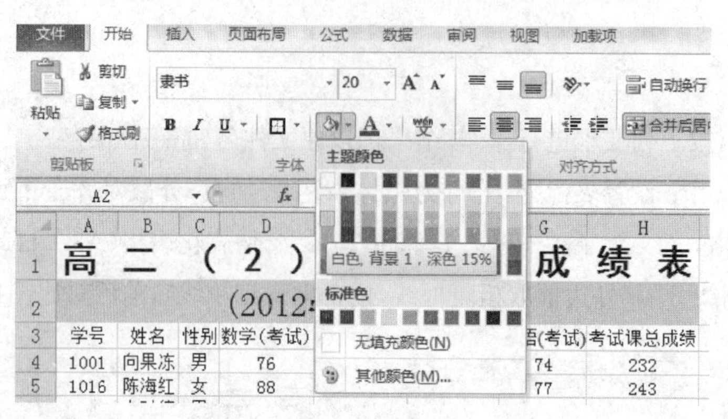

图 2-3-14

[5] 选中 A3：H15，“对齐方式”选择“居中”，单击“格式”按钮中的“自动调整列宽”，并选择“边框”中的“所有框线”。

[6] 选中 A3：H15，单击“边框”中的“粗匣框线”。

活动 3-5

打开“hd3-5. xlsx”，按下列要求进行操作，结果仍以原文件名、原路径保存。

对 Sheet1 工作表操作：设置表标题，左边华文彩云、加粗、22 磅、会计用双下划线、水平和垂直居中于 A1：E2，右边方正舒体、14 磅、粗斜、右对齐、相应单元格背景色设置为“白色，背景 1，深色 15%”；格式化表格(A3：G11)，A～F 列设置最适合的列宽，G 列列宽为 13 磅，将 C4：C7 合并、C8：C11 合并，并将其文字设置 18 磅、隶书，整表内容水平和垂直均居中，划线分隔(外边框取粗匣框线，内部取最细单线)，前后对比图如图 2-3-15 所示。

	A	B	C	D	E	F	G
1	2012年12月食醋、酒精价格变化表（单位：元/吨）						
2							
3	报价市场	产地	产品名称	原价	现价	涨跌%	最大现价差
4	华东化工场	上海	食醋	10,600	11,008	3.85	
5	华中化工场	日本	食醋	11,000	11,552	5.01	
6	东北化工场	美国	食醋	13,000	13,551.8	4.24	3,847
7	西南化工城	德国	食醋	9,800	9,705	-0.97	
8	华东化工场	江苏	酒精	14,500	14,234.9	-1.83	
9	华中化工场	英国	酒精	13,000	13,339	2.61	
10	东北化工场	日美	酒精	15,100	14,752	-2.30	1,517
11	西南化工城	荷兰	酒精	12,500	13,235	5.88	

⇩

	A	B	C	D	E	F	G
1	2012年12月价格变化表						食醋、酒精
2							（单位：元/吨）
3	报价市场	产地	产品名称	原价	现价	涨跌%	最大现价差
4	华东化工场	上海	食醋	10,600	11,008	3.85	3,847
5	华中化工场	日本		11,000	11,552	5.01	
6	东北化工场	美国		13,000	13,551.8	4.24	
7	西南化工城	德国		9,800	9,705	-0.97	
8	华东化工场	江苏	酒精	14,500	14,234.9	-1.83	1,517
9	华中化工场	英国		13,000	13,339	2.61	
10	东北化工场	日美		15,100	14,752	-2.30	
11	西南化工城	荷兰		12,500	13,235	5.88	

图 2-3-15

【活动步骤】

[1] 单击 A1,在编辑栏中将“食醋、酒精”剪切到 G1,将“(单位：元/吨)”剪切到 G2,选中 A1：E2,单击“合并后居中”,将字体设置为华文彩云、加粗、22 磅。单击 A1：E2 合并的单元格,右击后单击“设置单元格格式”,进入其对话框后单击“对齐”选项卡,将“垂直对齐”选择为“居中”,单击“字体”选项卡,将下划线选择为“会计用双下划线”,如图 2-3-16 所示,单击“确定”。

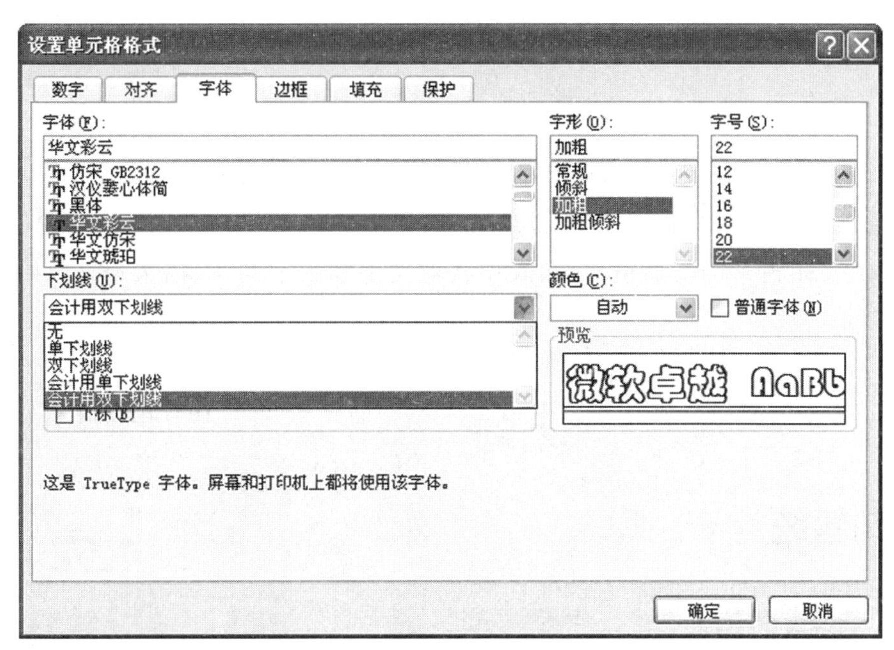

图 2-3-16

[2] 选中 G1：G2,将“字体”设置为方正舒体、14 磅、加粗倾斜,“对齐方式”选择“右对齐”,填充颜色选择“白色,背景 1,深色 15%”。

[3] 选中 A3：F11,“对齐方式”选“居中”,单击“格式”按钮中的“自动调整列宽”;选中 G 列,“对齐方式”选“居中”,右击选择“列宽”,将值更改为 13。

[4] 合并 C4：C7,C8：C11,将“字体”设置为隶书,18 磅,选中文字,右击后单击“设置单元格格式”命令,在出现的“设置单元格格式”对话框中,选择“对齐”选项卡中“方向”,选中左边的“竖排文字”,单击“确定”。

[5] 选中 A3：G11,选择“边框”中的“所有框线”;保持选中 A3：G11,单击“边框”中的“粗匣框线”。

活动四 Excel 数据图表化

一、活动要点

- 创建图表
- 更改图表

- 为图表添加标签
- 美化图表

二、活动内容

活动 4-1

打开“hd4-1. xlsx”,按下列要求进行操作,结果仍以原文件名、原路径保存。

对 Sheet1 工作表操作:取数据清单相应数据在 A10∶E23 区域内作图,图表布局为布局 3,图表样式为样式 34;除将图表标题 12 磅、加粗外,图表中其他文字和数字均 10 磅大小。原始数据和图表如图 2-4-1 所示。

	A	B	C	D	E
1	图书销售统计表				
2					
3		一月份	二月份	三月份	四月份
4	科技类	65.32	54.34	40.60	56.45
5	金融类	37.23	23.12	34.23	23.18
6	教育类	101.78	134.21	123.89	123.12
7	外语类	78.56	69.85	56.68	45.98
8	生化类	45.12	41.29	38.92	67.21
9	工程类	43.16	34.85	29.12	56.14

⇨

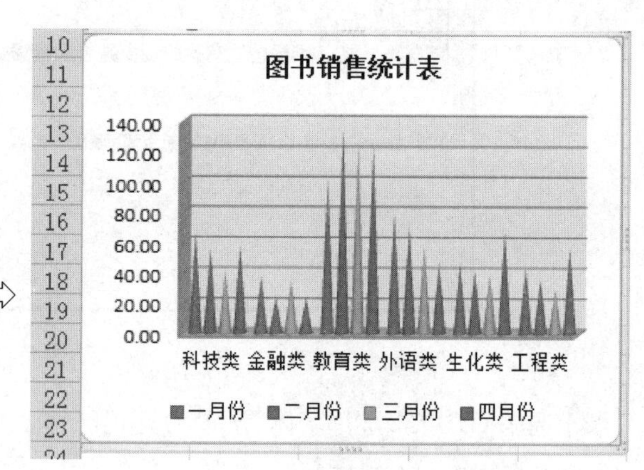

图 2-4-1

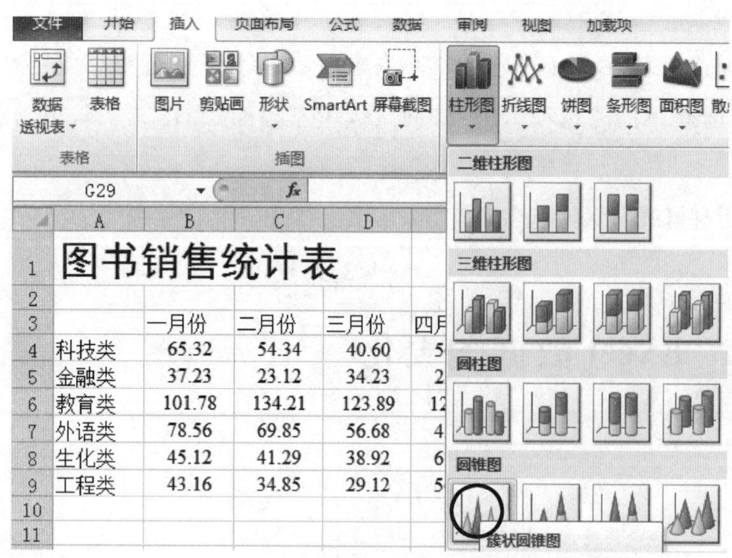

图 2-4-2

【活动步骤】

[1] 选择 A3∶E9 区域,在 Excel 2010 菜单中单击“插入”,选择“柱形图”下“圆锥图”中的第一个“簇状圆锥图”,如图 2-4-2 所示。

[2] 移动圆锥图到 A10∶E23,选择圆锥图,在图表工具-设计-图表布局中选择布局 3,如图 2-4-3 所示。

[3] 在图表工具-设计-图表样式中选择“样式 34”,如图 2-4-4 所示。

[4] 选中图表,在“开始”选项卡中将字号设为 10 磅。

[5] 选中图表标题,将图表标题更改为“图书销售统计表”,并将字体设置为 12 磅,加粗。

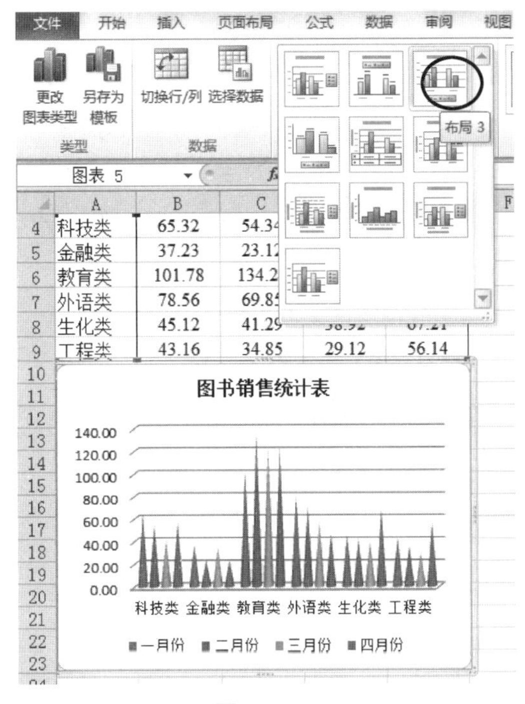

图 2-4-3

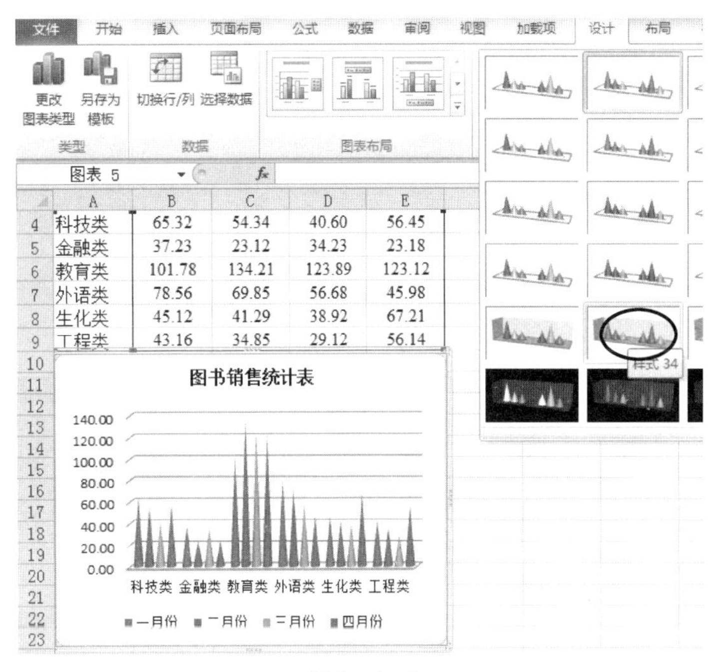

图 2-4-4

活动 4-2

打开“hd4-2. xlsx”，按下列要求进行操作，结果仍以原文件名、原路径保存。

对 Sheet1 工作表操作：取数据清单相应数据在 A9：F21 区域内作图，图表布局为布局 3，图表样式保持默认状态，图表标题 12 磅，原始数据和图表如图 2-4-5 所示。

	A	B	C	D	E	F
1	部分股票行情					
2	股票简称	开盘	最高	最低	今收盘	涨跌(%)
3	大族激光	10.77	11.13	11.1	10.6	-1.58
4	天奇股份	8.1	8.20	8.34	8.06	-0.74
5	中航精机	7.68	7.51	7.68	7.25	-5.60
6	东信和平	9.65	9.78	9.85	9.60	-0.52
7	平均	9.06	9.16	9.25	8.88	-2.11
8	最小	7.68	7.51	7.68	7.25	-5.60

⇩

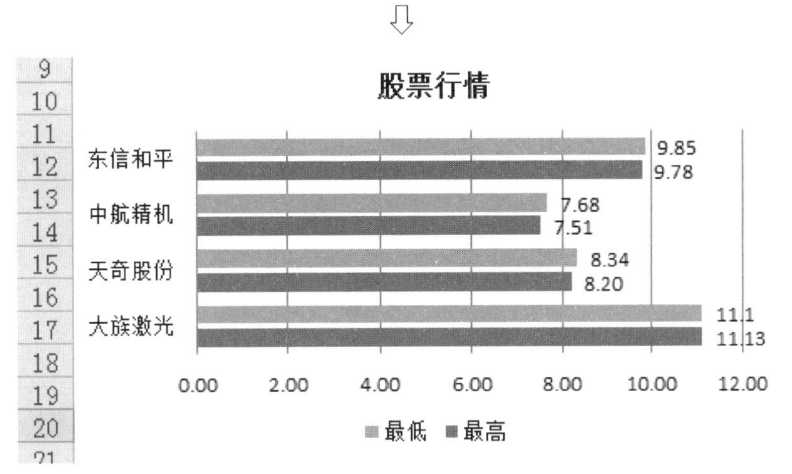

图 2-4-5

【活动步骤】

[1] 选择 A2：F6 区域，在 Excel 菜单中单击“插入”，选择“条形图”下“二维条形图”中的第一个“簇状条形图”，如图 2-4-6 所示。

图 2-4-6

[2] 移动条形图到 A9：F21，选择条形图右击后单击“选择数据”，如图 2-4-7 所示。

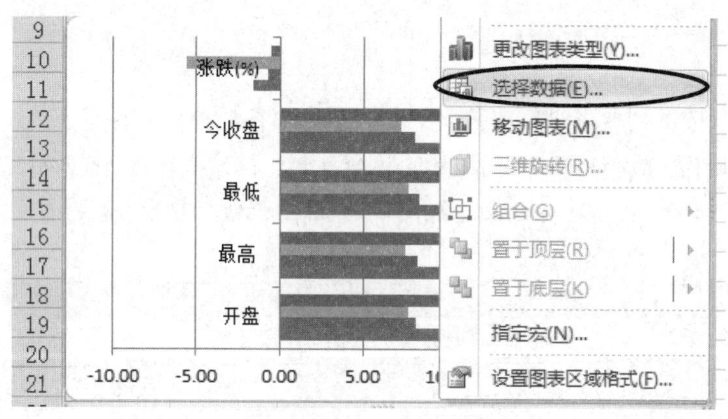

图 2-4-7

[3] 在“选择数据”对话框中，如图 2-4-8 所示，首先单击“切换行/列”，然后，删除开盘、今收盘和涨跌(%)，单击“确定”。

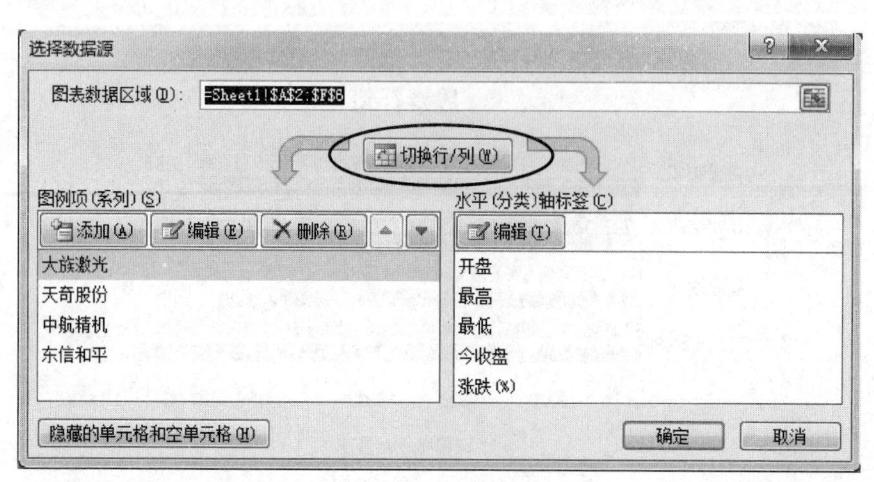

图 2-4-8

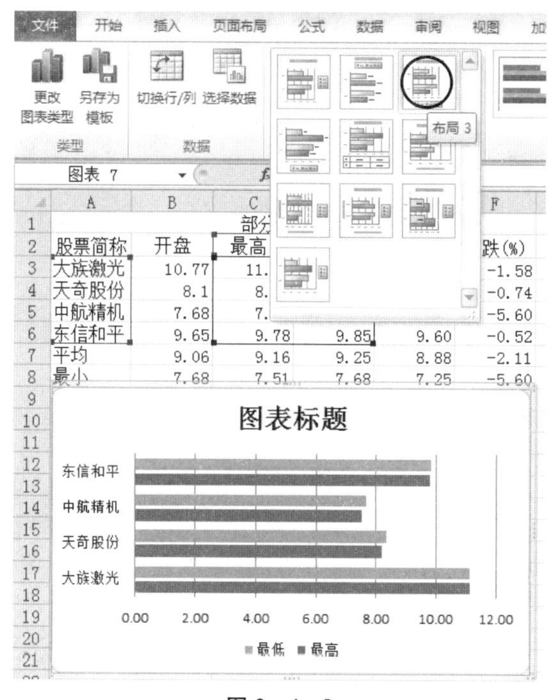

图 2－4－9

［4］选择条形图，并在图表工具-设计-图表布局中选择布局 3（如图 2－4－9 所示），选中图表标题，将图表标题更改为“股票行情”，并将字体设置为 12 磅。

［5］分别右击条形图中的“最高”和“最低”数据系列，在出现的菜单中选择“添加数据标签”，如图 2－4－10 所示。

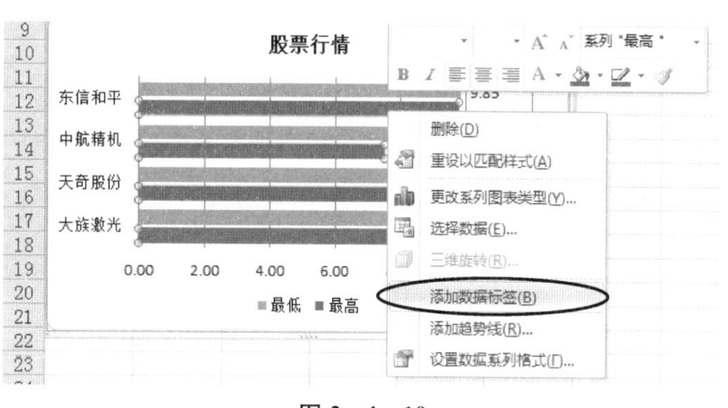

图 2－4－10

活动 4－3

打开“hd4-3. xlsx”，按下列要求进行操作，结果仍以原文件名、原路径保存。

在 Sheet1 工作表的 A8：H18 区域内作图（数据取自 Sheet1 中数据清单），图表布局为布局 1，图表样式保持默认状态，添加图表标题“经济增长图”，整表字符均取 10 磅（包括图表标题），基底填充为“白色，背景 1，深色 25%”，背景墙填充为“白色，背景 1，深色 15%”，原始数据和图表如图 2－4－11 所示。

	A	B	C	D	E	F	G	H
1		2006	2007	2008	2009	2010	2011	2012
2	东亚	28,321	30,128	38,142	45,351	56,070	69,406	79,883
3	西亚	32,402	38,364	42,742	47,049	53,928	60,844	70,588
4	南亚	41,562	46,477	55,030	64,897	77,572	91,534	98,195
5	北亚	22,733	29,183	35,312	40,736	48,827	58,694	67,102
6	总计	127024	146159	173234	200042	238407	282489	317780

⇩

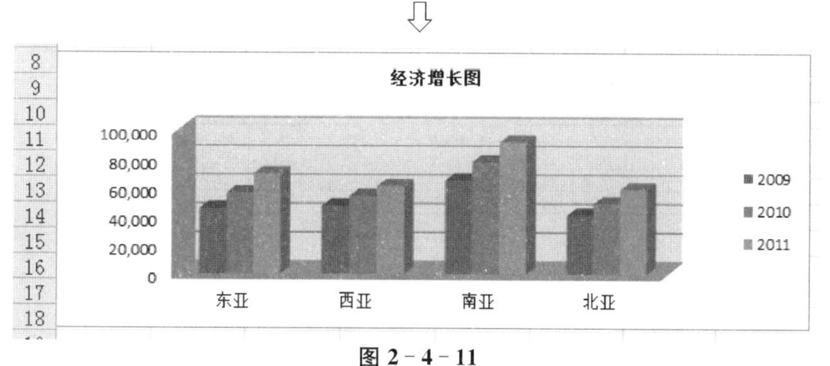

图 2－4－11

【活动步骤】

［1］选择 A1：H5 区域，在 Excel 2010 菜单中单击“插入”，选择“柱形图”下“三维柱形图”中的第一个“三维簇状柱形图”，如图 2－4－12 所示。

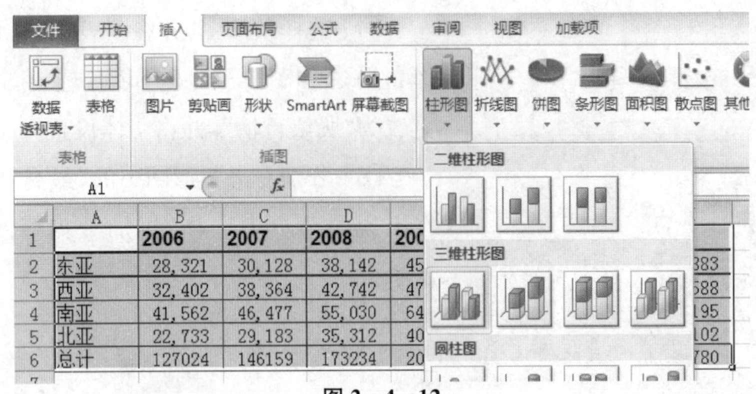

图 2-4-12

[2] 右击柱形图后单击“选择数据”,在“选择数据源”对话框中,如图 2-4-13 所示,首先单击“切换行/列”,然后删除 2006、2007、2008 和 2012,单击“确定”。

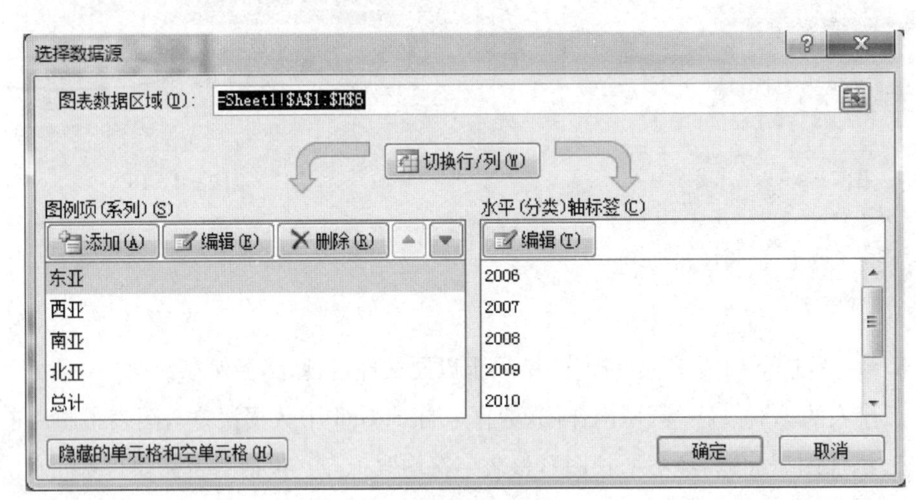

图 2-4-13

[3] 选择柱状图,将柱状图的区域大小移动到 A8∶H18 区域内,并在图表布局中选择布局 1,如图 2-4-14 所示。

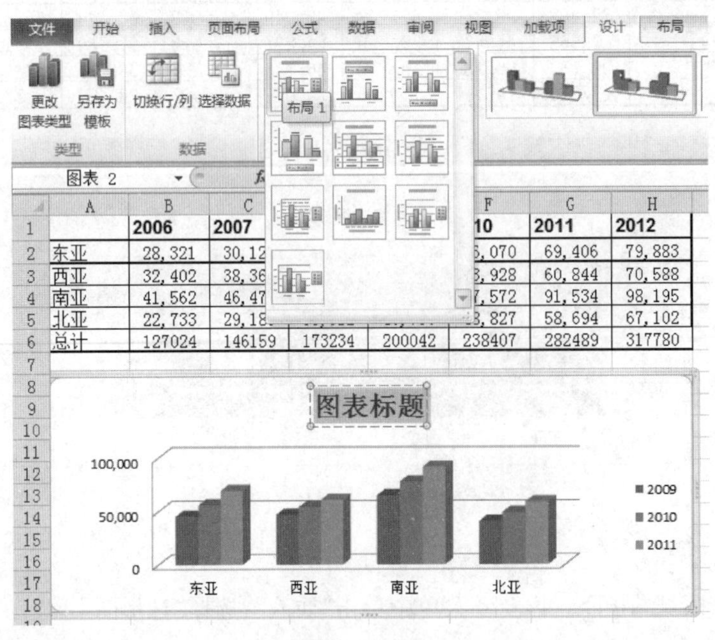

图 2-4-14

[4] 选中图表,在“开始”选项卡中将字号设为 10 磅。

[5] 选中图表标题,将图表标题更改为“经济增长图”,并将字体设置为 10 磅。

[6] 选中“基底”(可单击地板区域进行选取,注意一定要区分选择整个柱状图),在图表工具-格式-形状填充区域选择“白色,背景 1,深色 25%”。同样,选择“背面墙”,在形状填充区域选择“白色,背景 1,深色 15%”,如图 2-4-15 所示。

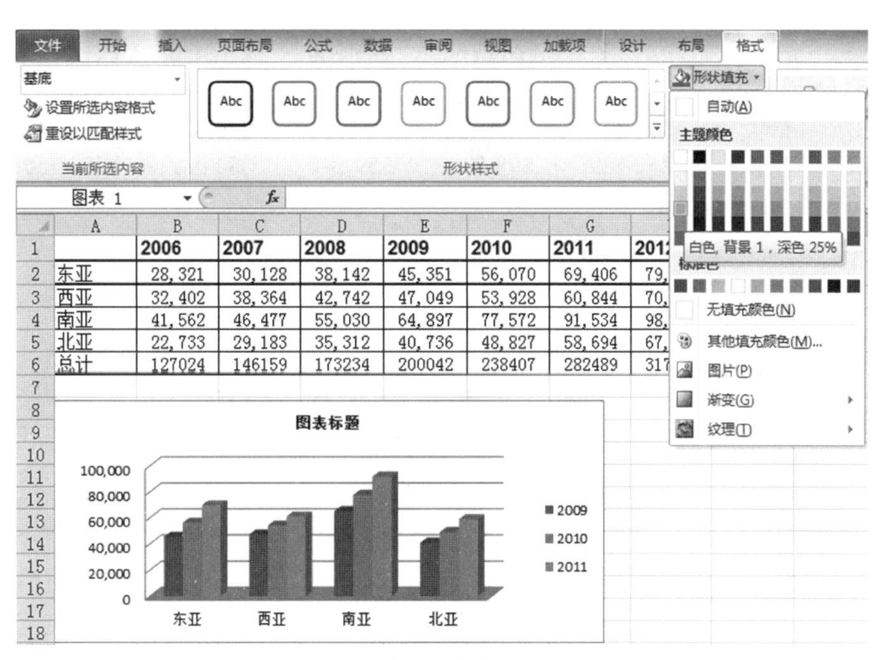

	A	B	C	D	E	F	G	
1		2006	2007	2008	2009	2010	2011	201
2	东亚	28,321	30,128	38,142	45,351	56,070	69,406	79,
3	西亚	32,402	38,364	42,742	47,049	53,928	60,844	70,
4	南亚	41,562	46,477	55,030	64,897	77,572	91,534	98,
5	北亚	22,733	29,183	35,312	40,736	48,827	58,694	67,
6	总计	127024	146159	173234	200042	238407	282489	317

图 2-4-15

活动 4-4

打开“hd4-4. xlsx”,按下列要求进行操作,结果仍以原文件名、原路径保存。

对 Sheet1 工作表操作:取数据清单相应数据在 A11:E23 区域内作图,图表布局为布局 6,图表样式保持默认状态,整表字符均取 12 磅(包括图表标题),原始数据和图表如图 2-4-16 所示。

【活动步骤】

[1] 选择 A3:E8 区域,在 Excel 菜单中单击“插入”,选择“其他图表”下“圆环图”中的第一个,如图 2-4-17 所示。

[2] 右击柱形图后单击“选择数据”。在“选择数据源”对话框中,如图 2-4-18 所示,首先单击“切换行/列”,然后删除 2009 年、2010 年、2011 年、2013 年,单击“确定”。

[3] 选择圆环图,将“圆环图”的区域大小移动到 A11:E23 区域内,并在图表工具-设计-图表布局中选择布局 6,将图表标题更改为“2012 年经济数据对比图”,并将整表字符和图表标题均大小设置为 12 磅,如图 2-4-19 所示。

[4] 选择圆环图中的数字,右击后选择“设置数据标签格式”;在“设置数据标签格式”的“标签选项”中,选中“类别名称”和“百分比”,如图 2-4-20 所示。

[5] 在“设置数据标签格式”的“数字”中,选择百分比,小数位数为 2,单击“关闭”。

	A	B	C	D	E	F
1	部分地区经济增长趋势					
2						(亿美元)
3	年份	东亚	西亚	南亚	北亚	合计
4	2009年	$48,352	$64,891	$40,733	$47,045	$201,021
5	2010年	$52,072	$77,578	$48,829	$53,923	$232,402
6	2011年	$59,406	$91,533	$58,698	$60,849	$270,486
7	2012年	$62,885	$108,196	$69,109	$70,579	$310,769
8	2013年	$76,231	$124,425	$70,236	$76,048	$346,940
9	最大	$76,231	$124,425	$70,236	$76,048	$346,940
10	平均	$62,529	$98,508	$59,640	$64,082	$284,760

⇩

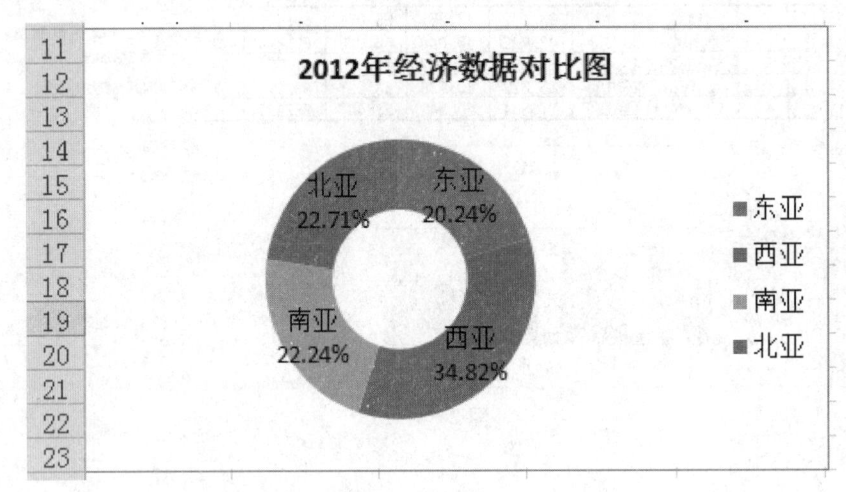

图2-4-16

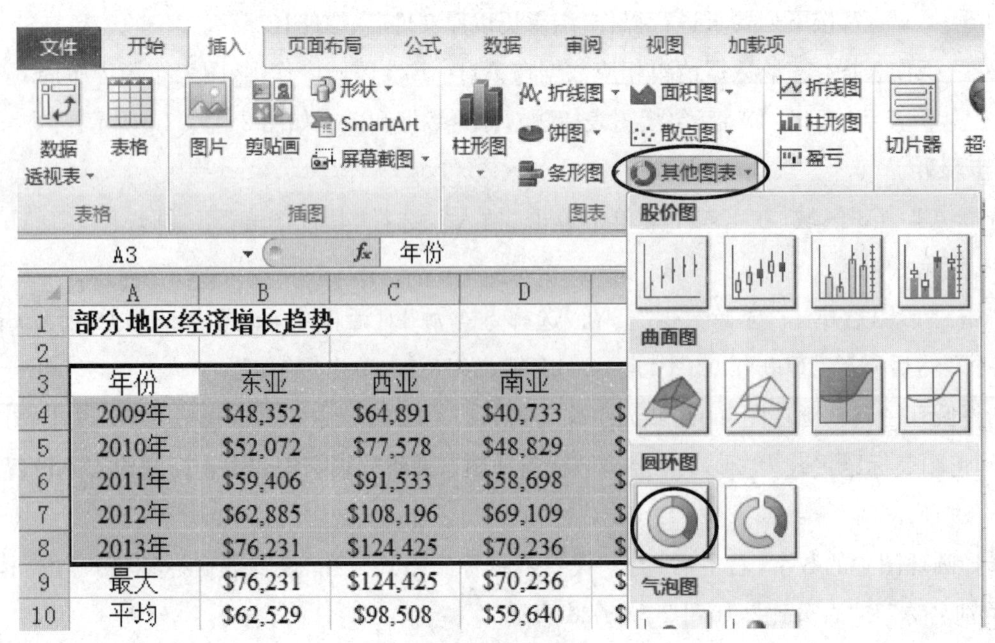

图2-4-17

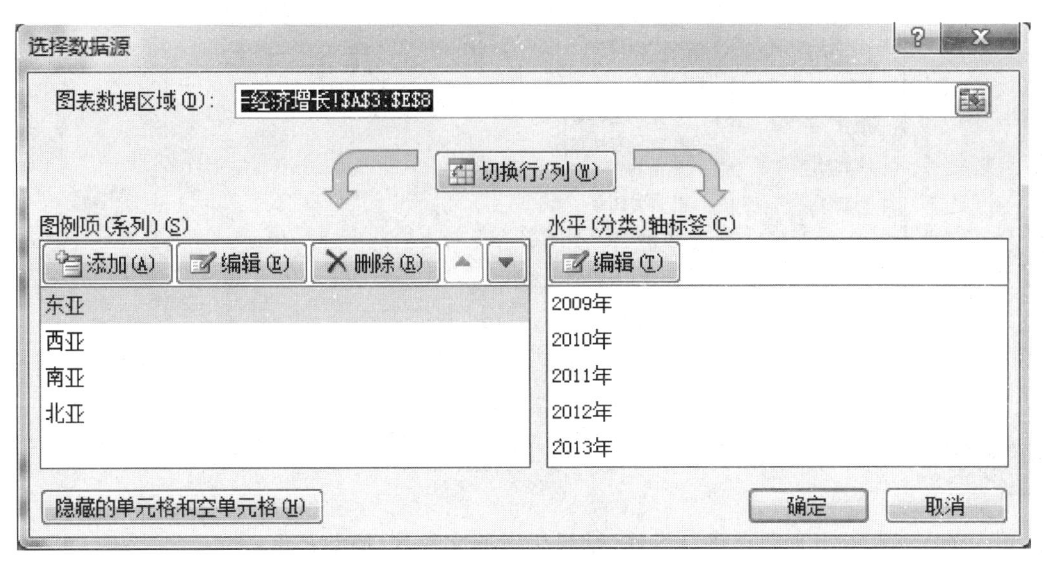

图 2-4-18

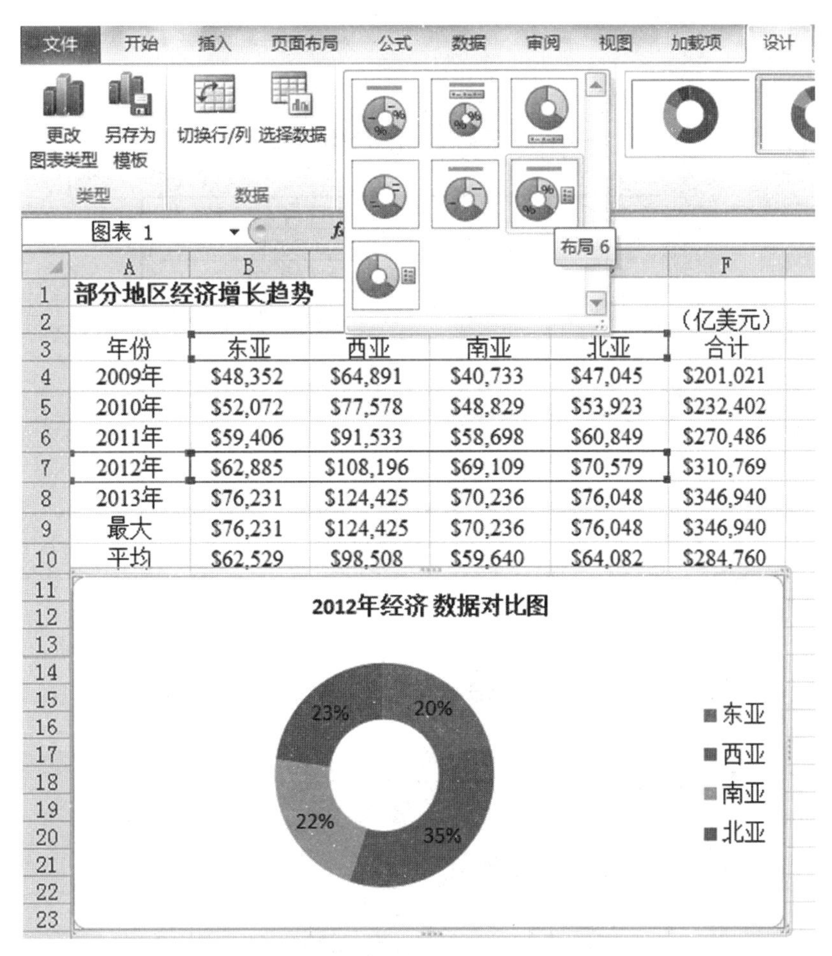

	A	B	C	D	E	F
1	部分地区经济增长趋势					
2						(亿美元)
3	年份	东亚	西亚	南亚	北亚	合计
4	2009年	$48,352	$64,891	$40,733	$47,045	$201,021
5	2010年	$52,072	$77,578	$48,829	$53,923	$232,402
6	2011年	$59,406	$91,533	$58,698	$60,849	$270,486
7	2012年	$62,885	$108,196	$69,109	$70,579	$310,769
8	2013年	$76,231	$124,425	$70,236	$76,048	$346,940
9	最大	$76,231	$124,425	$70,236	$76,048	$346,940
10	平均	$62,529	$98,508	$59,640	$64,082	$284,760

图 2-4-19

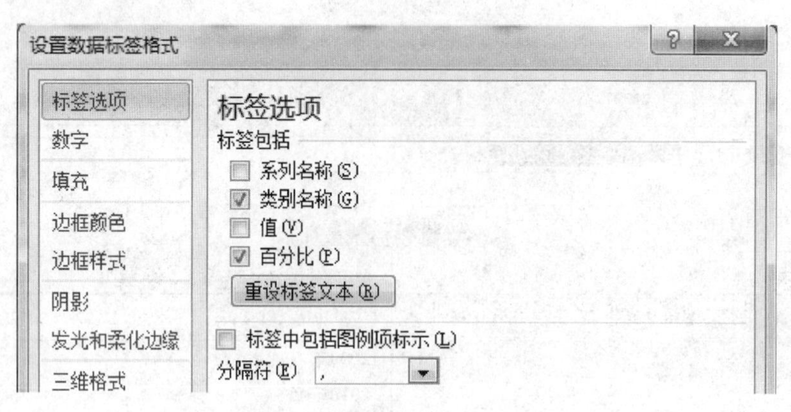

图 2-4-20

活动 4-5

打开“hd4-5.xlsx”,按下列要求进行操作,结果仍以原文件名、原路径保存。

对 Sheet1 工作表操作:取数据清单相应数据在 A16:F28 区域内作图,图表布局为布局 3,除图表标题为黑体、12 磅、加粗外,其余字符均为 10 磅;将“杭州”的数据系列折线修改为“黑色,文字 1”,折线所在的区域填充为“白色,背景 1,深色 15%”。原始数据和图表如图 2-4-21 所示。

	A	B	C	D	E
1	中国部分城市平均气温表				
2					(单位:度)
3	城市	二月	五月	八月	十一月
4	哈尔滨	-14.5	11.2	20.9	1.4
5	长春	-8	12.6	23.3	6.5
6	昆明	8.6	17.4	22.4	16.1
7	杭州	4.5	16.2	29.8	17.6
8	徐州	1.9	14.8	27.9	16.9
9	长沙	4.3	16.2	28.7	17.4
10	深圳	13.3	21.9	28.4	23.8
11	太原	-1.9	14.2	28.4	13.2
12	林芝	-3.3	9.4	27.2	8.4
13	最高	13.3	21.9	29.8	23.8
14	平均	0.5	14.9	26.3	13.5

⇩

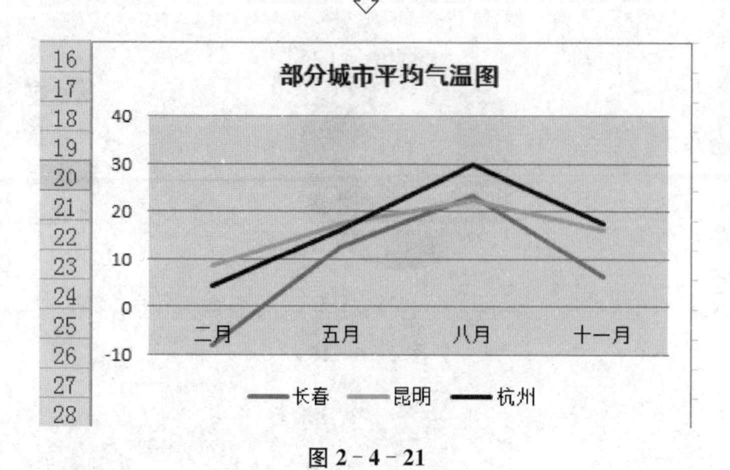

图 2-4-21

【活动步骤】

[1] 选择 A3：E12 区域，在 Excel 菜单中单击“插入”，选择“折线图”下“二维折线图”中的第一个折线图，如图 2－4－22 所示。

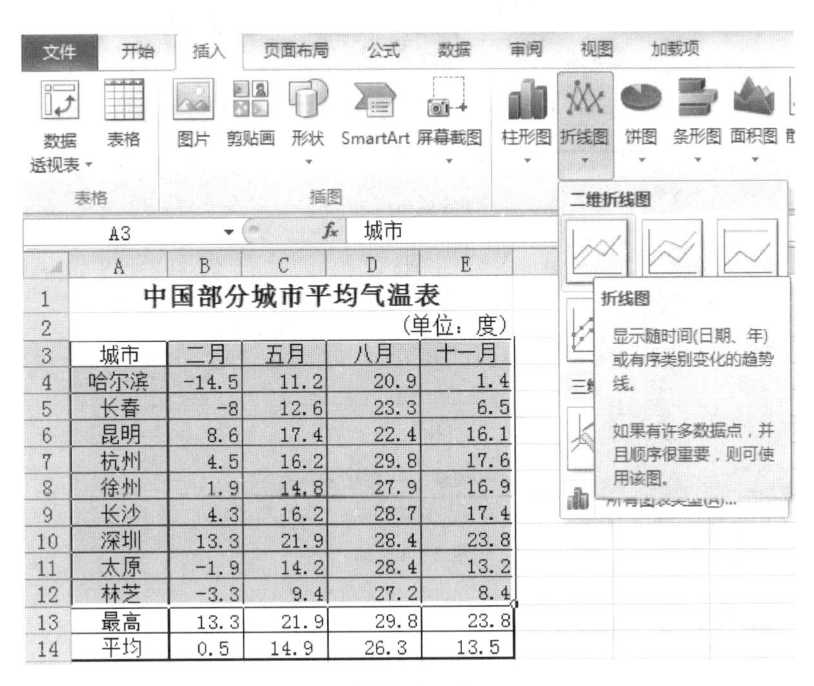

中国部分城市平均气温表

(单位：度)

城市	二月	五月	八月	十一月
哈尔滨	-14.5	11.2	20.9	1.4
长春	-8	12.6	23.3	6.5
昆明	8.6	17.4	22.4	16.1
杭州	4.5	16.2	29.8	17.6
徐州	1.9	14.8	27.9	16.9
长沙	4.3	16.2	28.7	17.4
深圳	13.3	21.9	28.4	23.8
太原	-1.9	14.2	28.4	13.2
林芝	-3.3	9.4	27.2	8.4
最高	13.3	21.9	29.8	23.8
平均	0.5	14.9	26.3	13.5

图 2－4－22

[2] 移动折线图到区域 A16：F28，选择折线图右击后单击“选择数据”。在“选择数据源”对话框中，如图 2－4－23 所示，首先，单击“切换行/列”；然后，删除哈尔滨、徐州、长沙、深圳、太原、林芝，单击“确定”。

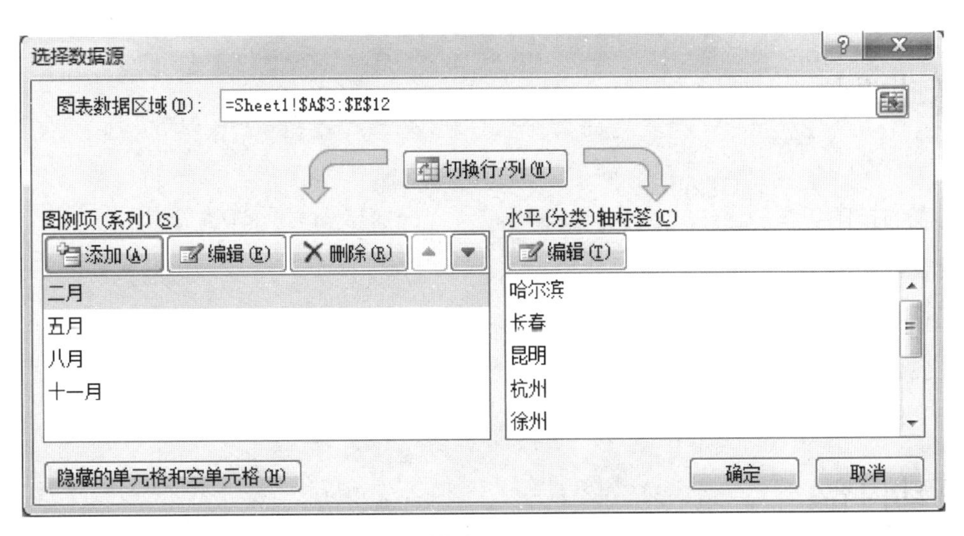

图 2－4－23

[3] 选择折线图，在“开始”选项卡中将字号设为 10 磅，并在图表工具-设计-图表布局中选择布局 3，如图 2－4－24 所示，将图表标题更改为“部分城市平均气温图”，字体设置为黑体、12 磅。

[4] 单击杭州折线，右击后选择“设置数据系列格式”，将线条颜色由“自动”改为“实线”，颜色为“黑色，文字 1”，单击“关闭”。

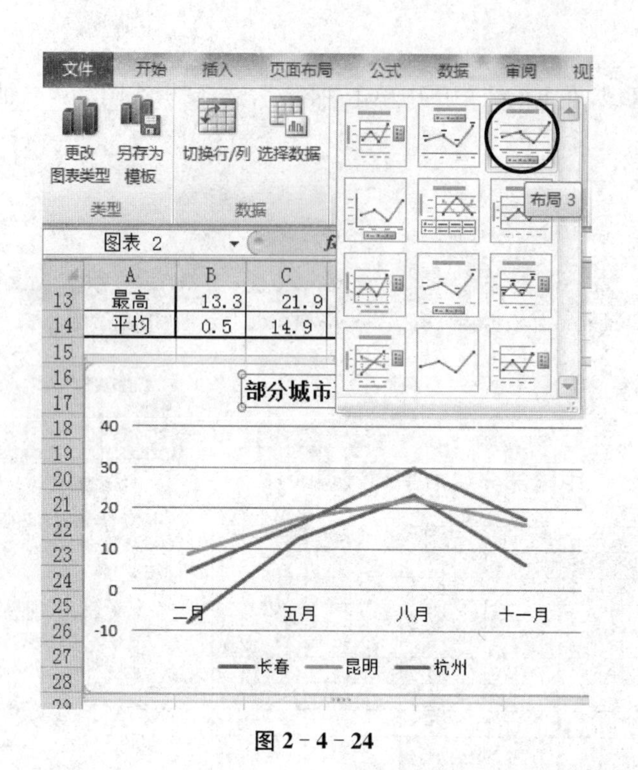

图 2-4-24

[5] 选择绘图区,右击“设置绘图区格式”,将填充由“自动”改为“纯色填充”,颜色为“白色,背景 1,深色 15%”,单击“关闭”。

活动五 Excel 数据管理与分析

一、活动要点

- 数据列表的排序
- 数据列表的筛选
- 分类汇总
- 数据透视表

二、活动内容

活动 5-1

打开“hd5-1. xlsx”,按下列要求进行操作,结果仍以原文件名、原路径保存。

对 Sheet1 工作表操作:以“月份合计”递减排序(不包括“分类合计”记录),Sheet1 工作表的原始数据如图 2－5－1 所示。

	A	B	C	D	E	F	G	H
1	安易书店销售信息表							
2								（单位：万元）
3		教育类	金融类	英语类	科学类	少儿类	小说类	月份合计
4	一月份	99.1	110.2	124.6	70.9	40.6	97.8	543.2
5	二月份	90.5	98.4	75.1	69.9	29.0	82.3	445.2
6	三月份	83.2	87.3	78.6	65.5	35.2	67.8	417.5
7	四月份	89.0	90.2	87.6	56.7	54.3	56.5	434.2
8	分类合计	361.8	386.1	365.9	262.9	159.1	304.3	

图 2－5－1

【活动步骤】

[1] 选中 A3∶H7，单击“排序和筛选”中的“自定义排序”按钮，如图 2－5－2 所示。

图 2－5－2

[2] 在“排序”对话框中，根据题目要求，“列”的“主要关键字”选择“月份合计”，“排序”依据为“数值”，“次序”为“降序”，如图 2－5－3 所示，单击“确定”。

图 2－5－3

活动 5－2

打开“hd5-2.xlsx”，按下列要求进行操作，结果仍以原文件名、原路径保存。

对 Sheet1 工作表操作：从 A2 开始的表格中筛选出“2007—2009”和“2010—2012”字段值都大于 400 的记录，Sheet1 工作表的原始数据如图 2－5－4 所示。

	A	B	C	D	E	F
1	电子商务学术论文分布表					
2	类别	1999-2001	2002-2006	2007-2009	2010-2012	各类别占总计比例
3	网络营销	23	56	2237	3567	28.82%
4	电子银行	17	35	2928	3345	30.99%
5	商务模式	23	68	345	152	2.88%
6	商务网站	45	55	783	268	5.64%
7	商务操作	12	67	521	163	3.74%
8	商务系统	9	54	1000	379	7.06%
9	电子平台	41	116	257	717	5.54%
10	客户管理	23	568	637	497	8.45%
11	财务管理	3	234	432	736	6.88%
12	合计	20413				

图 2－5－4

【活动步骤】

[1] 选中 A2：F11，单击“排序和筛选”中的“筛选”按钮，如图 2－5－5 所示。

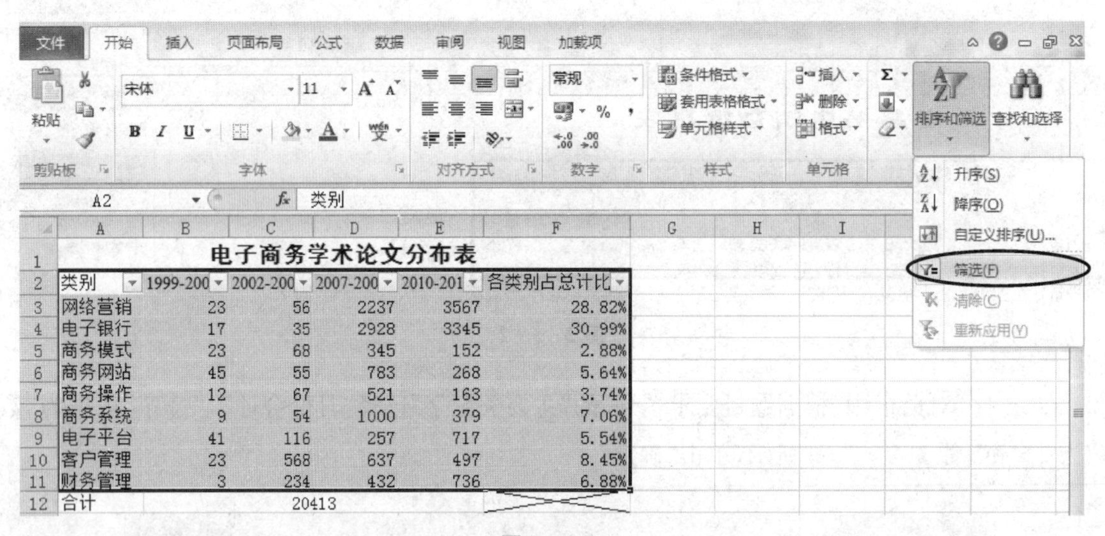

图 2－5－5

[2] 单击“2007—2009”字段处的筛选箭头，选中“数字筛选”中的“大于”，如图 2－5－6 所示，在其右方方框中输入“400”，单击“确定”。

[3] 单击“2010—2012”字段处的筛选箭头，选中“数字筛选”中的“大于”，在其右方方框中输入“400”，单击“确定”。

活动 5－3

打开“hd5-3.xlsx”，按下列要求进行操作，结果仍以原文件名、原路径保存。

对 Sheet1 工作表操作：对 A4 开始进行表格中的记录分类汇总，并分级显示，原始数据和分类汇总后的数据如图 2－5－7 所示。

【活动步骤】

[1] 选中 A4：H15，单击“排序和筛选”中的“自定义排序”按钮，在“排序”对话框中，列的主要关键字

图 2-5-6

2012级奖学金分配表

班级名称	所属系部	班级人数	一等奖	二等奖	三等奖	班级奖金总额	得奖人数比例
12物流管理	商务系	45	2	3	3	6600	17.8%
12英语系	外语系	38	1	2	5	5100	21.1%
12信息管理	计算机系	38	2	2	4	6200	21.1%
12法语系	外语系	38	1	3	4	5500	21.1%
12物理教育	物理系	32	1	2	4	4700	21.9%
12软件开发	计算机系	40	2	2	4	6200	20.0%
12商务贸易	商务系	40	1	2	5	5100	20.0%
12日语系	外语系	33	1	2	4	4700	21.2%
12电子技术	物理系	34	1	2	5	5100	23.5%
12德语系	外语系	46	1	3	5	5900	19.6%
12电子商务	计算机系	52	2	3	6	7800	21.2%

⇩

2012级奖学金分配表

班级名称	所属系部	班级人数	一等奖	二等奖	三等奖	班级奖金总额	得奖人数比例
	计算机系 汇总		6	7	14	20200	
	商务系 汇总		3	5	8	11700	
	外语系 汇总		4	10	18	21200	
	物理系 汇总		2	4	9	9800	
	总计		15	26	49	62900	

图 2-5-7

选择“所属系部”、排序依据为“数值”、次序为“升序”，单击“确定”，得到如图2-5-8所示数据。

	A	B	C	D	E	F	G	H
1	2012级奖学金分配表							
2								
3								
4	班级名称	所属系部	班级人数	一等奖	二等奖	三等奖	班级奖金总额	得奖人数比例
5	12信息管理	计算机系	38	2	2	4	6200	21.1%
6	12软件开发	计算机系	40	2	2	4	6200	20.0%
7	12电子商务	计算机系	52	2	3	6	7800	21.2%
8	12物流管理	商务系	45	2	3	3	6600	17.8%
9	12商务贸易	商务系	40	1	2	5	5100	20.0%
10	12英语系	外语系	38	1	2	5	5100	21.1%
11	12法语系	外语系	38	1	3	4	5500	21.1%
12	12日语系	外语系	33	1	2	4	4700	21.2%
13	12德语系	外语系	46	1	3	5	5900	19.6%
14	12物理教育	物理系	32	1	2	4	4700	21.9%
15	12电子技术	物理系	34	1	2	5	5100	23.5%

图2-5-8

[2] 继续选中A4：H15，在Excel菜单中单击“数据”，选择“分类汇总”，如图2-5-9所示。

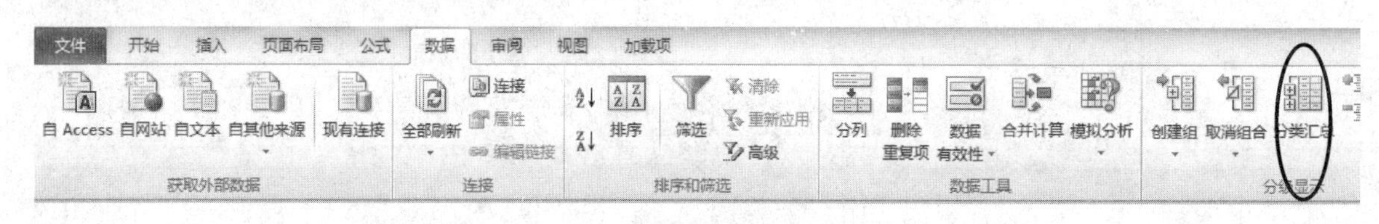

图2-5-9

[3] 在“分类汇总”对话框中，“分类字段”选择“所属系部”，“汇总方式”选择“求和”，“选定汇总项”选择“一等奖”“二等奖”“三等奖”和“班级奖金总额”，如图2-5-10所示，单击“确定”。

[4] 单击窗口左上方的分级显示符合2，如图2-5-11所示。

分类汇总
分类字段(A):
所属系部
汇总方式(U):
求和
选定汇总项(D):
☐ 班级人数
☑ 一等奖
☑ 二等奖
☑ 三等奖
☑ 班级奖金总额
☐ 得奖人数比例
☑ 替换当前分类汇总(C)
☐ 每组数据分页(P)
☑ 汇总结果显示在数据下方(S)
全部删除(R) 确定 取消

图2-5-10

	A	B	C	D	E	F	G
1	2012级奖学金分配表						
2							
3							
4	班级名称	所属系部	班级人数	一等奖	二等奖	三等奖	班级奖金总额
8		计算机系 汇总		6	7	14	20200
11		商务系 汇总		3	5	8	11700
16		外语系 汇总		4	10	18	21200
19		物理系 汇总		2	4	9	9800
20		总计		15	26	49	62900

图2-5-11

活动5-4

打开“hd5-4.xlsx”，按下列要求进行操作，结果仍以原文件名、原路径保存。

在Sheet1工作表中，基于A4：H22的数据区域，在A24开始的单元格生成透视表，数据透视表布局以表格形式显示，不重复项目标签，数据透视表样式为“无”，原始数据和数据透视表如图2-5-12所示。

电视机价格汇总表（2012年6月25日）

品牌	型号	商家	上周价格(元)	折扣率	本周价格(元)	数量(台)	种类
长虹	51PDT18	国美电器	18300	0.9837	17000	21	背投
TCL	2118E	第六百货	1170	0.9829	1150	48	直角平面
TCL	2136G	大西洋百货	1160	0.9957	1155	47	直角平面
LG	21K49	大西洋百货	1300	0.9846	1280	45	直角平面
LG	21M60E	第六百货	1318	0.9712	1280	39	直角平面
TCL	3480GI	苏宁电器	8388	1.0000	8388	18	纯平
TCL	3480GI	东方商厦	9198	0.9980	9180	25	纯平
TCL	3480GI	太平洋百货	8398	0.9990	8390	20	纯平
LG	48A80	国美电器	16500	1.0000	16500	9	背投
长虹	51PT28	太平洋百货	18580	0.9957	18500	7	背投
长虹	G2109	国美电器	998	0.9820	980	84	直角平面
LG	53A80	苏宁电器	17500	1.0000	17500	7	背投
TCL	2102	太平洋百货	1000	0.9980	998	59	直角平面
LG	53A80	大润发	17300	1.0000	17300	6	背投
长虹	DP5188	苏宁电器	18490	0.9951	18400	31	背投
长虹	G2108	第六百货	1000	0.9980	998	58	直角平面
长虹	G2109	太平洋百货	988	0.9970	985	53	直角平面
LG	21K92	大润发	1280	0.9379	1209	56	直角平面

⇩

求和项:数量(台)	商家							
品牌	大润发	大西洋百货	第六百货	东方商厦	国美电器	苏宁电器	太平洋百货	总计
LG	62	45	39		9	7		162
TCL		47	48	25		18	79	217
长虹			58		105	31	60	254
总计	62	92	145	25	114	56	139	633

图 2-5-12

【活动步骤】

[1] 在 Excel 菜单中单击“插入”，单击“数据透视表”下的“数据透视表”进入“创建数据透视表”的对话框，如图 2-5-13 所示。

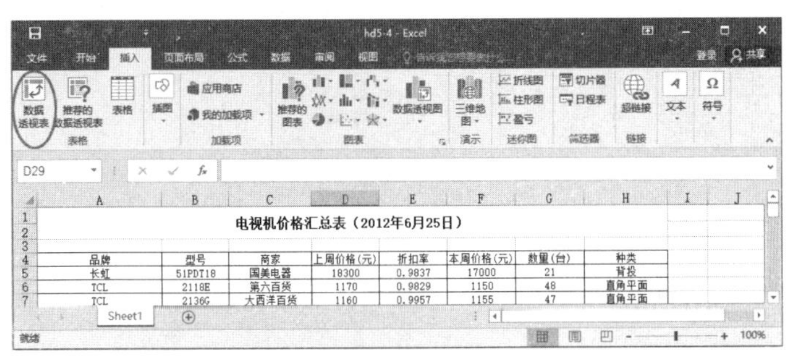

图 2-5-13

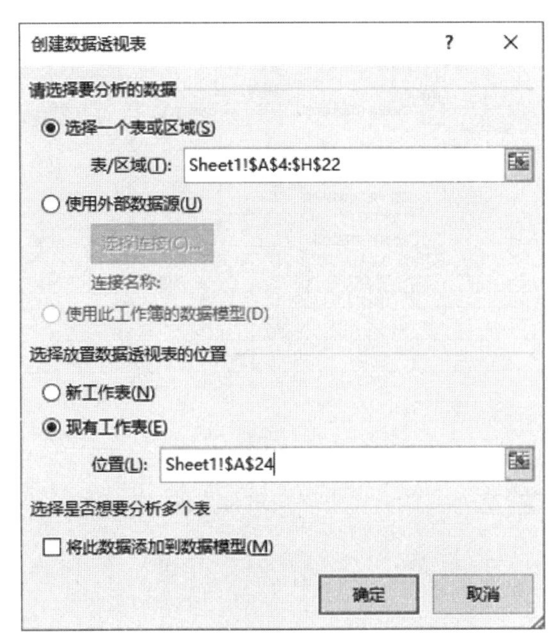

图 2-5-14

[2] 在“创建数据透视表”对话框中“请选择要分析的数据”的“选择一个表或区域”，选择 A4：H22，“选择放置数据透视表的位置”为“现有工作表”，其位置为 A24，如图 2-5-14 所示，单击“确定”。

[3] 将“品牌”拖入到“行标签”，将“商家”拖入到“列标签”，将“数量(台)”输入到“数值”，默认为求和项，生成数据透视表，如图 2-5-15 所示。

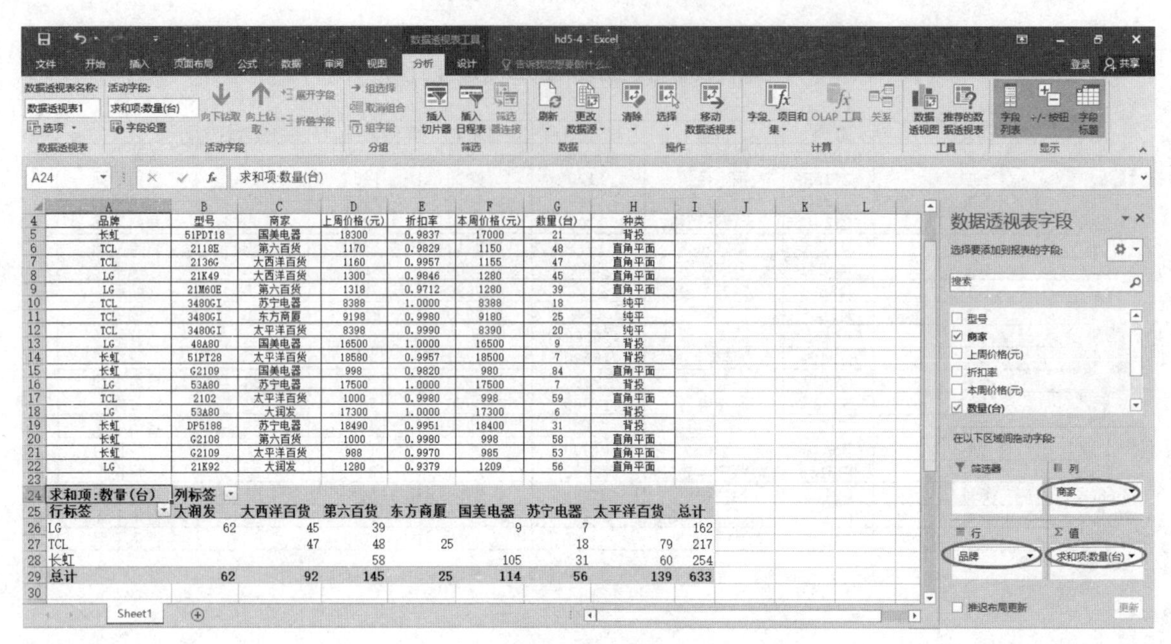

图 2-5-15

[4] 选中数据透视表的任意单元格，在“数据透视表工具”的“设计”选项卡中，“报表布局”选择“以表格形式显示”和“不重复项目标签”，在“数据透视表样式”中选择第一个“无”，如图 2-5-16 所示。

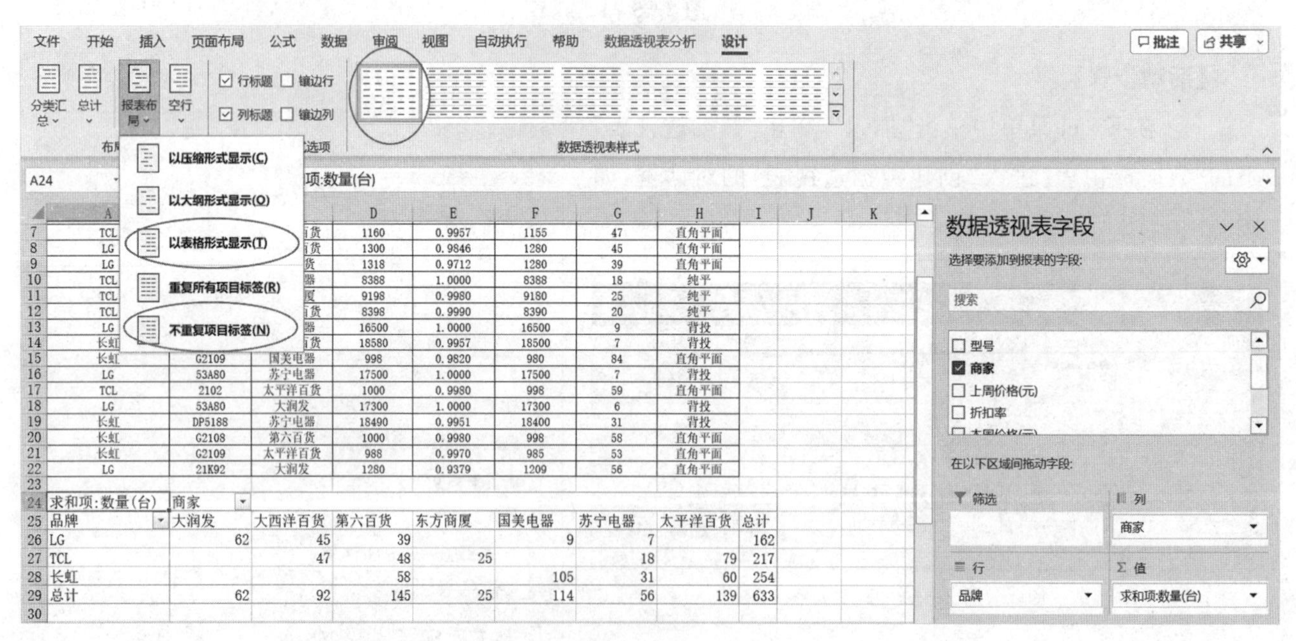

图 2-5-16

活动 5-5

打开“hd5-5. xlsx”，按下列要求进行操作，结果仍以原文件名、原路径保存。

对 Sheet1 中的数据清单分别以工资、奖金、年龄为第一、第二、第三关键字均递增排序，Sheet1 工作表的原始数据如图 2-5-17 所示。

	A	B	C	D	E	F
1	工资奖金表					
2	姓名	性别	年龄	职称	工资	奖金
3	朱红燕	女	31	工程师	3768.5	¥ 598.0
4	张　辉	男	41	工人	4452	¥ 343.0
5	曲晓东	男	40	高级工程师	6453	¥ 998.6
6	杨梅华	女	33	工人	2402.6	¥ 602.8
7	程文艺	女	34	工人	2587.2	¥ 375.4
8	沈东坚	男	42	工人	3321.5	¥ 765.5
9	姚小遥	男	33	工程师	4412.8	¥ 487.0
10	黄　军	男	46	工程师	5397.5	¥ 952.5
11	李进	男	31	工人	3346.8	¥ 476.0
12	吴华	女	32	助理工程师	2425.8	¥ 298.3
13	王平	女	34	高级工程师	6456.6	¥ 456.0
14	王小帧	女	40	工人	4534.6	¥ 778.0

图 2－5－17

【活动步骤】

[1] 选中 A2：F14，单击“排序和筛选”中的“自定义排序”按钮。

[2] 在“排序”对话框中，根据题目要求，“列”的“主要关键字”选择“工资”，“排序”依据为“数值”，“次序”为“升序”。单击“添加条件”，“列”的“次要关键字”依次为“奖金”“年龄”，如图 2－5－18 所示，单击“确定”。

图 2－5－18

活动 5－6

打开“hd5-6. xlsx”，按下列要求进行操作，结果仍以原文件名、原路径保存。

对 Sheet1 工作表操作：对“持有部分”的 3 条记录（在 B4：H6 区域）和“投资部分”的 6 条记录（在 B7：H12 区域），分别以“平均值”递增重排，Sheet1 工作表的原始数据如图 2－5－19 所示。

【活动步骤】

[1] 选中 B4：H6，单击“排序和筛选”中的“自定义排序”按钮。在“排序”对话框中，去掉“数据包含标题”复选框前的“√”，根据题目要求，“列”的“主要关键字”选择“列 H”，“排序”依据为“数值”，“次序”为“升序”，单击“确定”。

[2] 选中 B7：H12，单击“排序和筛选”中的“自定义排序”按钮。在“自定义排序”对话框中，根据题目要求，“列”的“主要关键字”选择“列 H”，“排序”依据为“数值”，“次序”为“升序”，单击“确定”。

	A	B	C	D	E	F	G	H
1	金融现状表							
2		资产类型	五　种　家　庭　类　型					平均值
3			小两口	子女未就业	子女已就业	三代户	老两口	
4	持有部分	存款	43	43.6	54.2	57.1	59.2	51.42
5		现金	3.2	3.3	2.8	3.1	2.9	3.06
6		外币	9	8.8	3.3	6	10.7	7.56
7	投资部分	出借	0.3	0.9	1.3	0.5	1	0.8
8		证券	20.1	24.2	24.8	18.9	21.3	21.86
9		实业	1.2	3.3	3.6	3.7	0.7	2.5
10		集资	6.9	1.3	1.5	0.8	0.9	2.28
11		债券	6.6	4.2	4.7	6.7	4.6	5.36
12		保险	2.3	4.9	2.8	4.8	0.75	3.11
13								

图 2-5-19

活动六 Excel 页面设置

一、活动要点

- 页边距设置
- 页眉/页脚设置

二、活动内容

活动 6-1

打开“hd6-1. xlsx”，按下列要求进行操作，结果仍以原文件名、原路径保存。

设置 Sheet1 的页面：左右页边距均设为 0.5 厘米，设置页眉文字“价格变化表”：黑体、12 磅、双下划线、居中，打印预览效果如图 2-6-1 所示。

价格变化表

2012年12月价格变化表　　食醋、酒精（单位：元/吨）

报价市场	产地	产品名称	原价	现价	涨跌%	最大现价差
华东化工场	上海	食醋	10,600	11,008	3.85	3,847
华中化工场	日本		11,000	11,552	5.01	
东北化工场	美国		13,000	13,551.8	4.24	
西南化工城	德国		9,800	9,705	-0.97	
华东化工场	江苏	酒精	14,500	14,234.9	-1.83	1,517
华中化工场	英国		13,000	13,339	2.61	
东北化工场	日美		15,100	14,752	-2.30	
西南化工城	荷兰		12,500	13,235	5.88	

图 2-6-1

【活动步骤】

[1] 在Excel菜单中单击“页面布局”,单击“页面设置”右下角按钮打开“页面设置”对话框,如图2-6-2所示。

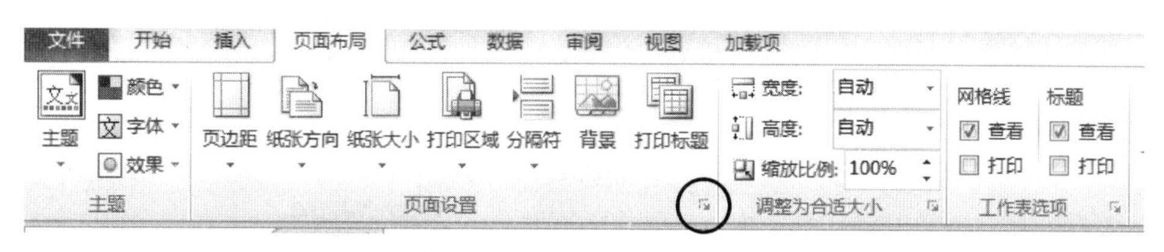

图2-6-2

[2] 在“页面设置”对话框中单击“页边距”选项卡,左、右页边距均改为0.5厘米,如图2-6-3所示。

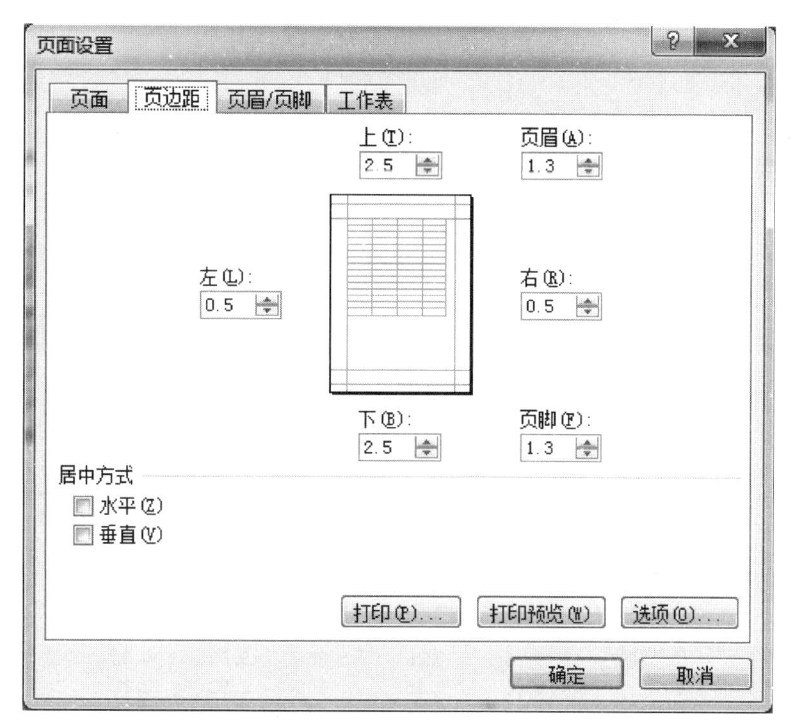

图2-6-3

[3] 在“页面设置”对话框中单击“页眉/页脚”选项卡,在“页眉/页脚”选项卡中单击“自定义页眉”,在“中”区域输入“价格变化表”,如图2-6-4所示。

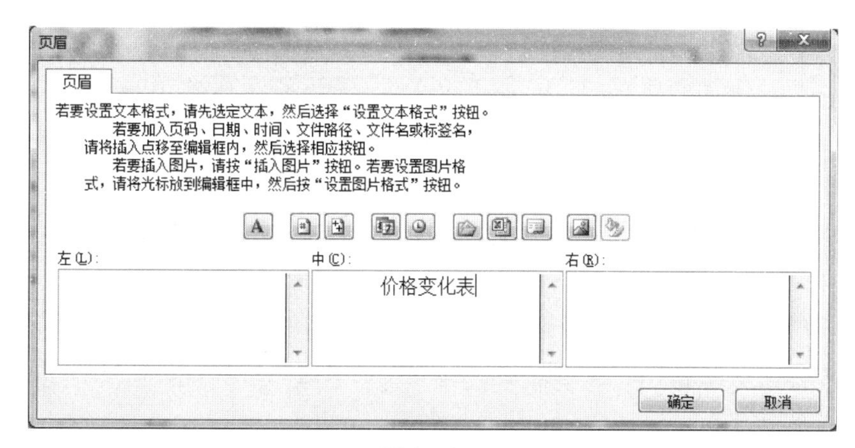

图2-6-4

[4] 选中输入的文字,在“自定义页眉”中单击格式文本A按钮,字体为黑体,大小为12磅,下划线选择“双下划线”,如图2-6-5所示,依次单击“确定”。

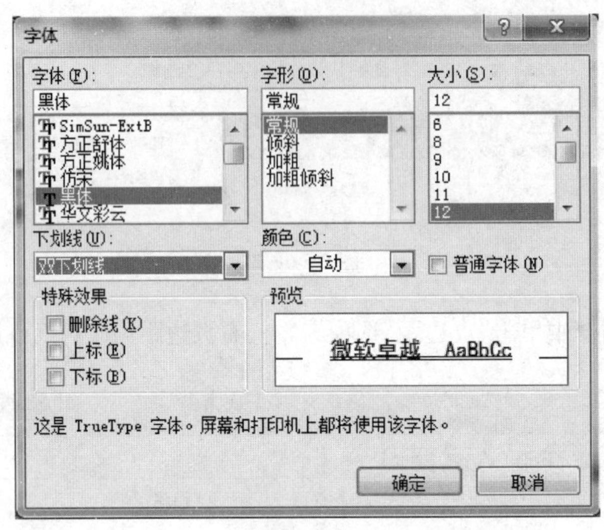

图2-6-5

活动6-2

打开“hd6-2.xlsx”,按下列要求进行操作,结果仍以原文件名、原路径保存。

设置Sheet1的页面:文档水平居中,取消打印网格线,左、右页边距均改为0.5厘米,页脚边距改为15厘米,并设置Sheet1的中页脚文字“股票行情”:28磅、双下划线,打印预览效果如图2-6-6所示。

部分股票行情

股票简称	开盘	最高	最低	今收盘	涨跌(%)
大族激光	10.77	11.13	11.1	10.6	-1.58
天奇股份	8.1	8.20	8.34	8.06	-0.74
中航精机	7.68	7.51	7.68	7.25	-5.60
东信和平	9.65	9.78	9.85	9.60	-0.52
平均	9.06	9.16	9.25	8.88	-2.11
最小	7.68	7.51	7.68	7.25	-5.60

股票行情

图2-6-6

【活动步骤】

[1] 在Excel菜单中单击“页面布局”,单击“页面设置”右下角按钮打开“页面设置”对话框。

[2] 在“页面设置”对话框中单击“页边距”选项卡,左、右页边距均改为0.5厘米,页脚边距改为15厘米,在居中方式中选择“水平”。

[3] 在“页面设置”对话框中单击“页眉/页脚”选项卡。

[4] 在“页眉/页脚”选项卡中单击“自定义页脚”，在“中”区域输入“股票行情”。

[5] 选中输入的文字，在“自定义页脚”中单击格式文本A按钮，字体大小选择 28 磅，下划线选择“双下划线”，依次单击“确定”按钮。

[6] 在“页面设置”对话框中单击“工作表”选项卡，确保打印“网格线”未选中，如图 2－6－7 所示，单击“确定”。

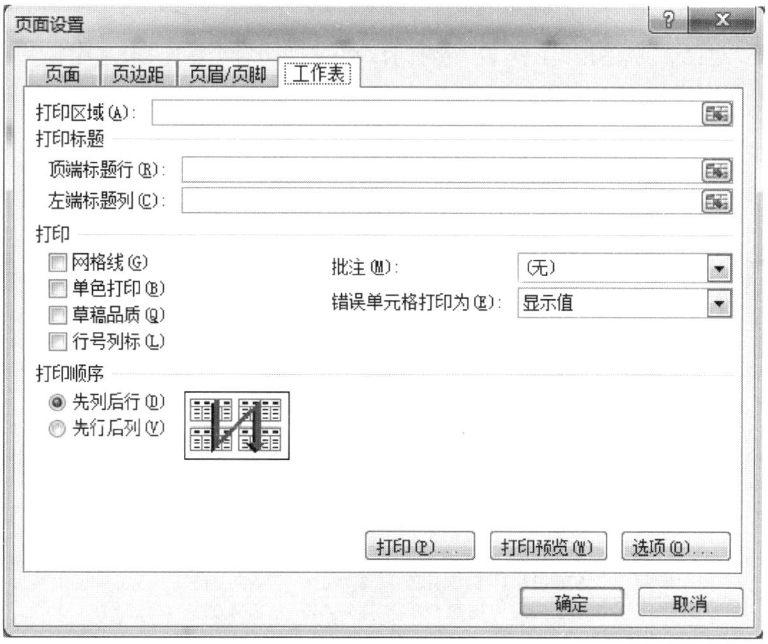

页面设置

页面 页边距 页眉/页脚 工作表

打印区域(A):

打印标题

顶端标题行(R):

左端标题列(C):

打印

网格线(G)

单色打印(B)

草稿品质(Q)

行号列标(L)

批注(M): (无)

错误单元格打印为(E): 显示值

打印顺序

先列后行(D)

先行后列(V)

打印(P)... 打印预览(W) 选项(O)...

确定 取消

图 2－6－7

活动 6－3

打开“hd6-3. xlsx”，按下列要求进行操作，结果仍以原文件名、原路径保存。

对 Sheet1 工作表操作：取消打印网格线。设置页眉“成绩表”，靠左、隶书、粗斜、36 磅、双下划线、页眉边距改为 1 厘米，打印预览效果如图 2－6－8 所示。

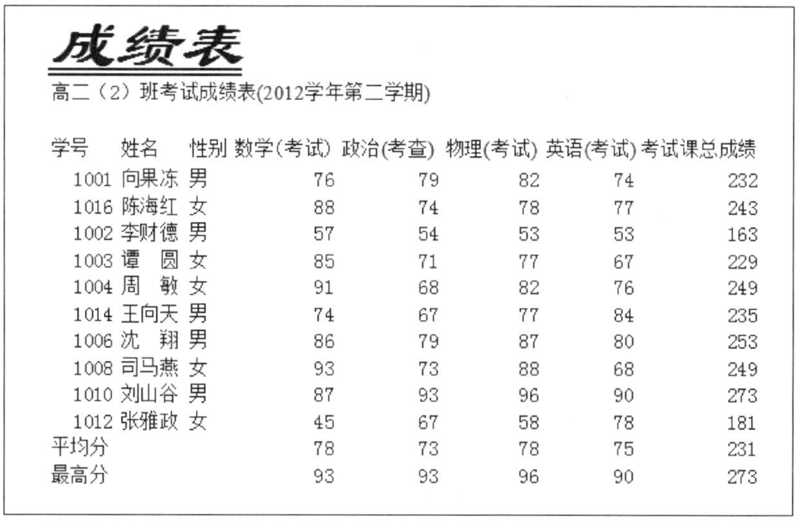

成绩表

高二（2）班考试成绩表(2012学年第二学期)

学号	姓名	性别	数学(考试)	政治(考查)	物理(考试)	英语(考试)	考试课总成绩
1001	向果冻	男	76	79	82	74	232
1016	陈海红	女	88	74	78	77	243
1002	李财德	男	57	54	53	53	163
1003	谭　圆	女	85	71	77	67	229
1004	周　敏	女	91	68	82	76	249
1014	王向天	男	74	67	77	84	235
1006	沈　翔	男	86	79	87	80	253
1008	司马燕	女	93	73	88	68	249
1010	刘山谷	男	87	93	96	90	273
1012	张雅政	女	45	67	58	78	181
平均分			78	73	78	75	231
最高分			93	93	96	90	273

图 2－6－8

【活动步骤】

[1] 在 Excel 菜单中单击“页面布局”，单击“页面设置”右下角按钮打开“页面设置”对话框。

[2] 在“页面设置”对话框中单击“页边距”选项卡,页眉边距改为1厘米。

[3] 在“页面设置”对话框中单击“页眉/页脚”选项卡。

[4] 在“页眉/页脚”选项卡中单击“自定义页眉”,在“左”区域输入“成绩表”。

[5] 选中“成绩表”文字,在“自定义页眉”中单击格式文本A按钮,字体大小选择36磅、隶书、加粗倾斜,下划线选择“双下划线”,依次单击“确定”按钮。

[6] 在“页面设置”对话框中单击“工作表”选项卡,确保打印“网格线”未选中。

活动6-4

打开“hd6-4.xlsx”,按下列要求进行操作,结果仍以原文件名、原路径保存。

对Sheet1工作表操作:横向打印并设置打印网格线,取消页脚,设置上页边距、左页边距分别为1厘米和4厘米,打印预览效果如图2-6-9所示。

部分地区经济增长趋势					
					(亿美元)
年份	东亚	西亚	南亚	北亚	合计
2009年	$48,352	$64,891	$40,733	$47,045	$201,021
2010年	$52,072	$77,578	$48,829	$53,923	$232,402
2011年	$59,406	$91,533	$58,698	$60,849	$270,486
2012年	$62,885	$108,196	$69,109	$70,579	$310,769
2013年	$76,231	$124,425	$70,236	$76,048	$346,940
最大	$76,231	$124,425	$70,236	$76,048	$346,940
平均	$62,529	$98,508	$59,640	$64,082	$284,760

图2-6-9

【活动步骤】

[1] 在Excel菜单中单击“页面布局”,单击“页面设置”右下角按钮打开“页面设置”对话框。

[2] 在“页面设置”对话框中单击“页面”选项卡,将页面方向改为“横向”,如图2-6-10所示。

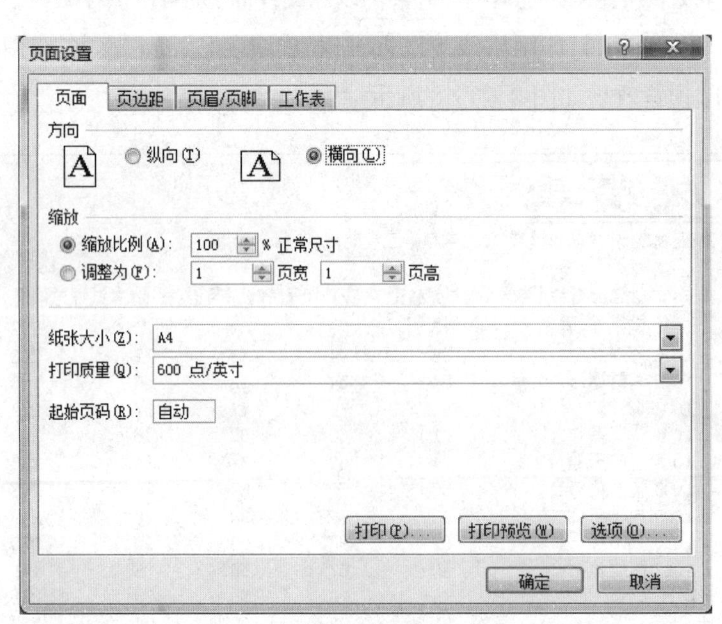

图2-6-10

[3] 在“页面设置”对话框中单击“页边距”选项卡,将上页边距改为1厘米,左页边距改为4厘米。

[4] 在“页面设置”对话框中单击“页眉/页脚”选项卡,将页脚选择为“无”。

[5] 在“页面设置”对话框中单击“工作表”选项卡,选择打印网格线,单击“确定”。

第三部分

综合实训

【说明】实验前请将扫码下载的“OA8”文件夹复制到D盘根目录下，如：打开“zh－1Word制表符的操作.docx”，即指打开“D:\OA8\zh－1word制表符的操作\制表符的操作-素材”。每个综合实训完成后，都要保存文件。为行文简洁，下文中不再详细标明文件路径。

实训一　Word制表符的操作

一、实训目标

- 学会制表符的显示与隐藏
- 掌握利用制表符制作目录
- 掌握利用制表符对齐下划线
- 掌握利用制表符表格小数位对齐

二、实训内容

根据要求进行制表符的操作，具体要求如下：

(1) 显示Word文档的“标尺”，并将制表符设置为：始终在屏幕上显示。

(2) 添加制表符手动制作目录。制表位位置为：36字符，对齐方式为：右对齐，引导符格式为：……。

(3) 给表格中有小数点的列添加制表符实现小数点对齐，制表位位置为：5字符，对齐方式为：小数点对齐,引导符格式为:无。

(4) 文档另存为“制表符的操作-成品.docx”。

制作案例样张,如图3-1-1所示。

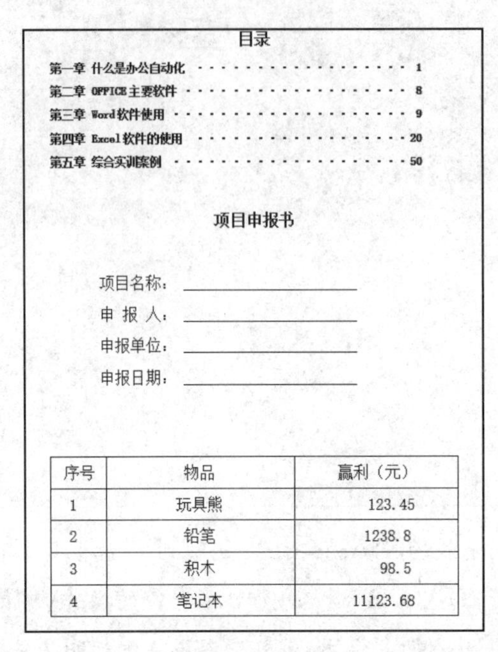

目录

第一章 什么是办公自动化 1
第二章 OFFICE主要软件 8
第三章 Word软件使用 9
第四章 Excel软件的使用 20
第五章 综合实训案例 50

项目申报书

项目名称:

申 报 人:

申报单位:

申报日期:

序号	物品	赢利(元)
1	玩具熊	123.45
2	铅笔	1238.8
3	积木	98.5
4	笔记本	11123.68

图3-1-1

【操作步骤】

[1] 鼠标双击打开“制表符的操作-素材.docx”文档,单击“视图”选项卡在“显示”工具栏中,勾选“标尺”,在文档中显示标尺,在标尺上可以设置制表位,如图3-1-2所示。

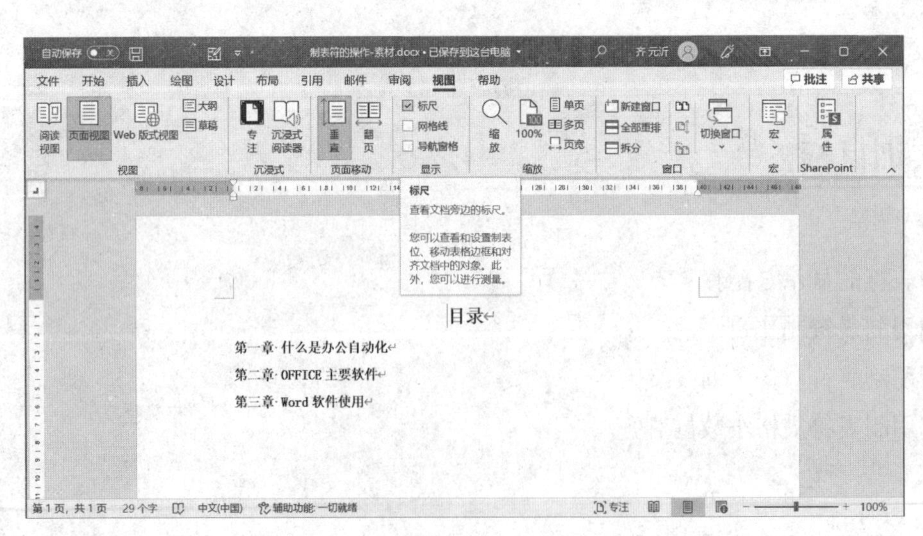

图3-1-2

单击水平标尺左侧的“右对齐式制表符”按钮⌟,可以选择不同类型的制表符类型。可以选择的制表符类型如下:

⌞左对齐式制表符,设置文本行的左端。

⊥居中式制表符,设置文本行中间的位置。

⌟右对齐式制表符,文本行的右端。

小数点对齐式制表符，对齐小数点周围的数字，该小数点保持在同一位置。

竖线对齐式制表符，在制表位位置插入垂直条。

[2] 单击“文件”选项卡，在弹出的菜单中选择“选项”命令，打开“Word 选项”对话框。在对话框中，单击“显示”命令，在“始终在屏幕上显示这些格式标记”中勾选“制表符”，单击“确定”按钮，如图 3-1-3 所示。

图 3-1-3

[3] 选中需要制作目录的所有文字，单击“开始”选项卡，在“段落”工具栏中单击右下角对话框启动器，打开“段落”对话框。在“段落”对话框“缩进和间距”选项卡中，单击“制表位”按钮，打开“制表位”对话框。在“制表位位置”输入：36 字符，在“对齐方式”中选择“右对齐”，在“引导符”中选择 5 ......(5)，单击“确定”，如图 3-1-4 所示。

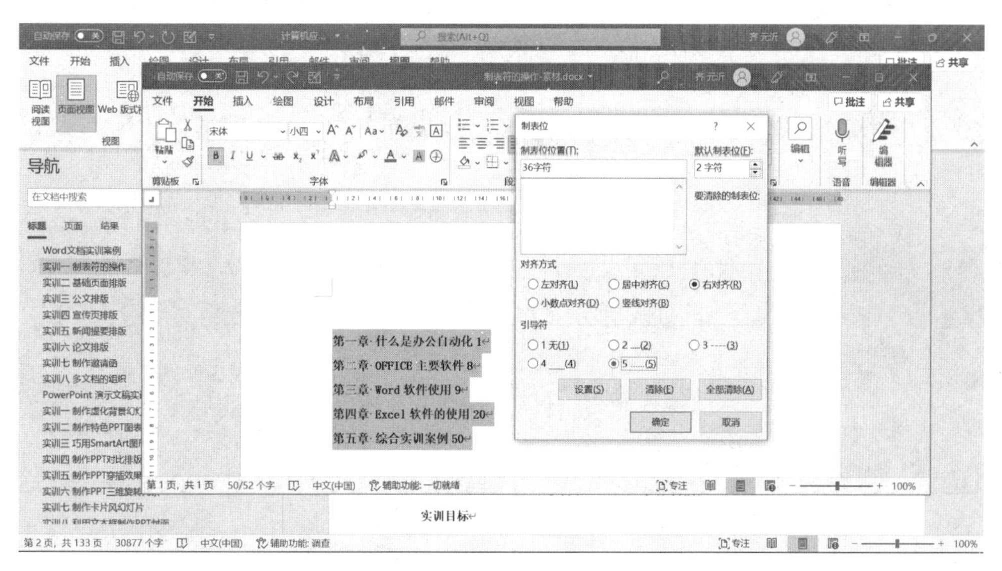

图 3-1-4

注意:在标尺左侧切换好制表符种类后,直接用鼠标在水平标尺上的相应位置点击添加,也可以添加制表位,添加完成后用 Tab 键进行对齐。双击制表符标识可以打开"制表位"对话框,可以对制表位位置进行精确设置。

[4] 光标定位在"化"和"1"之间,按 Tab 键,制作好第一行目录;光标定位在"件"和"8"之间,按 Tab 键,制作好第二行目录;同理,制作好所有目录,如图 3-1-5 所示。

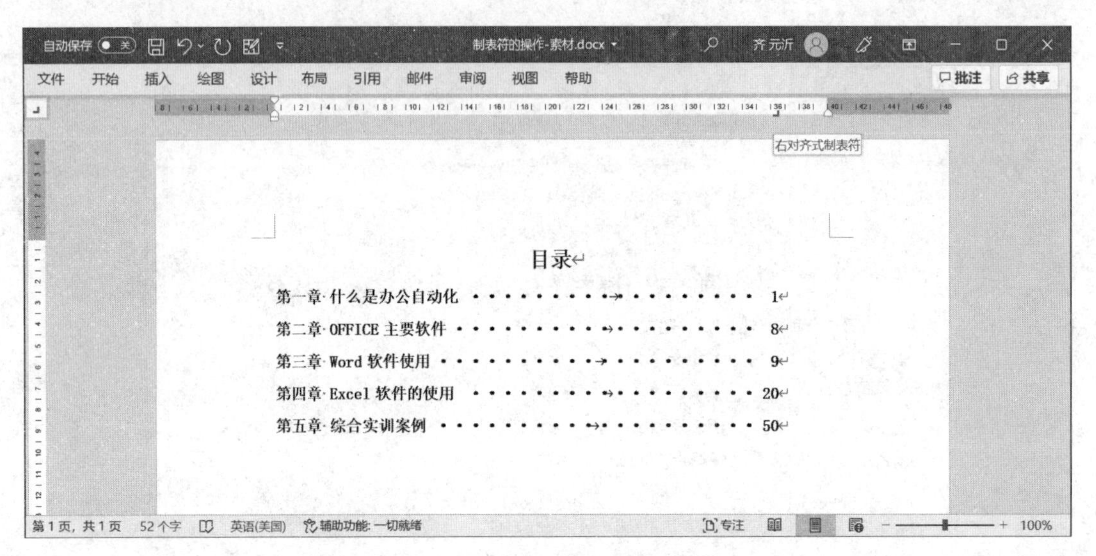

图 3-1-5

注意:如果想改变目录中制表符的位置,可以直接拖动标尺中的制表符标识。

[5] 选中申报书封面中需要制作下划线的所有文字,单击"开始"选项卡,在"段落"工具栏中单击右下角对话框启动器,打开"段落"对话框。在"段落"对话框"缩进和间距"选项卡中,单击"制表位"按钮,打开"制表位"对话框。在"制表位位置"输入:30 字符,在"对齐方式"中选择"右对齐",在"引导符"中选择 4 ___(4),单击"确定",如图 3-1-6 所示。

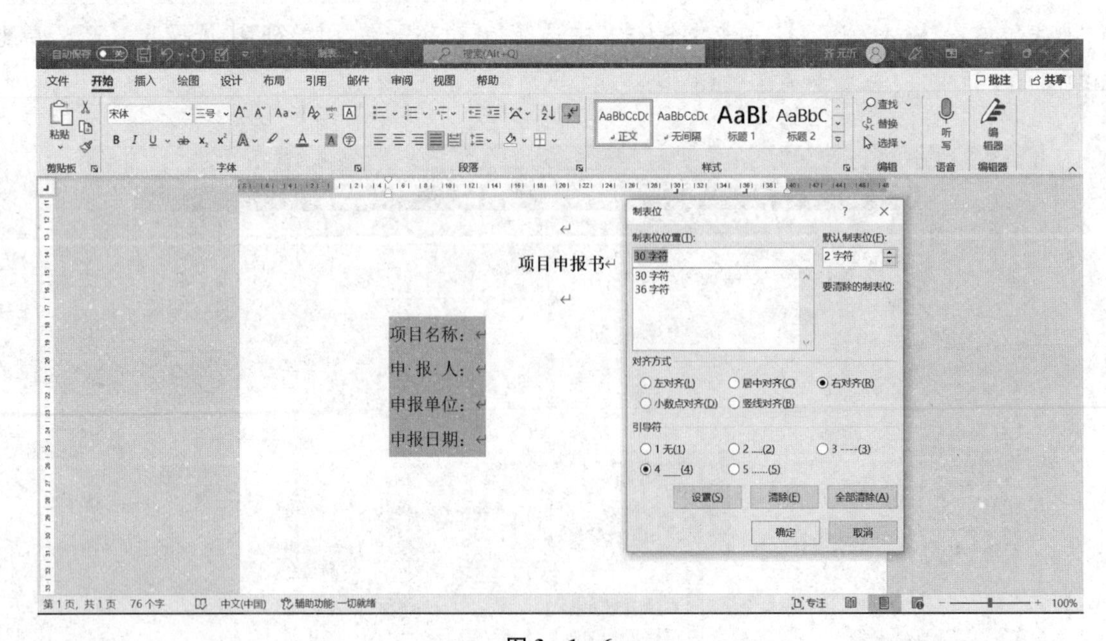

图 3-1-6

光标定位在"称:"后按 Tab 键,制作好第一行下划线;同理,制作好其他行的下划线。

[6] 选中表格中有小数点数的列，单击“开始”选项卡，在“段落”工具栏中单击右下角对话框启动器，打开“段落”对话框。在“段落”对话框“缩进和间距”选项卡中，单击“制表位”按钮，打开“制表位”对话框。在“制表位位置”输入：5，在“对齐方式”中选择“小数点对齐”，在“引导符”中选择“无”，单击“设置”按钮，再单击“确定”，如图 3－1－7 所示。

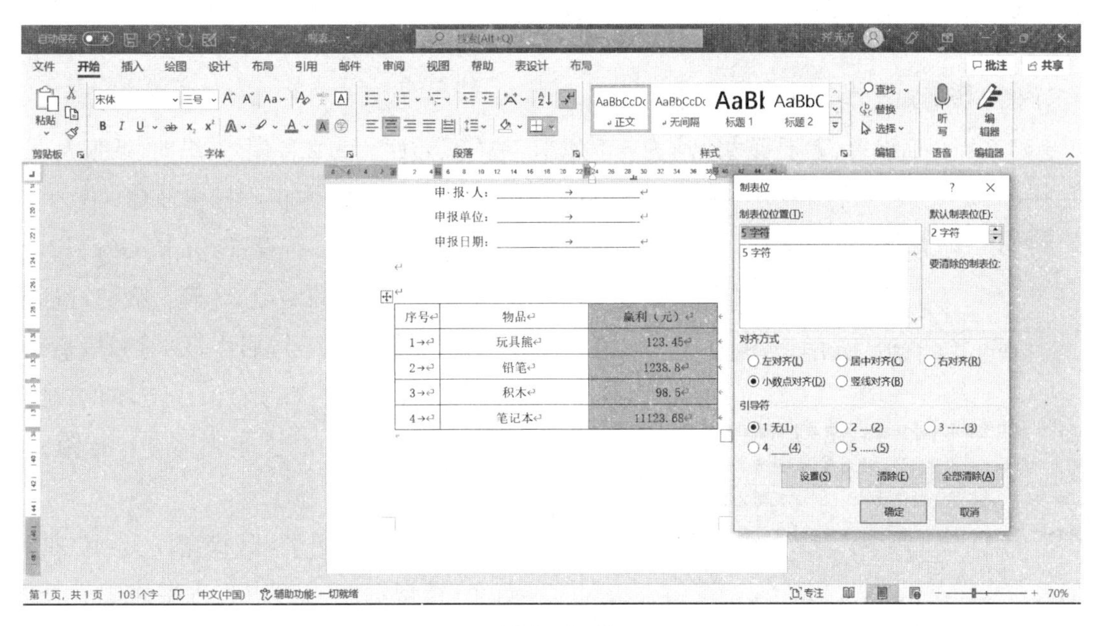

图 3－1－7

[7] 单击“文件”选项卡，选择“另存为”，保存文件为“制表符的操作-成品.docx”。

制表符是指在水平标尺上的位置标记符号，它用来指定文字缩进的距离或一栏文字的起始位置。实训中主要涉及制表符的相关设置。灵活运用制表符可以提升我们的工作效率，例如图 3－1－8 中菜单的制作，就可以利用制表符快速的排版。你知道怎么做的吗？

菜单

醋溜白菜...... 10 元/份　　手撕包菜.... 15 元/份

酸辣土豆丝.... 20 元/份　　辣子鸡...... 35 元/份

干锅牛蛙...... 58 元/份　　清炒时蔬.... 25 元/份

图 3－1－8

实训二 Word 公文排版

一、实训目标

- 掌握纸张页边距的设置
- 学会插入编号
- 学会绘制图形

- 掌握页码的设置
- 学会定义页边距

二、实训内容

根据样张排版通知文本,具体要求如下:

(1) 新建文档页面设置:上下页边距均为3.5厘米,左右页边距均为2.6厘米,纵向,纸张大小为A4。

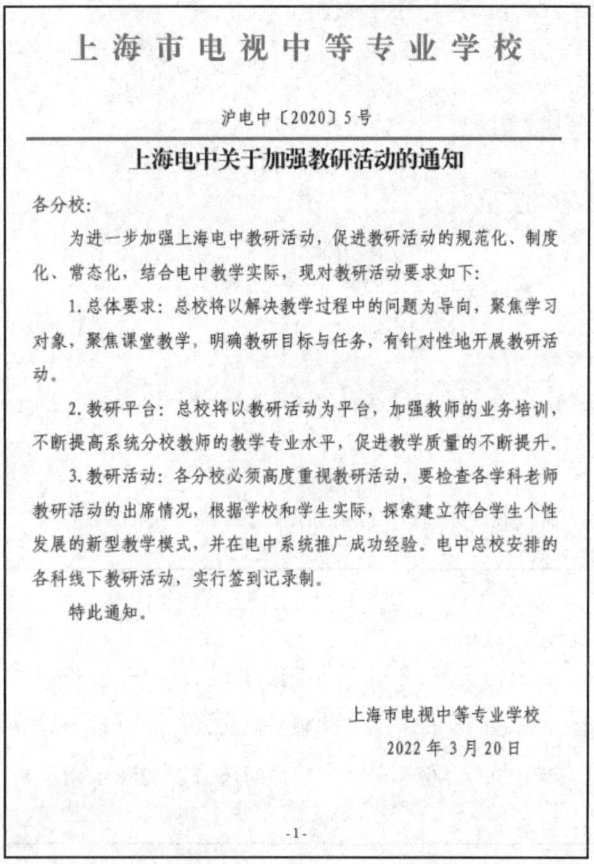

(2) 首行设置:方正小标宋简体,小一,红色,居中,段前0.5行;第2行设置:仿宋_GB2312,小三,居中,段前1行,行距固定值28磅。第三行标题设置:方正小标宋简体,19号,居中,段前和段后均为0.5行。设置正文:仿宋_GB2312,小三,两端对齐,首行缩进2字符(“各分校”文字无缩进),行距固定值为28磅。

(3) 绘制直线图形,形状宽度为:16厘米,颜色为:红色,线型宽度:2.25磅,水平居中于页面,垂直距页边距3.7厘米。

(4) 为正文第2—4段通知具体内容添加编号“1.,2.,3.,…”编号,所有行缩进0字符,首行缩减2字符,调整列表缩进量“编号之后”为:不特别标注。

(5) 落款日期在正文之下空2行、右边空4个字,单位署名在成文日期上一行和日期居中对齐。

(6) 设置页码为“- 1 -”的形式,Times New Roman,五号,居中。

(7) 另存为PDF文件,命名为“公文排版-成品”。

制作案例样张,如图3-2-1所示。

上海市电视中等专业学校

沪电中〔2020〕5号

上海电中关于加强教研活动的通知

各分校:

为进一步加强上海电中教研活动,促进教研活动的规范化、制度化、常态化,结合电中教学实际,现对教研活动要求如下:

1.总体要求:总校将以解决教学过程中的问题为导向,聚焦学习对象,聚焦课堂教学,明确教研目标与任务,有针对性地开展教研活动。

2.教研平台:总校将以教研活动为平台,加强教师的业务培训,不断提高系统分校教师的教学专业水平,促进教学质量的不断提升。

3.教研活动:各分校必须高度重视教研活动,要检查各学科老师教研活动的出席情况,根据学校和学生实际,探索建立符合学生个性发展的新型教学模式,并在电中系统推广成功经验。电中总校安排的各科线下教研活动,实行签到记录制。

特此通知。

上海市电视中等专业学校
2022年3月20日

-1-

图3-2-1

【操作步骤】

[1] 鼠标双击打开“公文排版-素材.docx”文档。单击“布局”选项卡,在“页面设置”工具栏中,单击“页边距”图标,选择“自定义边距”,打开“页面设置”对话框;在“页边距”选项卡“页边距”区域,设置上下页边距分别为:3.5厘米,左右页边距分别为:2.6厘米;在“纸张方向”区域,选择“纵向”;选择“纸张”选项卡,在“纸张大小”区域框中选:A4,如图3-2-2所示。

[2] 选中首行文字,在“开始”选项卡“字体”工具栏中,“中文字体”框中设置为:方正小标宋简体,在“字号”框中设置为:小一,在“字体颜色”下拉框中选择标准色:红色;单击“段落”工具栏右下角对话框启动器,打开“段落”对话框;选择“缩进和间距”选项卡,在“常规”区域“对齐方式”框中选:居中;在“间距”区域“段前”框中设置:0.5行,单击“确定”。

选中第2行文字,在“开始”选项卡“字体”工具栏中,“中文字体”框中设置为:仿宋_GB2312,在“字号”框中设置为:小三;单击“段落”工具栏右下角对话框启动器,打开“段落”对话框;选择“缩进和间距”选项

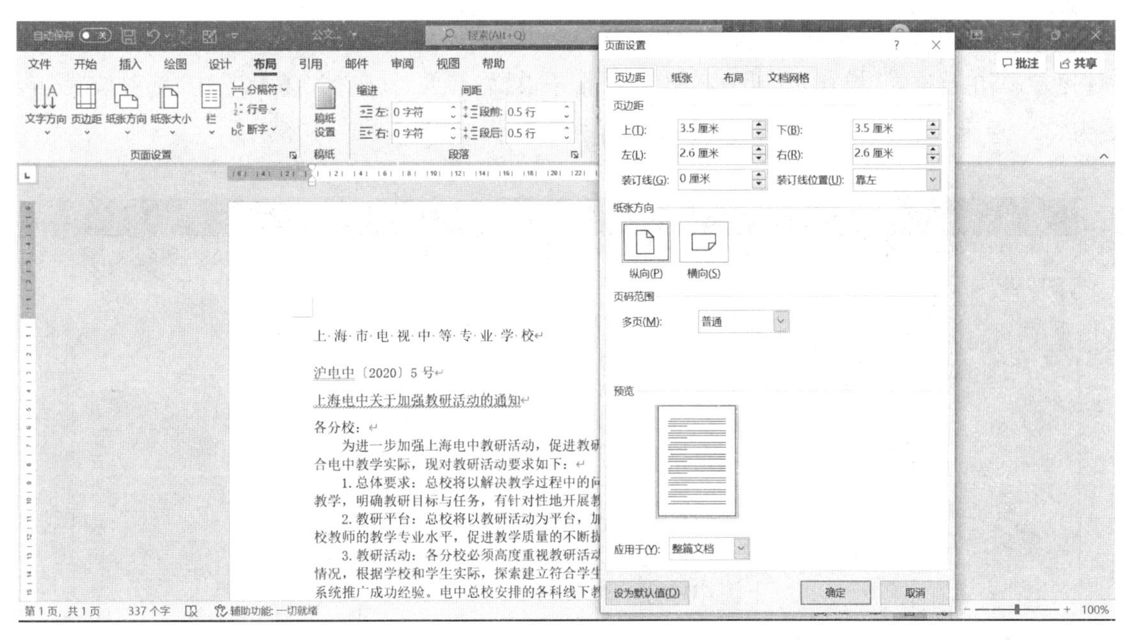

图 3－2－2

卡，在“常规”区域“对齐方式”框中选：居中；在“间距”区域“段前”框中设置：1 行，“行距”框中选：固定值，“设置值”为：28 磅；单击“确定”。

同理，设置第三行标题文字为：方正小标宋简体，19 号，居中，段前和段后均为 0.5 行。注意：“方正小标宋简体”字体不是 Word 默认字体，需要先从百度或专门字体网站下载字体文件安装。

[3] 单击“插入”选项卡，在“插图”工具栏中单击“形状”下拉按钮，选择直线。按住 Shift 键绘制直线。选中直线，鼠标右键在弹出的菜单中选择“设置形状格式”，打开“设置形状格式”窗格，单击“填充与线条”图标，在“线条”区域“颜色”框中选择标准色：红色，在“宽度”框中设置：2.25 磅，如图 3－2－3 所示。

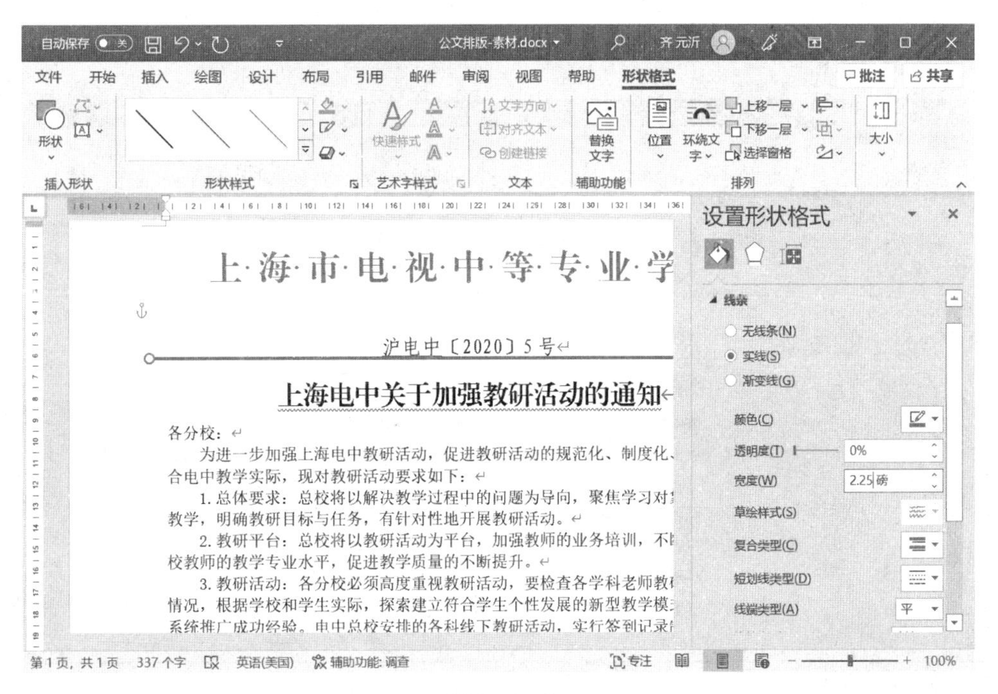

图 3－2－3

鼠标右键在弹出的菜单中选择"其他布局选项",打开"布局"对话框。单击"位置"选项卡,在"水平"区选中"对齐方式"单选框,并设置为:居中,"相对于"框中设置为:页面;在"垂直"区选中"绝对位置"单选框,并设置为:3.7 厘米,"下侧"框中设置为:页边距,单击"确定",如图 3-2-4 所示。

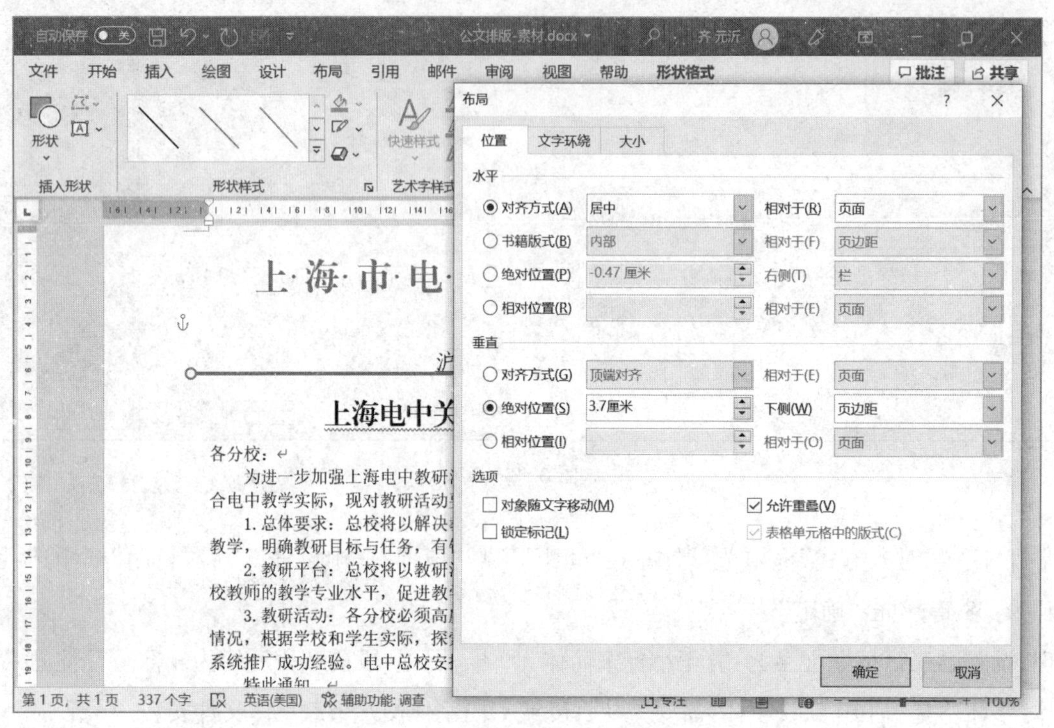

图 3-2-4

[4] 选中正文 2—4 段,即"总体要求""教研平台""教研活动"三段文字。单击"开始"选项卡"段落"工具栏中"编号"下拉列表,选择"1.,2.,3.,…"文档编号格式。单击"段落"工具栏右下角对话框启动器,打开"段落"对话框;选择"缩进和间距"选项卡,在"缩进"区域"左侧"和"右侧"框中均设置为:0 字符,"特殊"框中选:首行,"缩进值"设置为:2 字符,单击"确定",如图 3-2-5 所示。

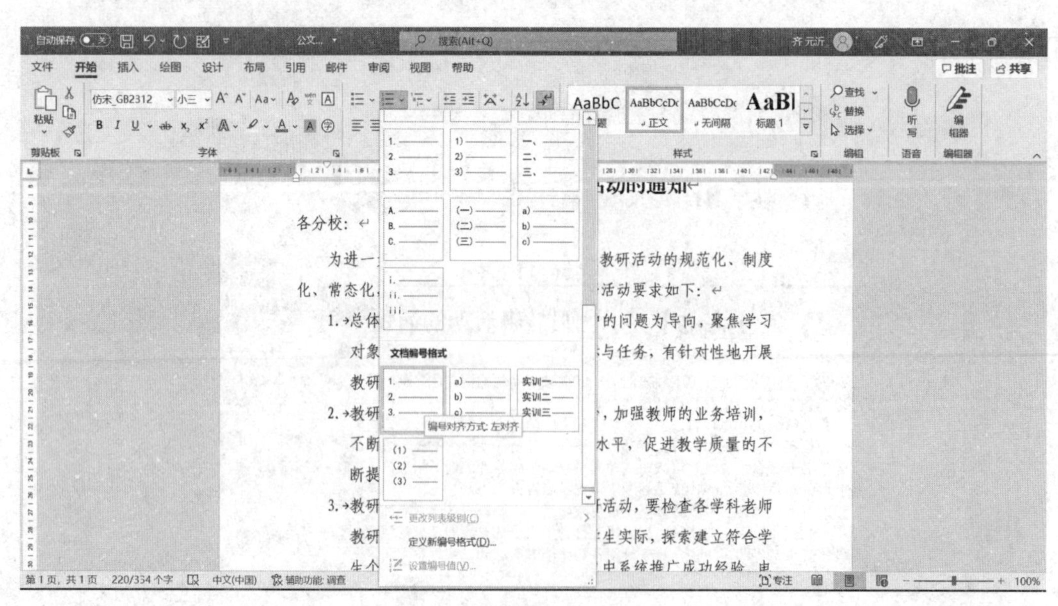

图 3-2-5

鼠标右键单击序号，在弹出的列表中选择“调整列表缩进”命令，如图 3－2－6 所示。在“调整列表缩进量”对话框“编号之后”中选择“不特别标注”，单击“确定”，如图 3－2－7 所示。

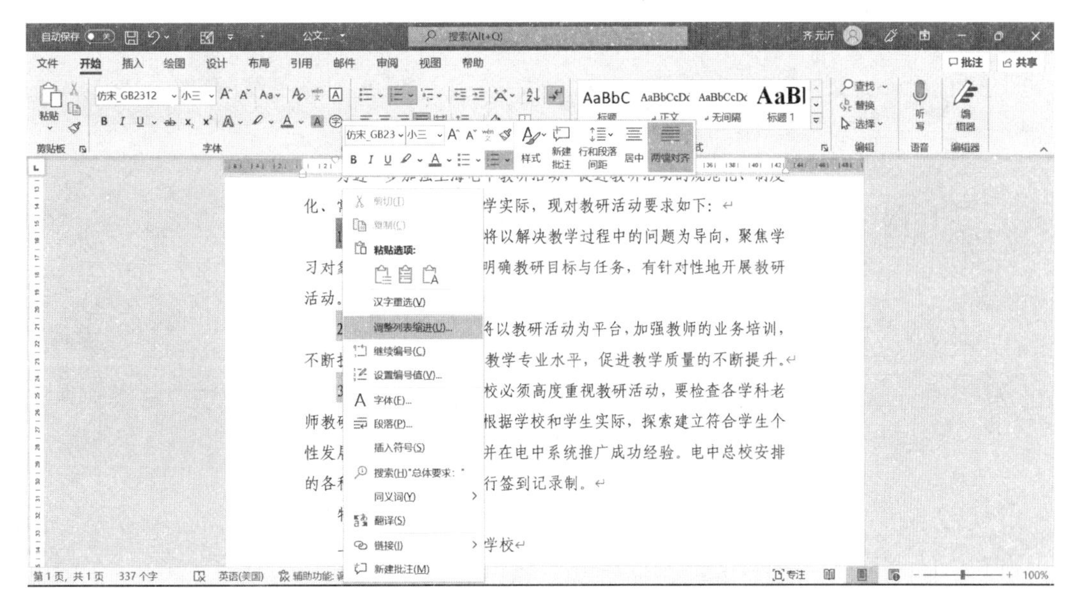

图 3－2－6

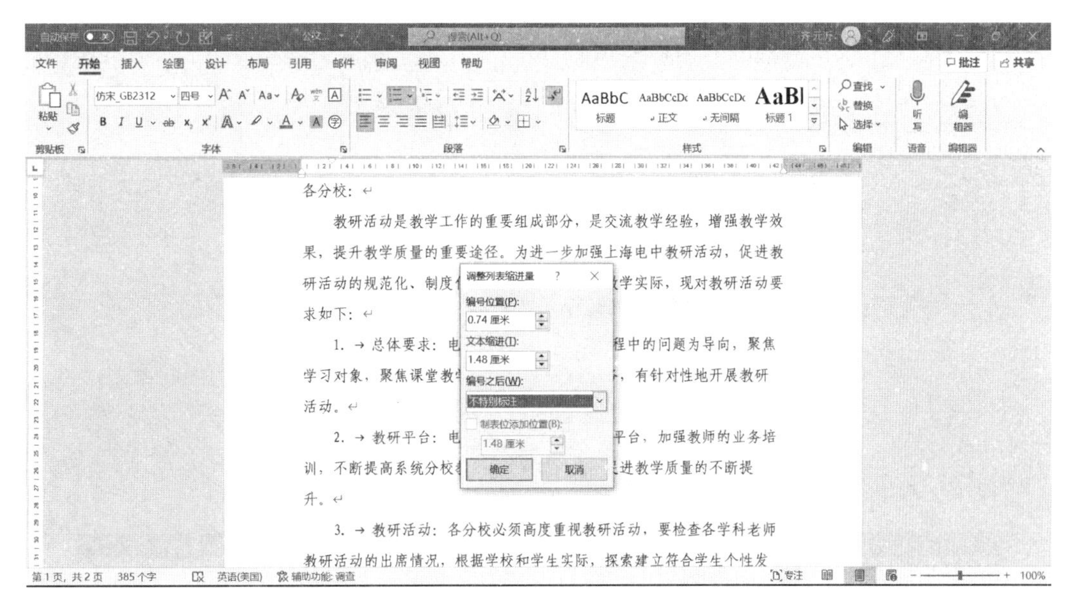

图 3－2－7

［5］在单位署名和成文日期，即文档倒数两行前，按 Enter 键空 2 行。选中两行文字，单击“开始”选项卡“段落”工具栏中“右对齐”图标。在最后一行落款日期右边按 4 个字空格，调整成文日期在单位署名的中间位置，如图 3－2－8 所示。

［6］单击“插入”选项卡“页眉和页脚”组中“页码”按钮，在下拉列表中选择“设置页面格式”，弹出“页码格式”对话框。在“页码格式”对话框中，设置“编号格式”为:“－1－,－2－,－3－,…”样式，在“页码编号”区域中选择“起始页码”，单击“确定”，如图 3－2－9 所示。

单击“插入”选项卡“页眉和页脚”组中“页码”按钮，在下拉列表中选择“页面底端”中的“普通数字 2”样式，如图 3－2－10 所示。

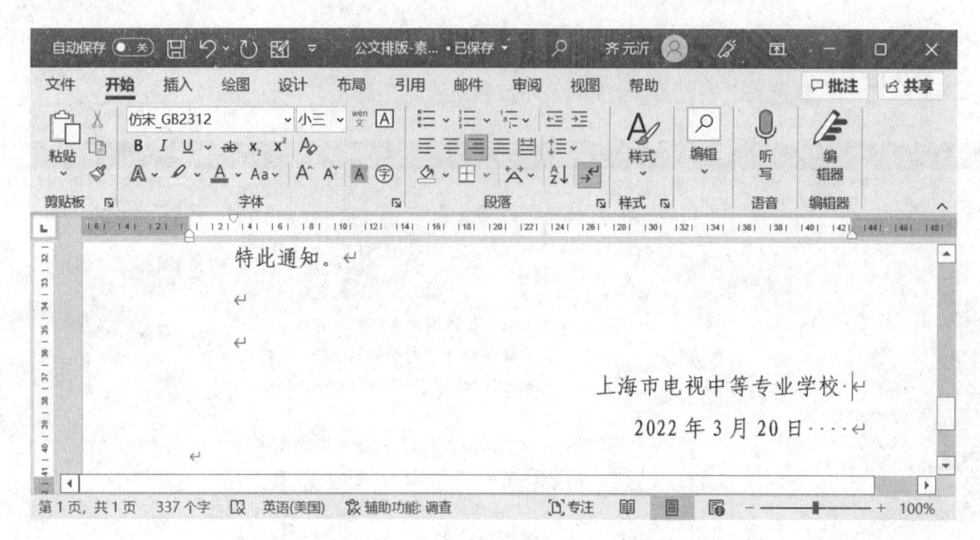

图 3-2-8

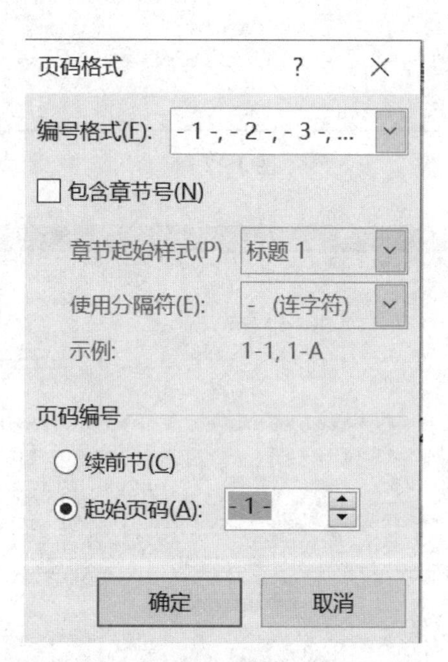

图 3-2-9

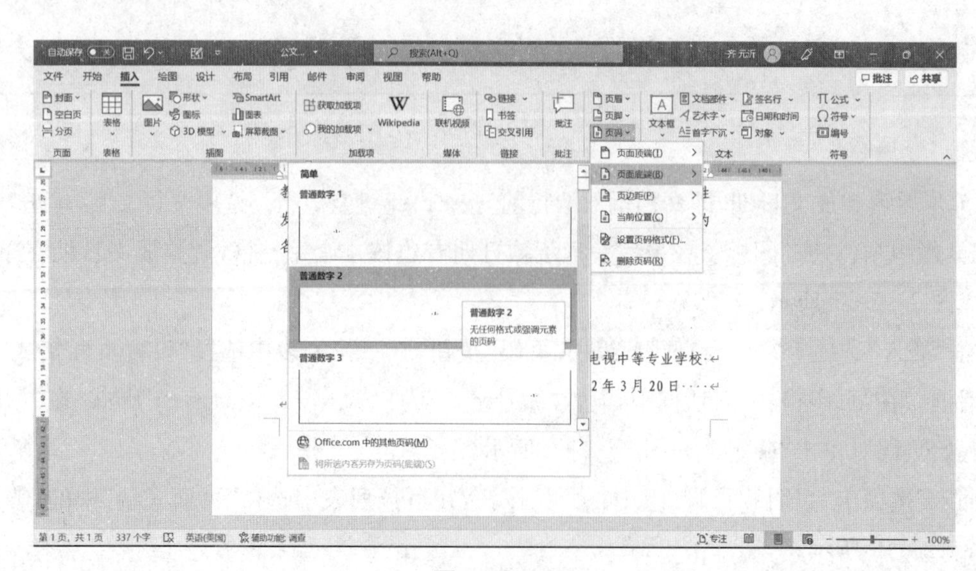

图 3-2-10

在页脚位置，选中页码，在“开始”选项卡“字体”工具栏中设置字体为：Times New Roman，字号为：五号，在“段落”工具栏中单击“居中”按钮，如图 3-2-11 所示。

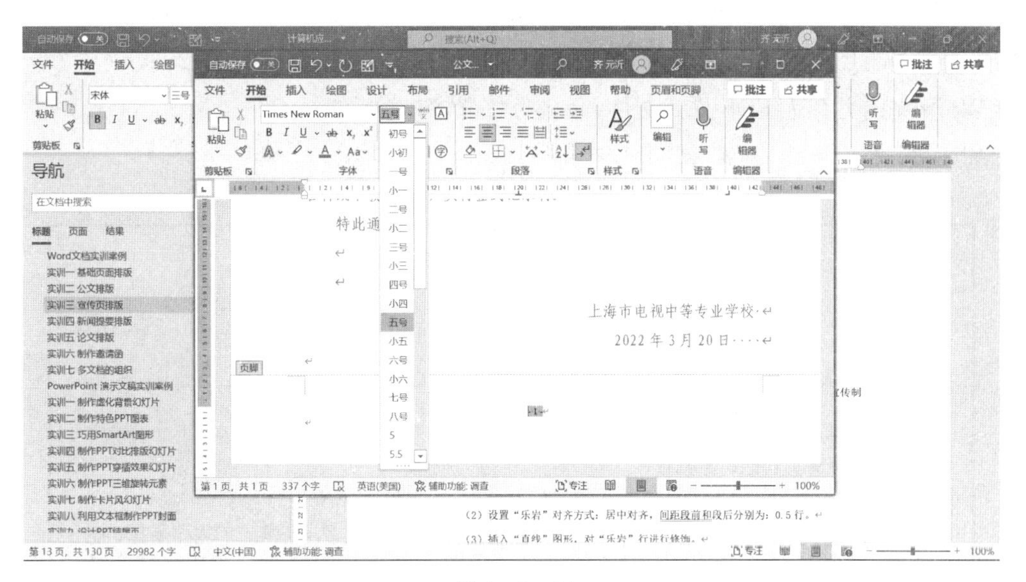

图 3-2-11

实训三 Word 宣传页排版

一、实训目标

- 掌握字体的排版
- 掌握分栏的设置
- 掌握图形的插入
- 掌握图片大小的设置
- 掌握边框和底纹的设置

二、实训内容

根据样张制作一页宣传海报，具体要求如下：

（1）设置第一行标题为：微软雅黑、11；设置第二行标题为：黑体、四号。

（2）设置“◆乐岩”对齐方式：居中对齐，间距段前和段后分别为：0.5 行。

（3）插入“直线”图形，对“乐岩”行进行修饰。

（4）调整正文段落：首行缩进为 2 字符、两栏。

(5) 对小标题设置为:黑体、11,对段落进行边框粗细和颜色设置,上边框为:2.25 磅、橙色;下边框为:1.5 磅、黑色。

(6) 将三张图片大小都调整为一样大小,高度为:4.99 厘米,宽度为:4.75 厘米。

(7) 插入表格进行图片排版,并只保留表格上下边框,并设置边框宽度为:2.25 磅。

(8) 将 Word 文档另存为 PDF 格式文件,命名为"宣传海报制作-成品"。

制作案例样张,如图 3-3-1 所示。

工业设计创新展首次亮相工博会

路灯变 PAD、手机种蔬菜,你造吗?

◆乐岩

用一款 APP,监控蔬菜成长,还可以定制种子、营养液和后期保养服务;只需要对厂房蓝屋顶做一番改动,就能推动大城市高效利用光伏发电;见过电动汽车的人不少,有谁了解电动飞机?11 月 4 日至 8 日,到工博会上看看,你将体验到工业设计的魅力。

作为 2014 上海设计之都活动周重要的展览,以体现上海设计高度与专业性的首届中国工业设计创新展,将登陆第 16 届中国国际工业博览会,一系列代表中国前沿水准的设计与技术融合的产品将集中亮相。

预约挂号可"点击"路灯

上海有 100 多万盏路灯,如果对它们进行一番神奇改造,会发生什么变化?要说工业设计创新展上最引人注目的,非"智慧路灯"莫属。

这款叫"PRONA"的路灯,造型独特,设计别具匠心。上部采用新型的大功率 LED 面光源,灯头顶部为太阳能光伏发电装置、微基站及视频探头装置;中部是多媒体信息发布屏幕系统,可以根据不同时节、场地更换广告和城市公共信息;底部是交互体验屏,分为智慧社区、智慧商圈、智慧景区和智慧园区四大信息系统,根据需求的不同提供实时信息和便民服务。相较于传统路灯以钠灯为主,PRONA 采用新型 LED 面光源,如果全国路灯都换成 LED 照明,节能将再造三个三峡,产生巨大的节能效应。

图 3-3-1

【操作步骤】

[1] 鼠标双击打开"宣传海报制作-素材.docx"文档。选中标题"工业设计创新展首次亮相工博会";单击"开始"选项卡,在"字体"工具栏"中文字体"框中设置为:微软雅黑,在"字号"框中设置为:11,如图 3-3-2 所示;在"段落"工具栏中,单击"居中"按钮。同理,设置"路灯变 PAD、手机种蔬菜,你造吗"标题的字体为:黑体,字号为:四号,如图 3-3-3 所示。

[2] 选中"◆乐岩"。单击"开始"选项卡,在"段落"工具栏中,单击右下角对话框启动器,打开"段落"对话框。在"段落"对话框"缩进和间距"选项卡中,设置对齐方式为:居中,设置间距"段前"为:0.5 行、"段后"为:0.5 行,如图 3-3-4 所示。

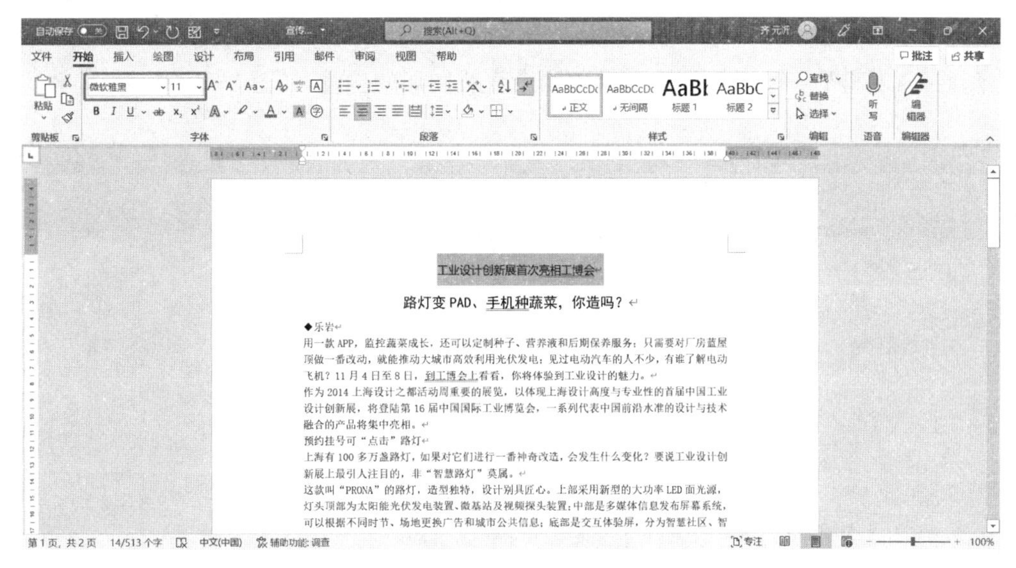

图 3－3－2

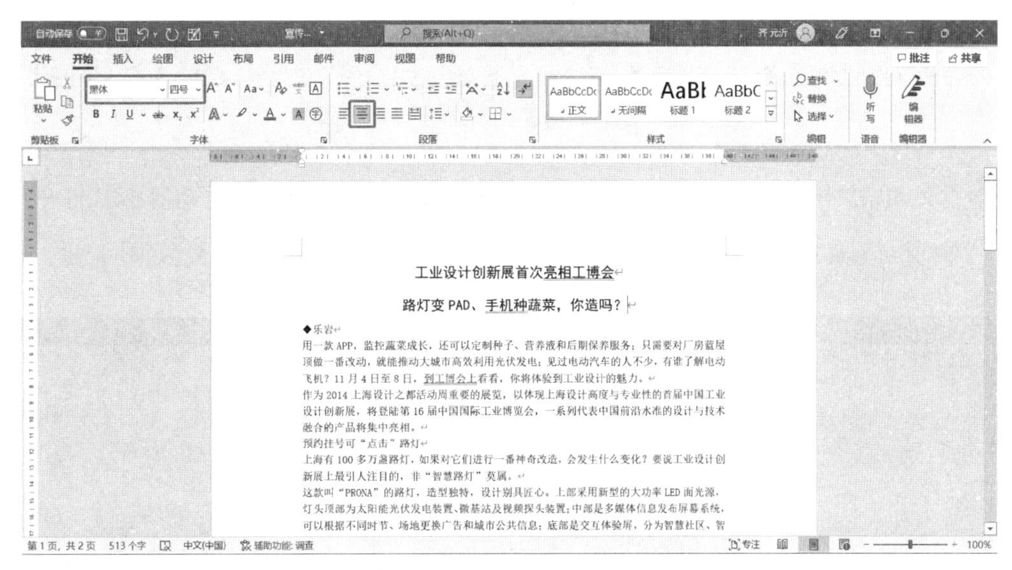

图 3－3－3

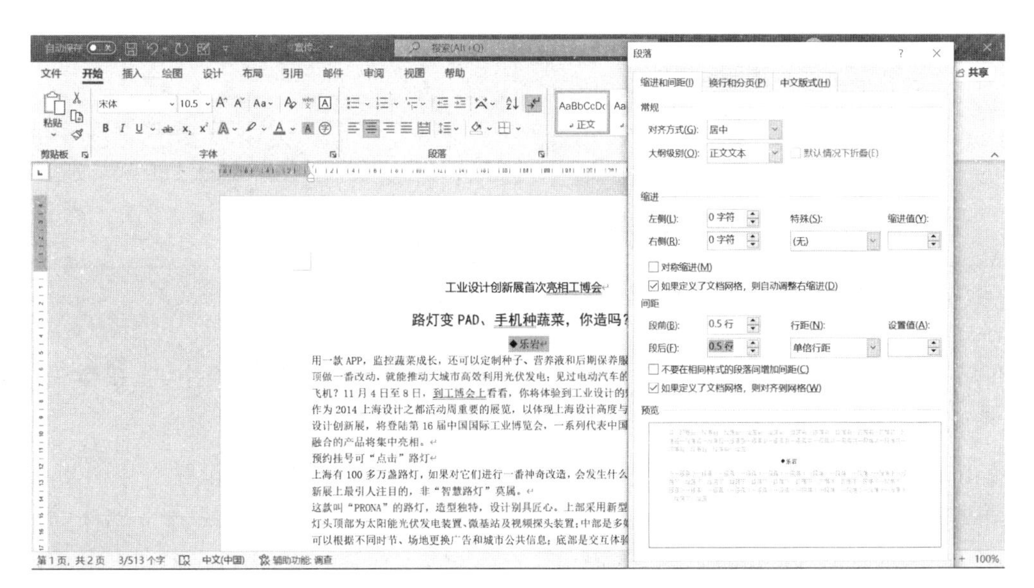

图 3－3－4

[3] 单击“插入”选项卡,在“插图”组,单击“形状”命令,按住 Shift 键插入直线图形,调整直线的大小为:6.67 厘米;再复制粘贴一个直线图形,并调整两个直线图形的位置,如图 3-3-5 所示。

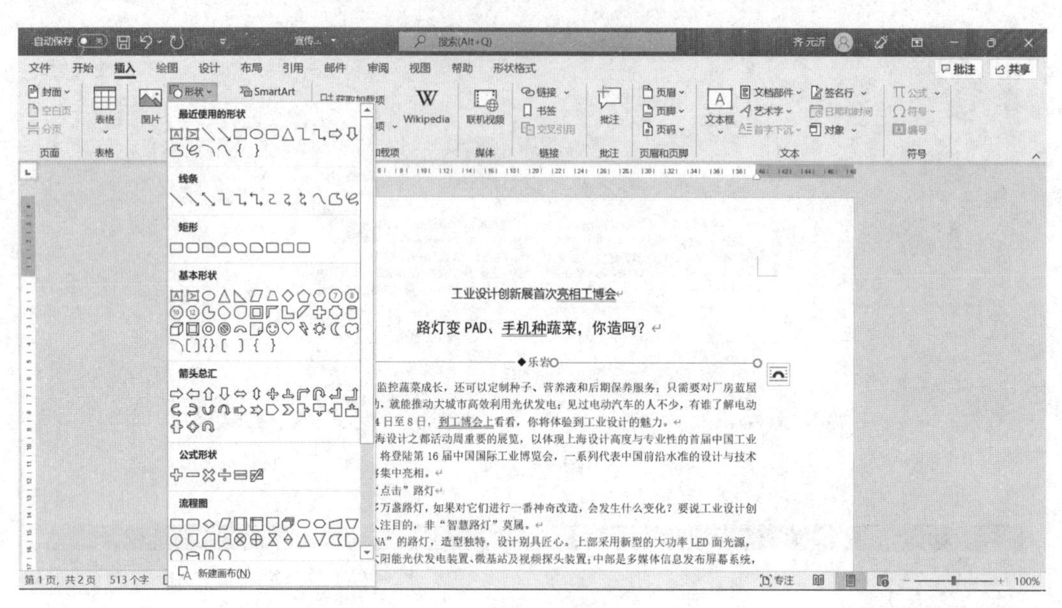

图 3-3-5

[4] 选中正文,单击“开始”选项卡,在“段落”工具栏中,单击右下角对话框启动器 ,打开“段落”对话框。在“段落”对话框“缩进和间距”选项卡中,设置“缩进”为:首行,缩进值为:2 字符,如图 3-3-6 所示。

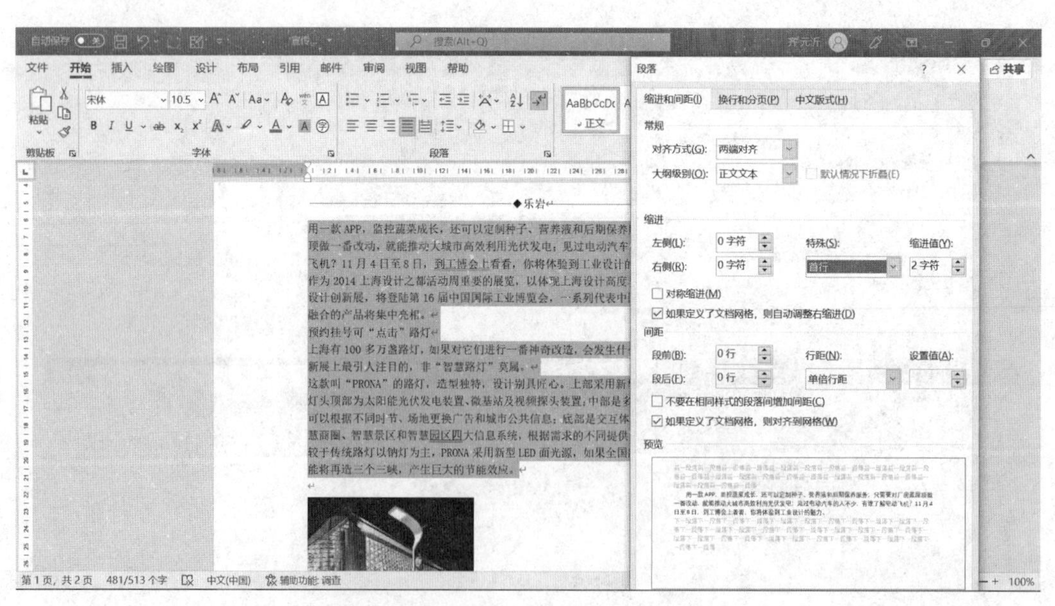

图 3-3-6

单击“布局”选项卡,在“页面设置”工具栏中单击“栏”图标,在下拉列表中,直接单击“两栏”,如图 3-3-7 所示。

注意:单击“更多栏”打开“栏”对话框,进行栏数、分割线、宽度、间距等相关设置。

[5] 选中“预约挂号点亮路灯”小标题,单击“开始”选项卡,在“字体”工具栏“中文字体”框中设置为:黑体,在“字号”框中设置为:11,如图 3-3-8 所示。

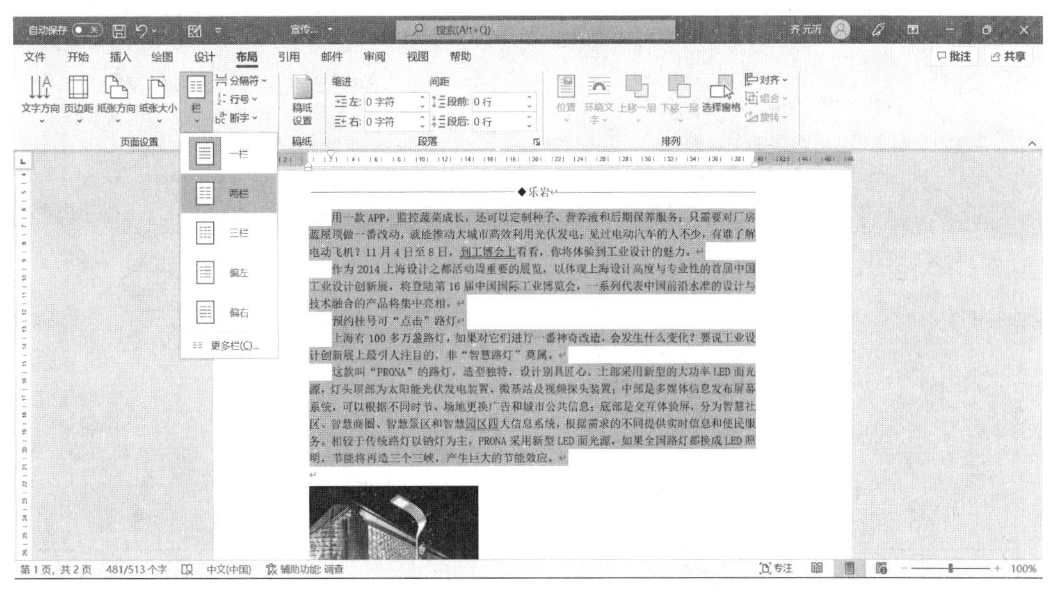

图 3-3-7

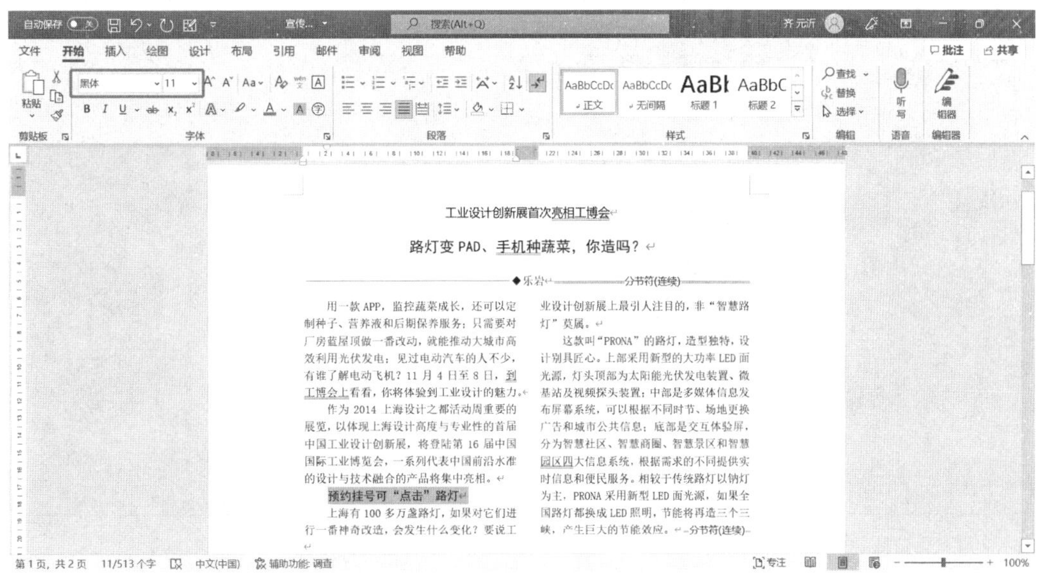

图 3-3-8

在“段落”工具栏中，单击“边框”图标，在下拉列表中选择“边框和底纹”；在打开的“边框和底纹”对话框中设置上边框颜色为：橙色，宽度为：2.25 磅，设置下边框颜色为：黑色，宽度为：1.5 磅，应用于为：段落，如图 3-3-9 所示。

[6] 选中一张图片，单击“图片格式”选项卡，在“大小”组单击右下角对话框启动器，打开“布局”对话框；在“大小”选项卡中去掉“锁定纵横比”前面的对号，再设置高度绝对值为：4.99 厘米，宽度绝对值为：4.75 厘米。同理，设置其他的图片。如图 3-3-10 所示。

[7] 在正文末，按 Enter 键另起一行；单击“插入”选项卡，在“表格”组中单击“表格”图标，插入表格一行三列。将三张处理的图片，分别拖动到相应单元格里。

单击表格左上角十字框选中表格，在“段落”工具栏中，单击“边框”图标，在下拉列表中选择“边框和底纹”；在打开的“边框和底纹”对话框中设置上下边框颜色为：黑色，宽度为：2.25 磅，应用于为：表格，如图 3-3-11 所示。

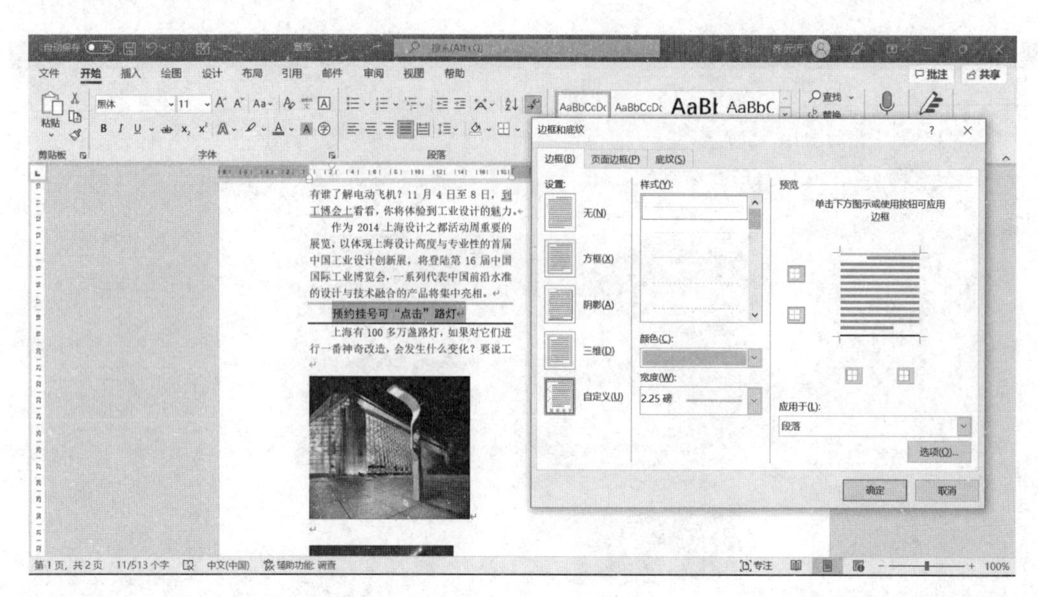

图 3-3-9

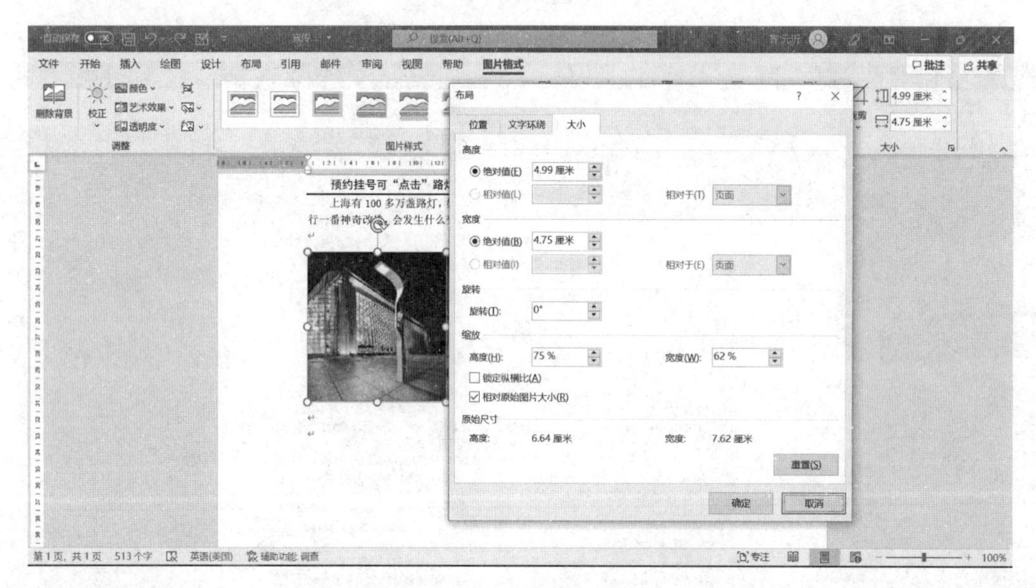

图 3-3-10

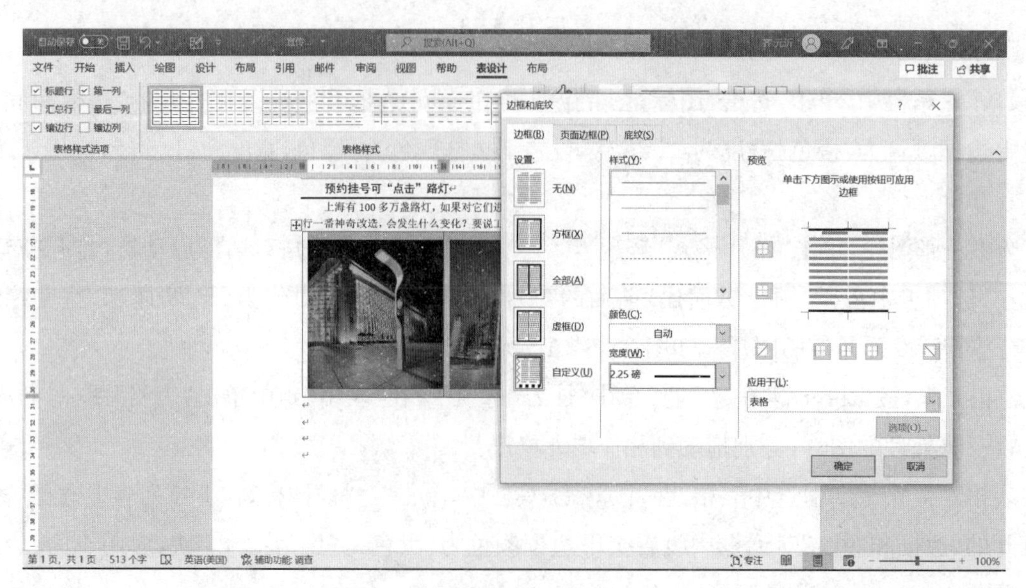

图 3-3-11

[8] 单击“文件”选项卡，选择“另存为”，设置文件名称为“宣传海报制作-成品”，保存类型为“PDF(*.pdf)”，单击“保存”按钮。

实训四 Word 新闻提要排版

一、实训目标

- 掌握文字水印的设置
- 掌握文档样式的设置
- 掌握快速设置段落间距
- 掌握文字转换为表格的技巧

二、实训内容

根据样张进行页面的排版，具体要求如下：

(1) 设置上、下页边距均为：2.5 厘米，左、右页边距均为：2 厘米；装订线在左侧 0.2 厘米。

(2) 设置文字水印页面背景，文字为“中国互联网络发展状况统计报告”，字体：楷体，字号：自动，颜色默认，版式：斜式。

(3) 设置首行文字样式为：标题；设置第二行文字样式为：副标题；快速设置段落间距为：紧凑；快速设置文档样式为：基本(简单)；在页面右侧插入“边线型提要栏”文本框，“提要栏标题”中输入“新闻提要”，“提要内容”中输入“中国互联网络信息中心(CNNIC)在京发布第 49 次《中国互联网络发展状况统计报告》”，默认字体样式。

(4) 设置 1—4 段落文字，首行缩进：2 字符，两端对齐；设置 2—4 段落段首“《报告》”文字格式为：斜体、加粗、双下划线。

(5) 将文末 5 行文字转换为五行三列的表格，设置表格根据内容自动调整表格，设置表格和表格文字均居中对齐。

(6) 保存文档为“新闻提要排版.doc”。

制作案例样张，如图 3-4-1 所示。

【操作步骤】

[1] 鼠标双击打开“宣传海报制作-素材.docx”文档。单击“布局”选项卡，在“页面设置”组中，单击“页边距”图标，选择“自定义边距”，打开“页面设置”对话框；在“页边距”选项卡“页边距”区域，设置上下页边距分别为：2.5 厘米，左右页边距分别为：2 厘米；装订线为：0.2 厘米，装订线位置：靠左，单击“确定”，如图 3-4-2 所示。

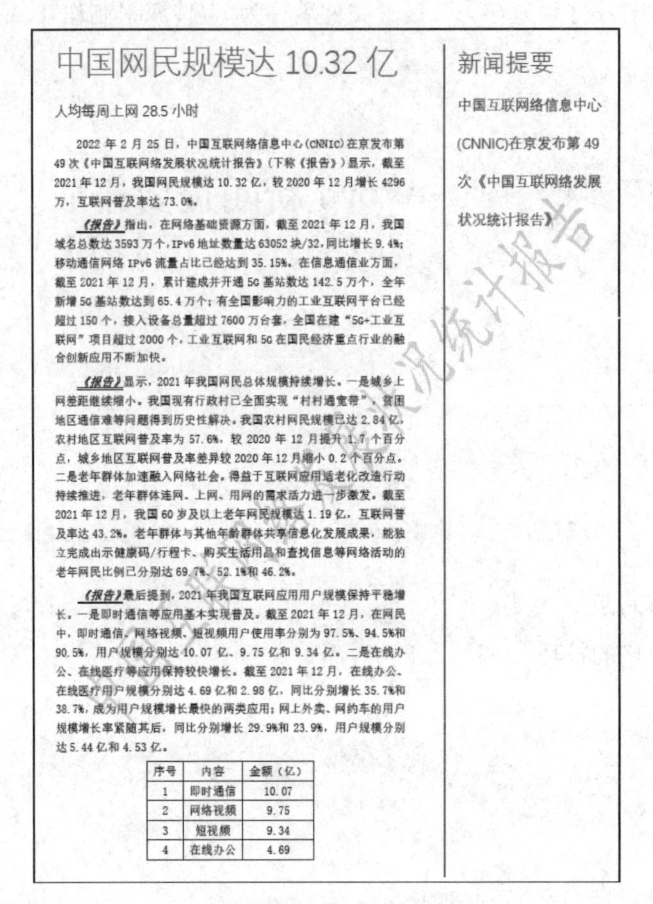

中国网民规模达 10.32 亿

人均每周上网 28.5 小时

2022 年 2 月 25 日，中国互联网络信息中心(CNNIC)在京发布第 49 次《中国互联网络发展状况统计报告》(下称《报告》)显示，截至 2021 年 12 月，我国网民规模达 10.32 亿，较 2020 年 12 月增长 4296 万，互联网普及率达 73.0%。

《报告》指出，在网络基础资源方面，截至 2021 年 12 月，我国域名总数达 3593 万个，IPv6 地址数量达 63052 块/32，同比增长 9.4%；移动通信网络 IPv6 流量占比已经达到 35.15%。在信息通信业方面，截至 2021 年 12 月，累计建成并开通 5G 基站数达 142.5 万个，全年新增 5G 基站数达到 65.4 万个；有全国影响力的工业互联网平台已经超过 150 个，接入设备总量超过 7600 万台套，全国在建“5G+工业互联网”项目超过 2000 个，工业互联网和 5G 在国民经济重点行业的融合创新应用不断加快。

《报告》显示，2021 年我国网民总体规模持续增长。一是城乡上网差距继续缩小。我国现有行政村已全面实现“村村通宽带”，贫困地区通信难等问题得到历史性解决。我国农村网民规模已达 2.84 亿，农村地区互联网普及率为 57.6%，较 2020 年 12 月提升 1.7 个百分点，城乡地区互联网普及率差异较 2020 年 12 月缩小 0.2 个百分点。二是老年群体加速融入网络社会。得益于互联网应用适老化改造行动持续推进，老年群体连网、上网、用网的需求活力进一步激发。截至 2021 年 12 月，我国 60 岁及以上老年网民规模达 1.19 亿，互联网普及率达 43.2%。老年群体与其他年龄群体共享信息化发展成果，能独立完成出示健康码/行程卡、购买生活用品和查找信息等网络活动的老年网民比例已分别达 69.7%、52.1%和 46.2%。

《报告》最后提到，2021 年我国互联网应用用户规模保持平稳增长。一是即时通信等应用基本实现普及。截至 2021 年 12 月，在网民中，即时通信、网络视频、短视频用户使用率分别为 97.5%、94.5%和 90.5%，用户规模分别达 10.07 亿、9.75 亿和 9.34 亿。二是在线办公、在线医疗等应用保持较快增长。截至 2021 年 12 月，在线办公、在线医疗用户规模分别达 4.69 亿和 2.98 亿，同比分别增长 35.7%和 38.7%，成为用户规模增长最快的两类应用；网上外卖、网约车的用户规模增长率紧随其后，同比分别增长 29.9%和 23.9%，用户规模分别达 5.44 亿和 4.53 亿。

序号	内容	金额（亿）
1	即时通信	10.07
2	网络视频	9.75
3	短视频	9.34
4	在线办公	4.69

新闻提要

中国互联网络信息中心(CNNIC)在京发布第 49 次《中国互联网络发展状况统计报告》

图 3-4-1

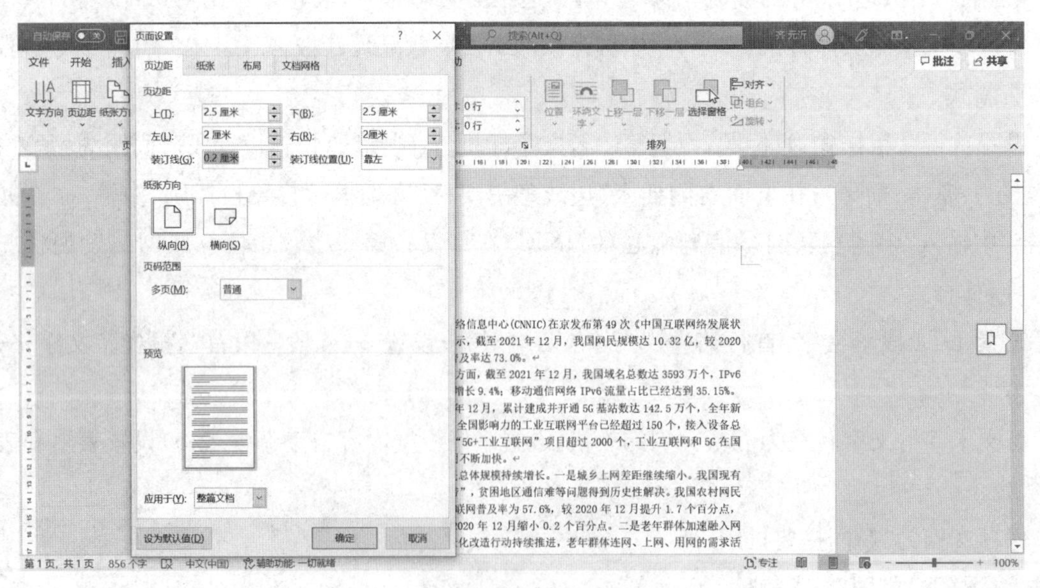

图 3-4-2

[2] 单击“设计”选项卡，在“页面设置”组中单击“水印”图标，打开“水印”对话框；选择“文字水印”，设置文字为“中国互联网络发展状况统计报告”，字体：楷体，字号：自动，颜色默认，版式为：斜式，单击“确定”，如图 3-4-3 所示。

[3] 选中首行文字，单击“开始”选项卡“样式”组中的“标题”按钮；选中第二行文字，单击“开始”选项卡“样式”组中的“副标题”按钮，如图 3-4-4 所示。

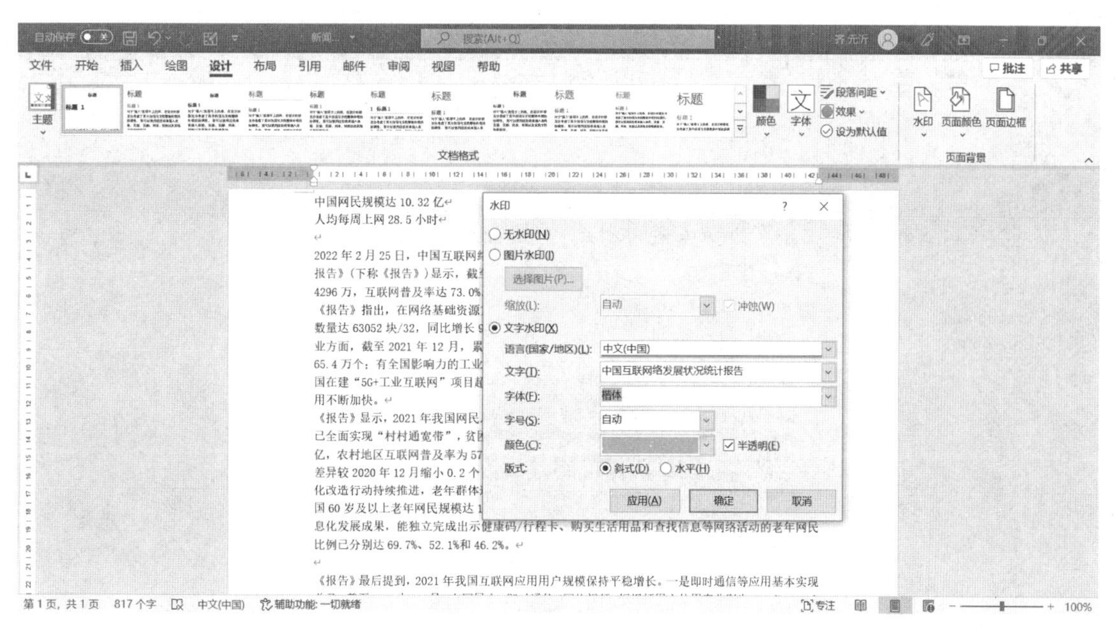

图 3-4-3

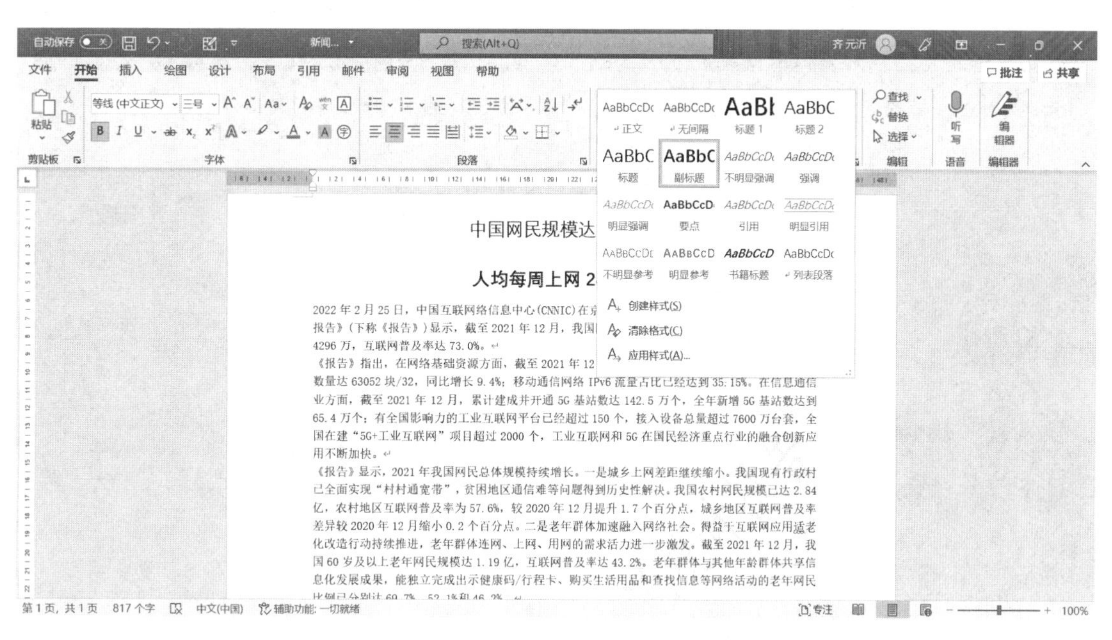

图 3-4-4

单击“设计”选项卡,在“文档格式”组中单击“段落间距”下拉列表按钮,在下拉列表中选择“紧凑”命令。单击样式集的“其他”下拉按钮,选择内置样式:基本(简单),如图 3-4-5 所示。

单击“插入”选项卡,在“文本”工具栏中,单击“文本框”下拉列表按钮,在下拉列表中选择“边线型提要栏”,在页面右侧插入“边线型提要栏”文本框。在“提要栏标题”中输入“新闻提要”,“提要内容”中输入“中国互联网络信息中心(CNNIC)在京发布第 49 次《中国互联网络发展状况统计报告》”,默认字体样式,如图 3-4-6 所示。

[4] 选中 1—4 段落文字,单击“开始”选项卡“段落”工具栏中的右下角对话框启动器,打开“段落”对话框;选择“缩进和间距”选项卡,在“常规”区域“对齐方式”框中选:两端对齐;在“缩进”区域“特殊格式”框中选:首行;“磅值”框中设置为:2 字符;单击“确定”。

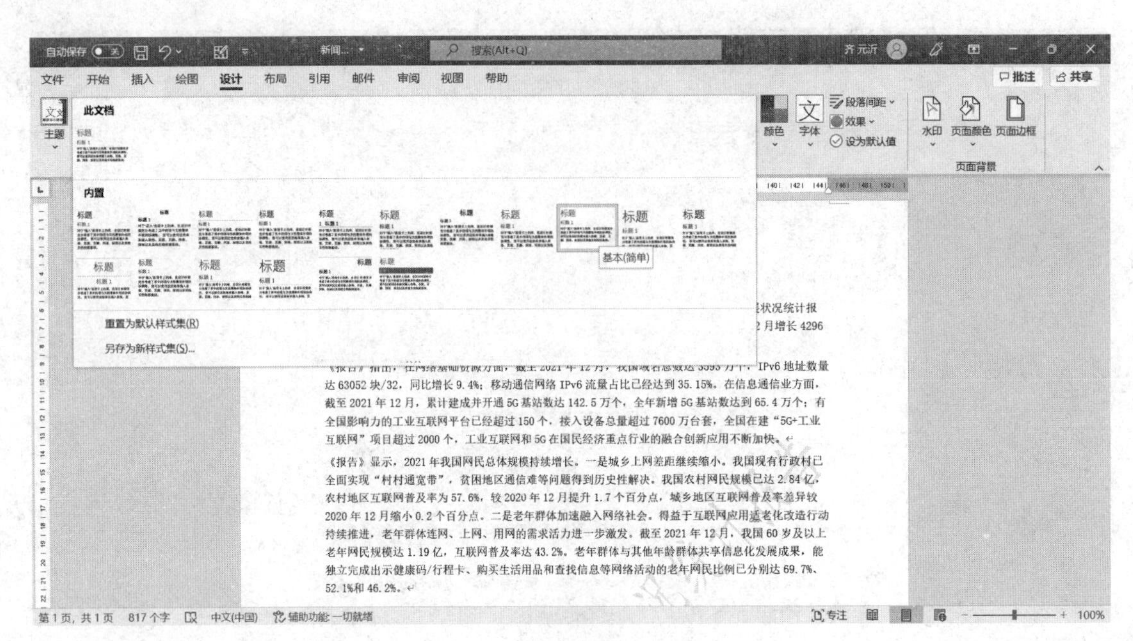

图 3-4-5

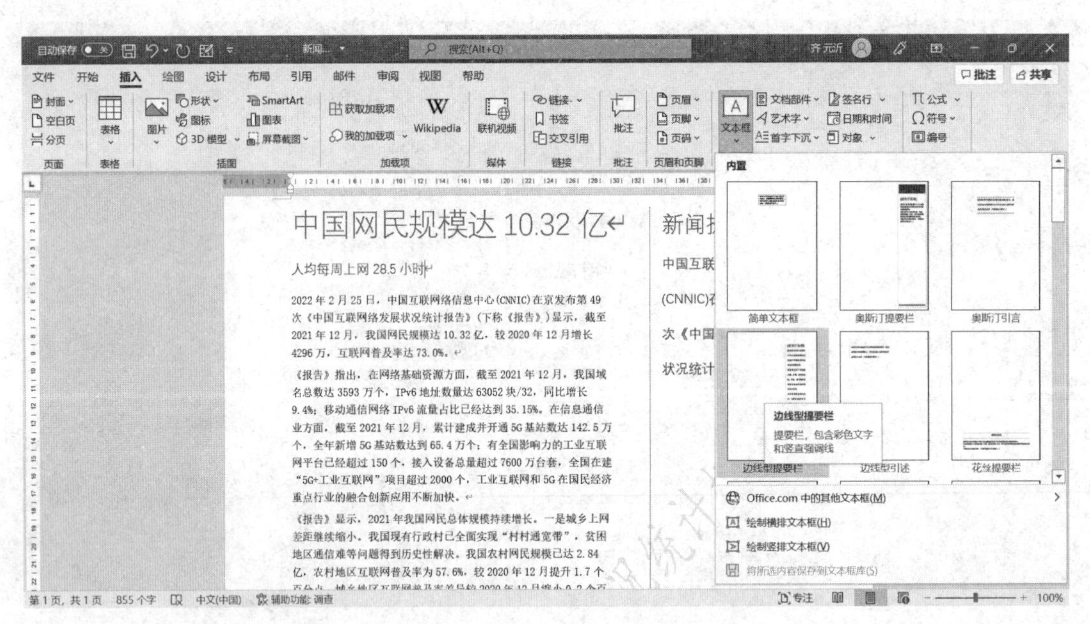

图 3-4-6

按住 Ctrl 键，分别选中 2—4 段落段首“《报告》”文字。单击“开始”选项卡“字体”工具栏中加粗、斜体和下划线的图标按钮，设置文字格式为：斜体、加粗、双下划线。

[5] 选中文末 5 行文字，单击“插入”选项卡，在“表格”组中单击“表格”下拉列表按钮，选择“文本转换成表格”命令，打开“将文字转换成表格”对话框；表格尺寸中列数为：3，行数为：5；选择“自动调整”操作为：根据内容调整表格；文字分隔位置为：空格，单击“确定”，如图 3-4-7 所示。

选中表格，单击“开始”选项卡“段落”工具栏中“居中”按钮；选中表格中的文字，单击“开始”选项卡“段落”工具栏中“居中”按钮。

[6] 单击“文件”选项卡，选择“另存为”命令，文档另存为“新闻提要排版. doc”。

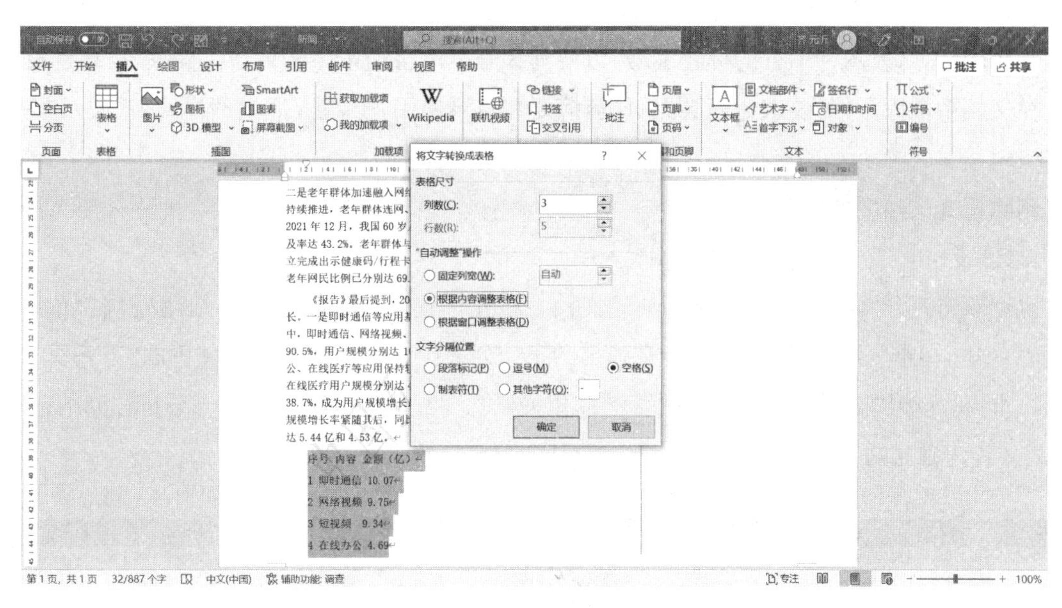

图 3-4-7

实训五 Word 论文排版

一、实训目标

- 掌握独立节的设置
- 掌握样式的修改与应用
- 掌握脚注与尾注的转换
- 掌握题注的应用
- 掌握页码的插入

二、实训内容

根据要求优化论文的排版，具体要求如下：

(1) 将文档内容分节，使“封面”“摘要”“目录”“1.引言”“2.相关概念”“3.模式分类”“4.差异分析”“5.结论”和“参考文献”各部分的内容都位于独立的节，且每节都从新的一页开始。

(2) 修改正文文本样式，设置对齐方式：两端对齐，首行缩进：2 字符，“段前”和“段后”间距均为：0.5 行；修改“标题 1”样式，将其自动编号的样式修改为“第一章，第二章，第三章，…”，并应用于“1.引言”“2.相关概念”“3.模式分类”“4.差异分析”和“5.结论”。

(3) 将文档中所有的脚注转换为尾注，并使其位于文档结尾，并将“尾注”修改为：参考文献格式，即

“[1],[2],[3],…”的样式。

(4) 使用题注,修改图片下方的标题编号,以便其编号可以自动排序和更新。插入“自动目录1”。

(5) 在文档中插入页码,要求封面页无页码,摘要和目录使用“Ⅰ,Ⅱ,Ⅲ,…”样式,正文及参考文献使用“1,2,3,…”样式。

(6) 删除正文文档中的所有空行。

【操作步骤】

[1] 鼠标双击打开“论文排版-素材.docx”文档。将光标置于“封面”内容的结尾处,在“布局”选项卡“页面设置”组中,单击“分隔符”下拉按钮;在弹出的下拉列表中选择“分节符”区域中的“下一页”,如图3-5-1所示。同理,设置“摘要”“目录”“1.引言”“2.相关概念”“3.模式分类”“4.差异分析”“5.结论”和“参考文献”各部分皆为独立的节。

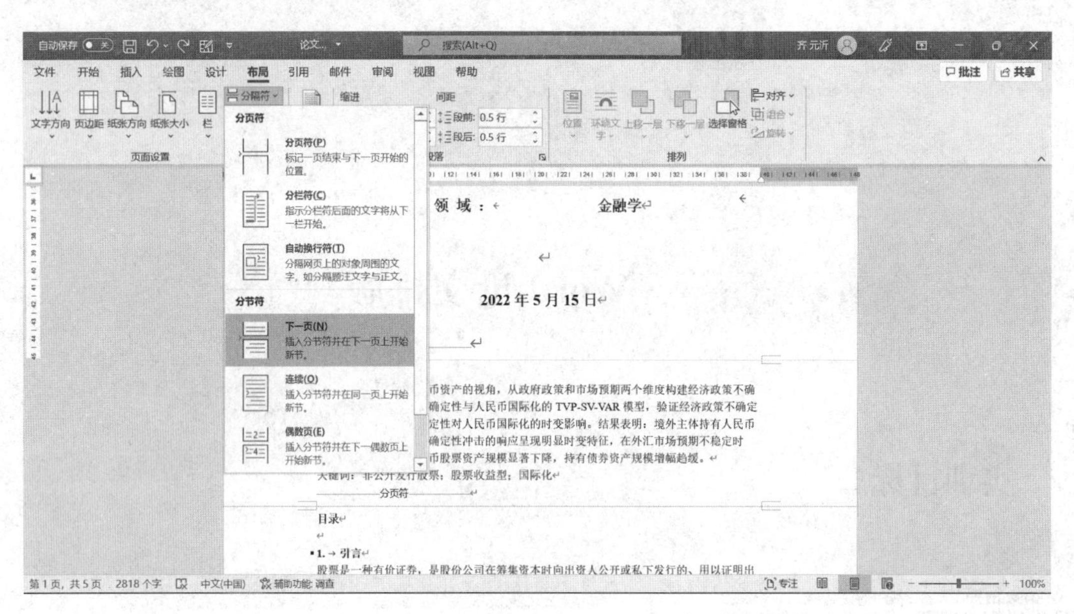

图3-5-1

[2] 选中正文文本内容(除图片);选择“开始”选项卡,单击“段落”工具栏右下角对话框启动器,打开“段落”对话框;选择“缩进和间距”选项卡,在“常规”区域“对齐方式”框中选:两端对齐;在“缩进”区域“特殊格式”框中选:首行缩进;“磅值”框中设置为:2字符;在“间距”区域“段前”和“段后”框中分别设置为:0.5行,“行距”框中选:1.5倍行距,单击“确定”。如图3-5-2所示。

单击“开始”选项卡“样式”工具栏右下角的对话框启动器,打开“样式”窗格,在“样式”窗格中选择“标题1”,单击最下方的“管理样式”图标,在弹出的“管理样式”对话框中单击“修改”按钮,打开“修改样式”对话框,如图3-5-3所示。

在弹出的“修改样式”对话框中单击“格式”按钮,在其中选择“编号”,弹出“项目和项目符号”对话框,单击“定义编号格式”按钮,弹出“定义新编号格式”对话框。在“定义新编号格式”对话框“编号样式”中选择“一,二,三(简)…”,在“编号格式”中的“一”前面输入“第”,在“一”后面输入“章”,并删除“.”,单击“确定”,如图3-5-4所示。

选中“1.引言”,单击“开始”选项卡“样式”组中的“标题1”样式,如图3-5-5所示。同理,设置“2.相关概念”“3.模式分类”“4.差异分析”和“5.结论”为“标题1”样式,也可以利用格式刷进行设置。

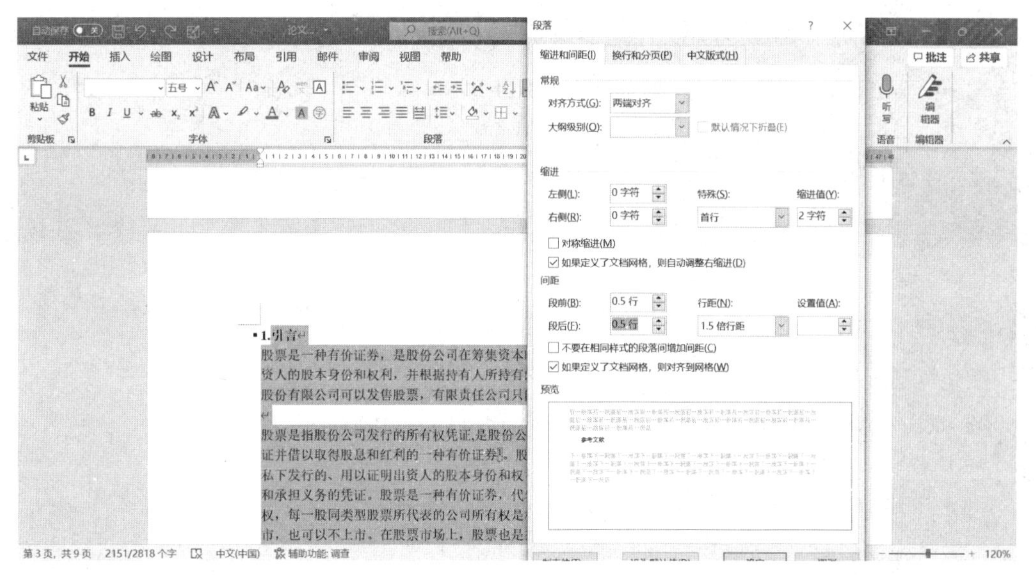

图 3-5-2

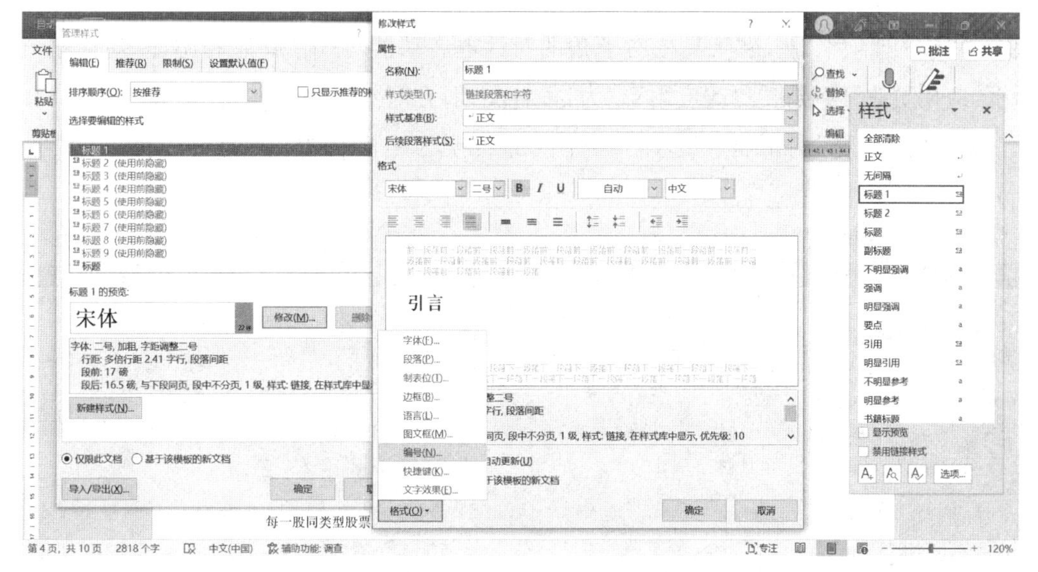

图 3-5-3

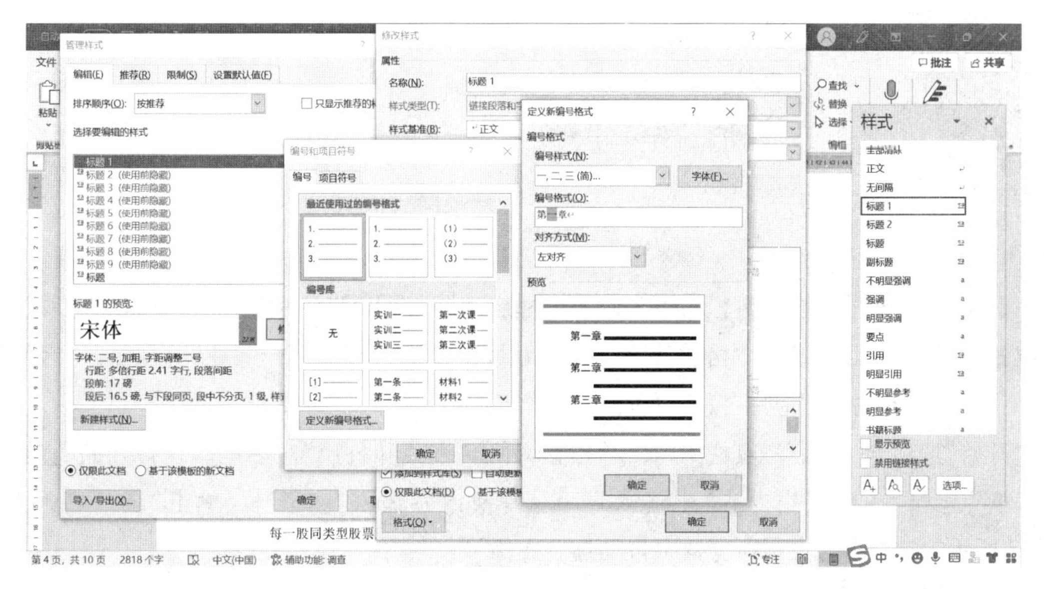

图 3-5-4

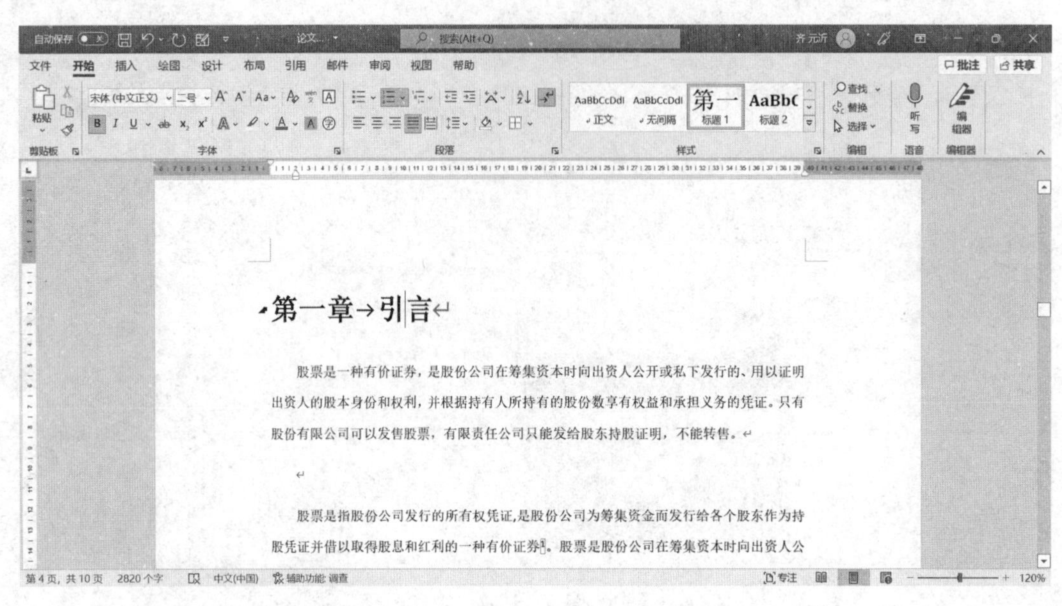

图 3-5-5

[3] 单击“引用”选项卡“脚注”工具栏右下角的对话框启动器，弹出“脚注和尾注”对话框；在“脚注和尾注”对话框“应用更改”区域将“更改应用于”为：整篇文档；在“位置”区域单击“转换”按钮，弹出“转换注释”对话框。在“转换注释”对话框中选择“脚注全部转换为尾注”，单击“确定”，再单击“应用”，如图3-5-6所示。

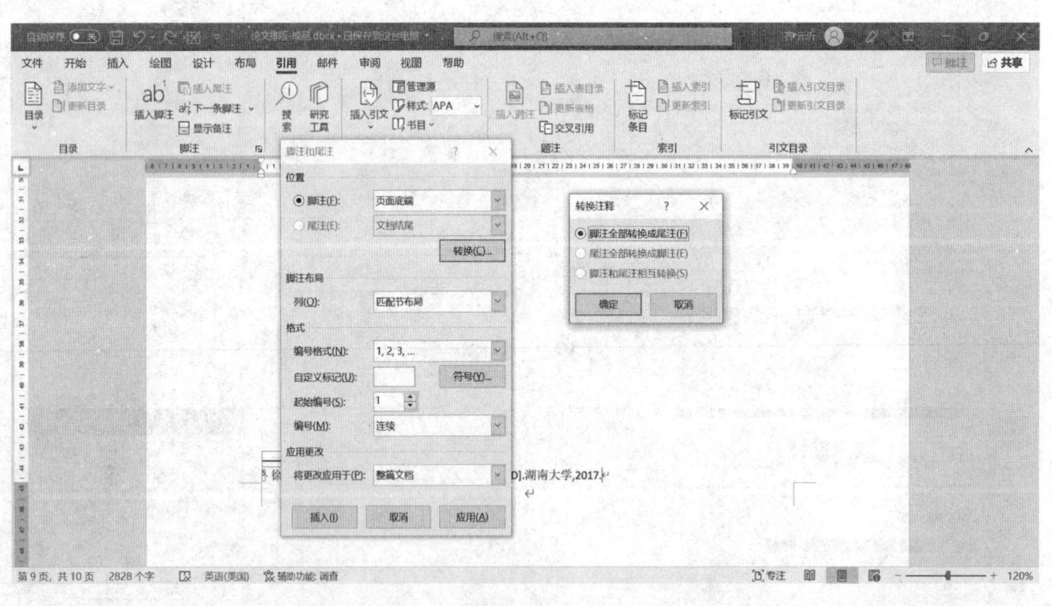

图 3-5-6

单击“引用”选项卡“脚注”工具栏右下角的对话框启动器，弹出“脚注和尾注”对话框；在“脚注和尾注”对话框“位置”区域选择“尾注”，在“格式”区域选择“编号格式”为“1，2，3，…”，在“应用更改”区域将“更改应用于”为：整篇文档。单击“应用”按钮，如图3-5-7所示。

单击“开始”选项卡“编辑”工具栏中“替换”按钮，弹出“查找和替换”对话框。在打开的“查找和替换”对话框“替换”选项卡的“查找内容”中输入“^e”，替换内容输入“[^&]”，单击“全部替换”按钮，如图3-5-8所示。这时参考文献所有数字自动加了中括号。

注意：符号的输入必须处于英文状态或者半角状态。

图 3－5－7

图 3－5－8

选中参考文献前面的“[1],[2],[3],…”,单击“开始”“字体”工具栏中的上标图标,取消上标设置,并修改其字号为:小五,如图 3－5－9 所示。

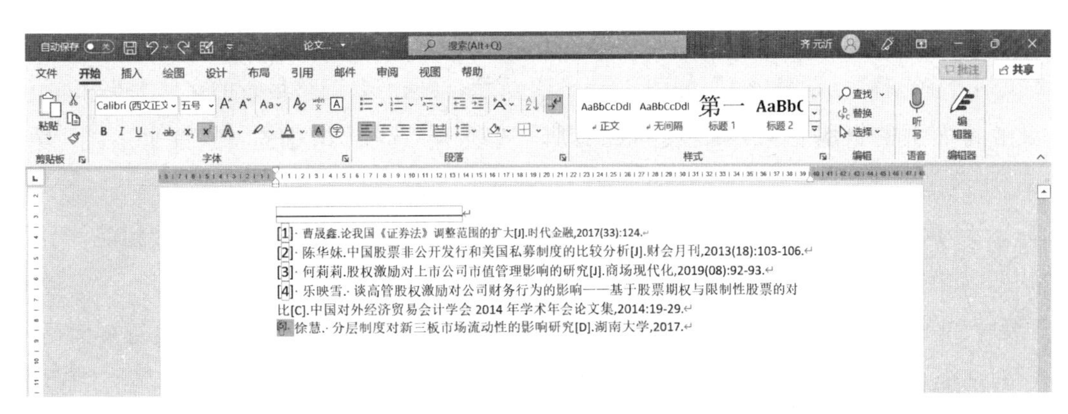

图 3－5－9

[4] 在正文中,删除图片下方的“图 1”;单击“引用”选项卡“题注”组中“插入题注”图标,弹出“题注”对话框。在“题注”对话框中,单击“新建标签”按钮,在“标签”文本框中输入“图”,单击“确定”,如图 3-5-10 所示。单击“开始”选项卡“段落”工具栏中的“居中”按钮,调整题注居中。

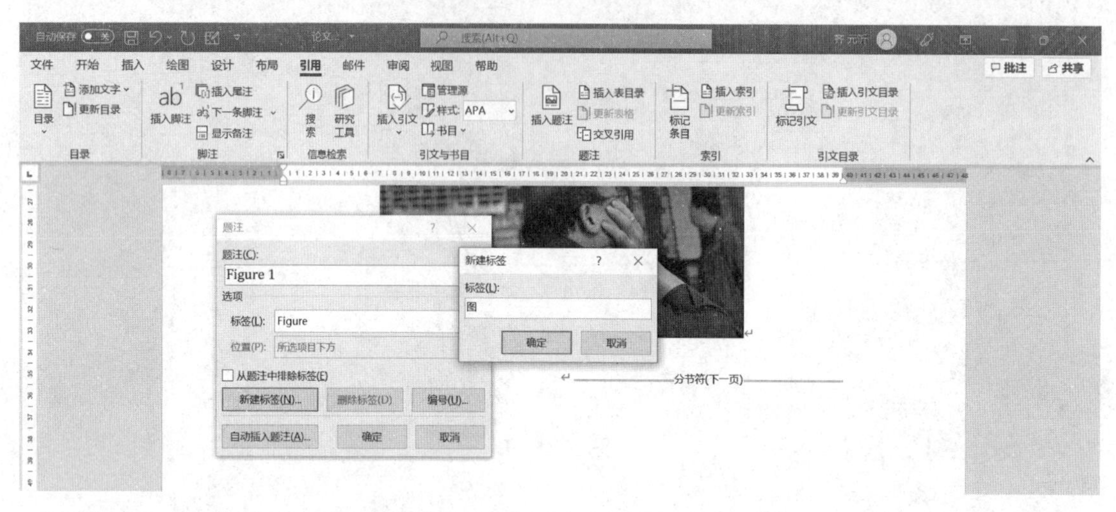

图 3-5-10

拖动滚动条,找到图 2,删除图片下方的“图 2”;单击“引用”选项卡“题注”组中“插入题注”图标,弹出“题注”对话框。在“题注”对话框中,在“选项”区域“标签”中选择:图,单击“确定”,如图 3-5-11 所示。

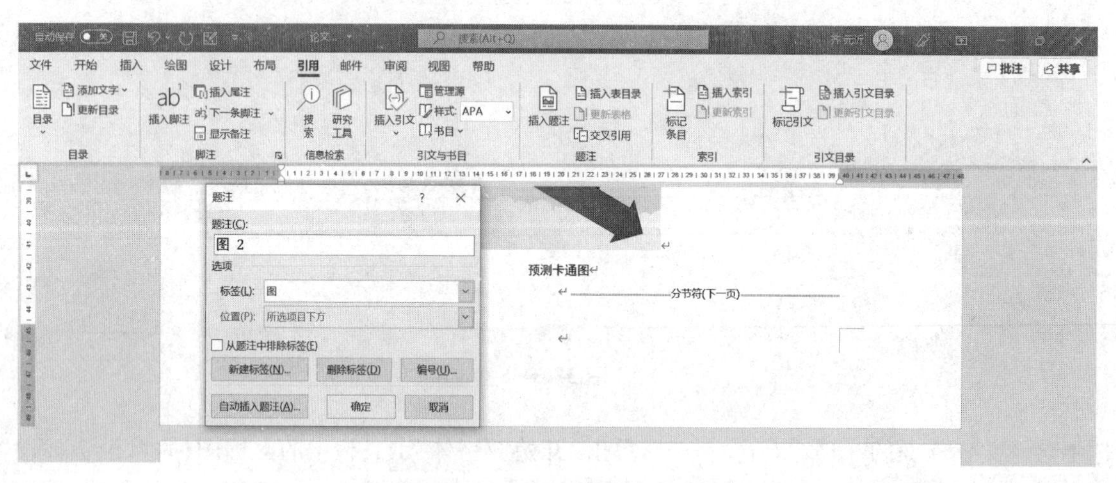

图 3-5-11

[5] 在目录页中,将光标置于“目录”字的下一行。单击“引用”选项卡“目录”组中的“目录”下拉列表按钮,在下拉列表中选择“自动目录 1”,如图 3-5-12 所示,根据需要调整目录的字体大小和颜色。

[6] 双击封面页的页脚位置,在“页眉和页脚”选项卡“选项”组中选中“首页不同”复选框,如图 3-5-13 所示。

将光标置于“摘要”页的页脚位置,在“页眉和页脚”选项卡“导航”组中,单击“链接到前一节”选项,取消其选中状态,如图 3-5-14 所示。

单击“页眉和页脚”选项卡“页眉和页脚”组中“页码”按钮,在下拉列表中选择“设置页面格式”,弹出“页码格式”对话框。在“页码格式”对话框中,设置“编号格式”为“Ⅰ,Ⅱ,Ⅲ,…”样式,在“页码编号”区域中选择“起始页码”,单击“确定”,如图 3-5-15 所示。

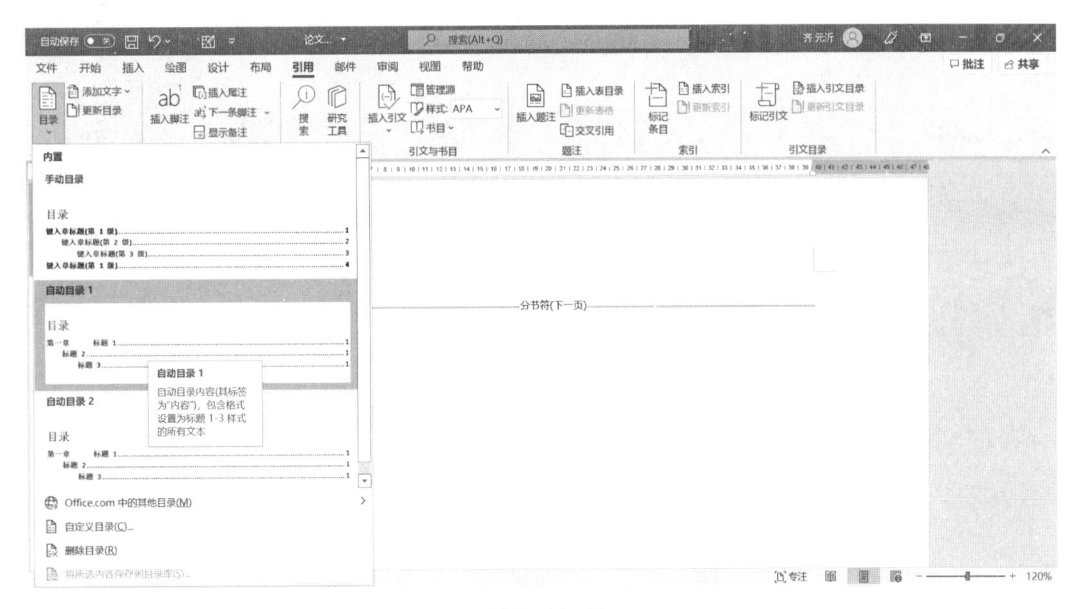

图 3 - 5 - 12

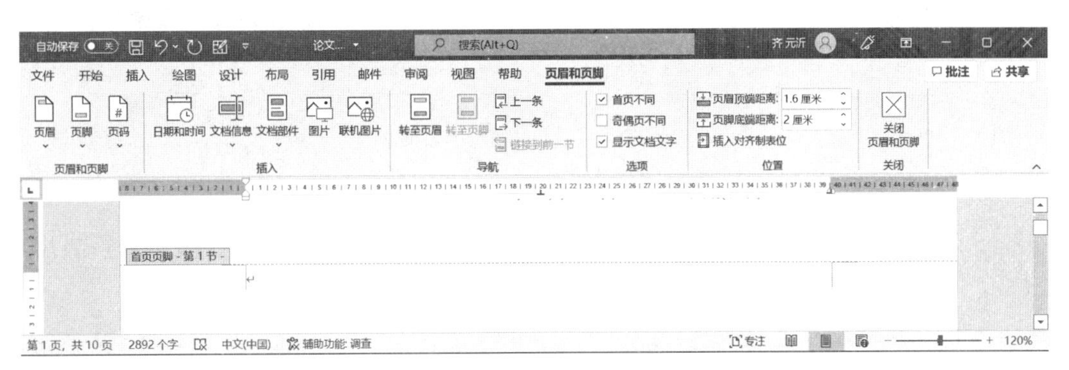

图 3 - 5 - 13

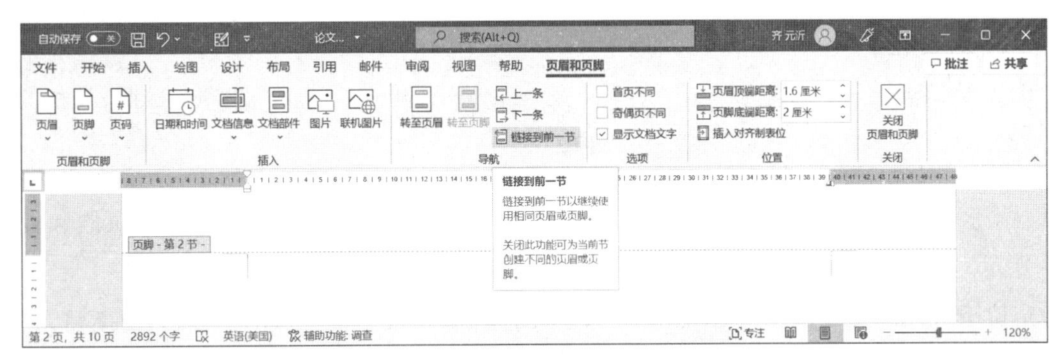

图 3 - 5 - 14

单击“页码”下拉列表中的“页面底端”选择“普通数字 2”样式。最后，单击“页眉和页脚”选项卡“关闭”组中的“关闭页眉和页脚”图标，如图 3 - 5 - 16 所示。

同理，设置“目录页”页码。

[7] 将光标置于正文页“第四节”的页脚位置，在“页眉和页脚”选项卡“导航”组中，单击“链接到前一节”选项，取消其选中状态。单击“页眉和页脚”选项卡“页眉和页脚”组中“页码”按钮，在下拉列表中选择“设置页面格式”，弹出“页码格式”对话框。在“页码格式”对话框中，设置“编号格式”为“1,2,3,…”样式，

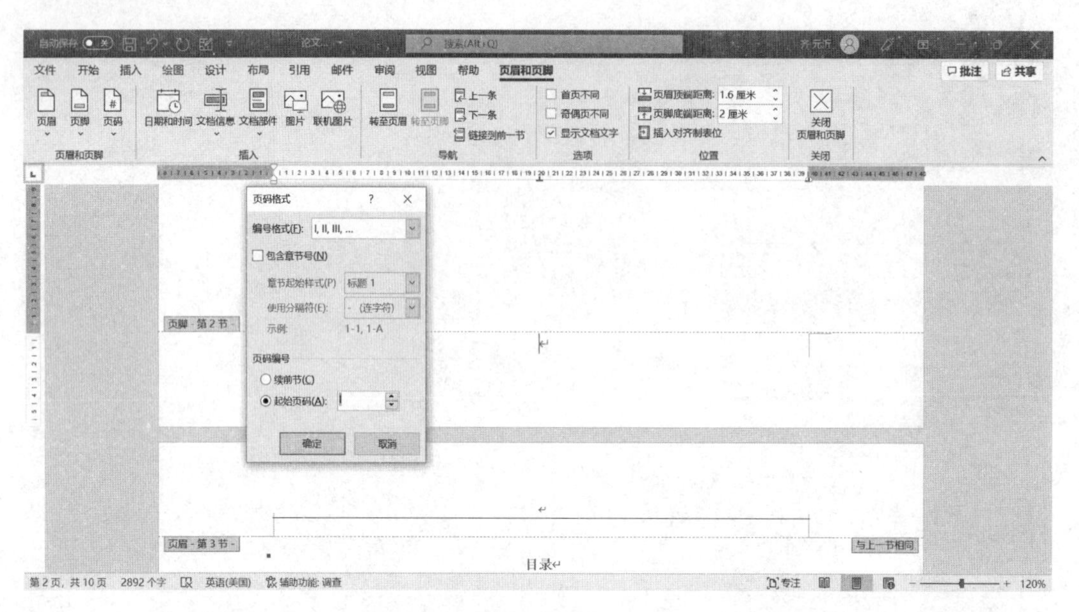

图 3-5-15

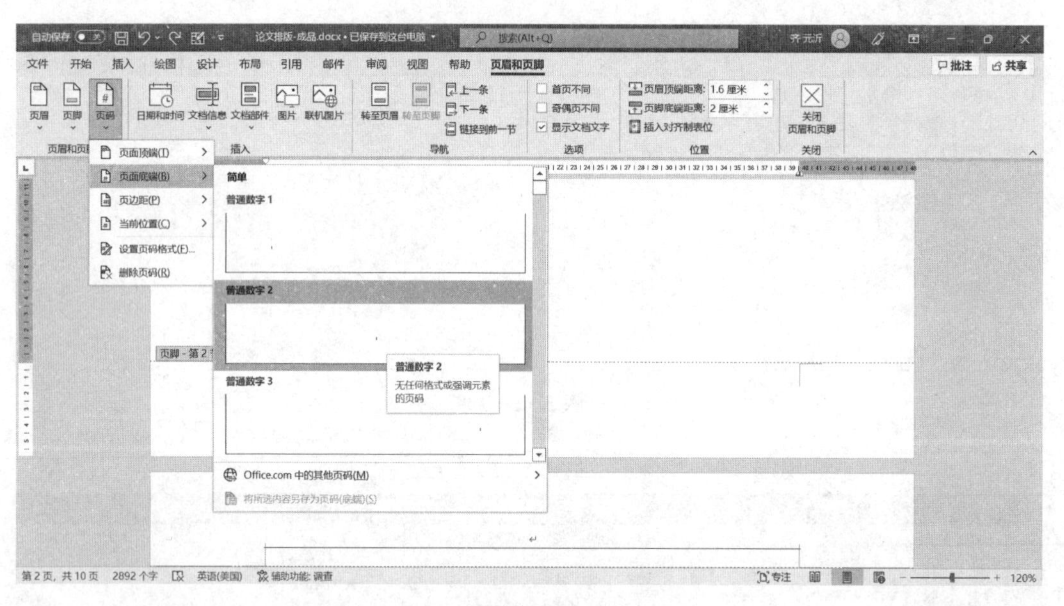

图 3-5-16

在“页码编号”区域中选择“起始页码”，单击“确定”。单击“关闭页眉和页脚”图标，关闭页眉和页脚，如图3-5-17所示。

光标定位于“目录”页，单击目录出现“更新目录”图标，单击“更新目录”图标，弹出“更新目录”对话框，选择“只更新页码”，单击“确定”，如图3-5-18所示。完成目录页码的更新。

[8] 选中正文所有内容(除封面、摘要、目录和参考文献外)，单击“开始”选项卡“编辑”工具栏中“替换”按钮，弹出“查找和替换”对话框。将光标置于“替换”选项卡的“查找内容”列表框中，单击“更多”按钮，在下方的“替换”组中单击“特殊格式”按钮，在弹出的下拉列表中选择“段落标记”，继续单击“特殊格式”按钮，再选择“段落标记”，如图3-5-19所示。

将光标置于“替换”选项卡的“替换为”列表框中，单击“特殊格式”按钮，在弹出的下拉列表中选择“段落标记”。单击“全部替换”按钮，在弹出的对话框中选择“确定”按钮。

返回“查找和替换”对话框，单击“关闭”按钮。

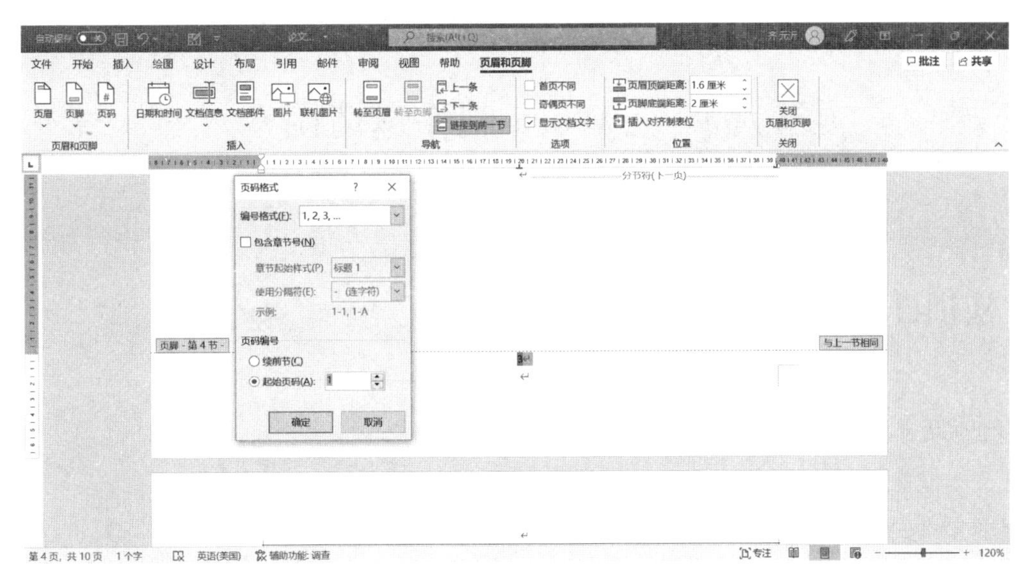

图 3－5－17

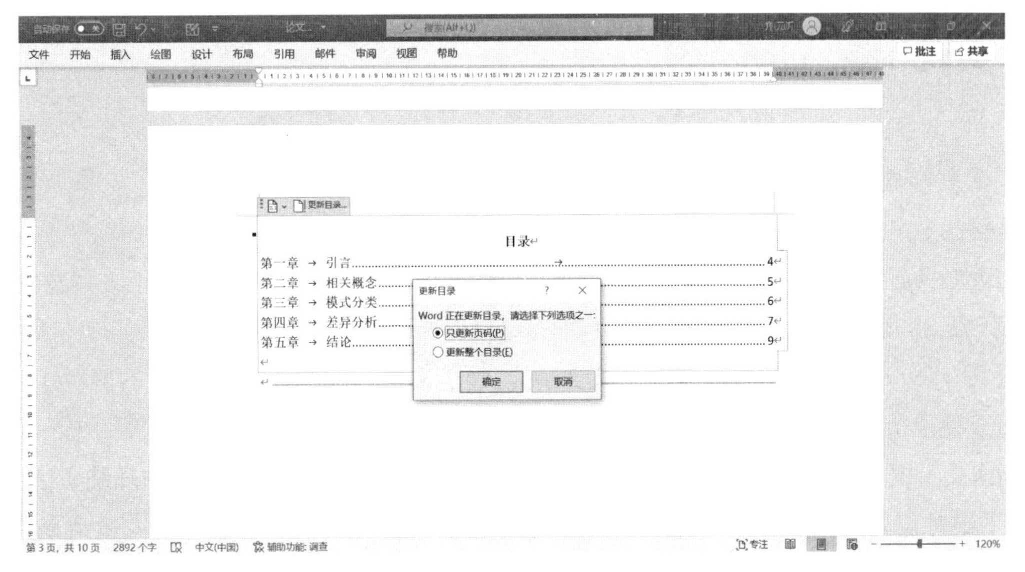

图 3－5－18

图 3－5－19

实训六 Word制作邀请函

一、实训目标

- 掌握纸张大小的设置
- 掌握文本框格式的设置
- 掌握图片格式的设置
- 掌握邮件合并功能

二、实训内容

根据要求制作邀请函,具体要求如下:

(1) 新建一个空白文档,设置纸张大小为:B5(18.2厘米×25.7厘米)。

(2) 在页面页眉中,插入图片"背景图片.png",设置图片环绕文字为:浮于文字上方,"宽度"为:18.2厘米,"高度"为:25.7厘米,水平左对齐于页面,垂直绝对位置下侧段落:-1.5厘米。

(3) 插入"yaoqing.png"图片,图片的环绕文字为:浮于文字上方,水平绝对位置右侧栏:0.1厘米,垂直绝对位置下侧段落:3.3厘米。

(4) 插入文本框,设置文本框大小,"高度"为:9厘米,"宽度"为:13厘米,图片的环绕文字为:浮于文字上方,水平绝对位置右侧栏:-0.3厘米,垂直绝对位置下侧段落:10厘米。输入邀请函内容"尊敬的……",字体设置为:华文中宋、小四、单倍行距,首行左对齐,正文首行缩进2字符,署名和日期右对齐。

(5) 运用邮件合并功能制作内容相同、受邀请人不同(受邀请人为"受邀请人员名单.docx"中的每个人,采用导入方式)的多份邀请函。合并主文档以"制作邀请函-成品.docx"为文件名保存。

制作案例样张,如图3-6-1所示。

【操作步骤】

[1] 新建一张空白文档,单击"布局"选项卡,在"页面设置"组中单击"纸张大小"下拉列表,在下拉列表中选择"B5(JIS)",如图3-6-2所示。

[2] 鼠标双击页眉的位置。单击"开始"选项卡,在"样式"组中单击下拉列表按钮,在打开的下拉列表中选择"清除格式"命令,如图3-6-3所示,去除页眉的横线。

[3] 单击"插入"选项卡,在"插图"组中单击"图片"按钮,插入"背景图片.png"。选中背景图片,单击"图片格式"选项卡,在"大小"组中单击右下角对话框启动器,打开"布局"对话框。在"大小"选项卡中去掉"锁定纵横比"前面的对号,再设置高度绝对值为:25.7厘米,宽度绝对值为:18.2厘米,如图3-6-4所示。

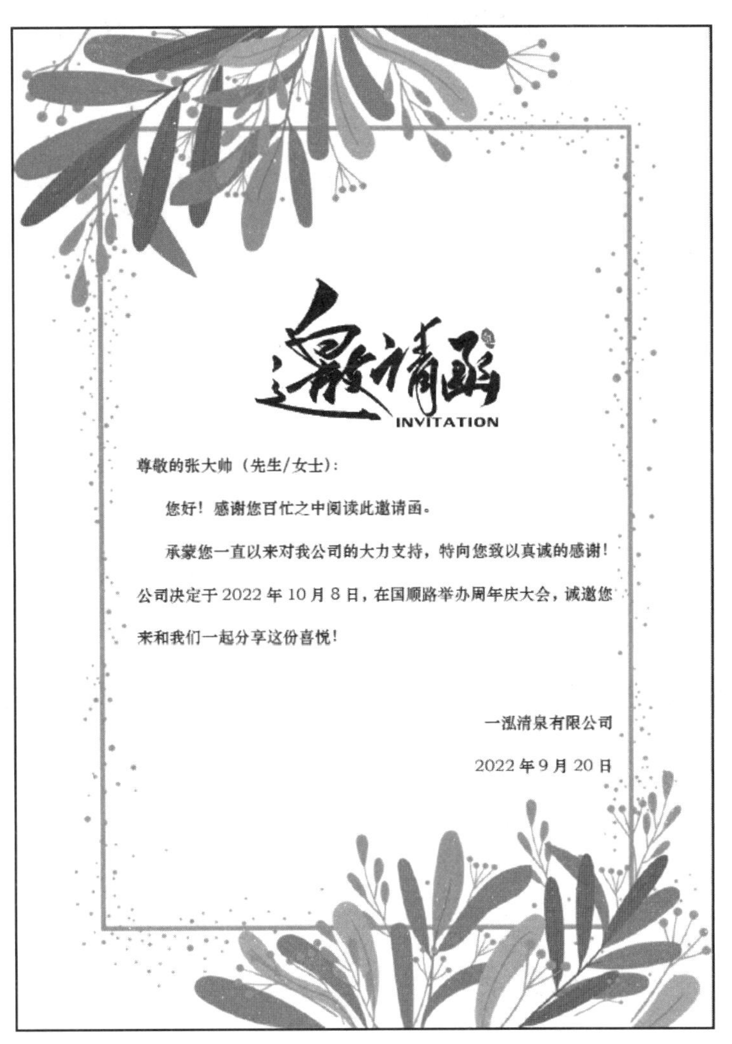

邀请函
INVITATION

尊敬的张大帅（先生/女士）：

您好！感谢您百忙之中阅读此邀请函。

承蒙您一直以来对我公司的大力支持，特向您致以真诚的感谢！公司决定于2022年10月8日，在国顺路举办周年庆大会，诚邀您来和我们一起分享这份喜悦！

一泓清泉有限公司

2022年9月20日

图3-6-1

图3-6-2

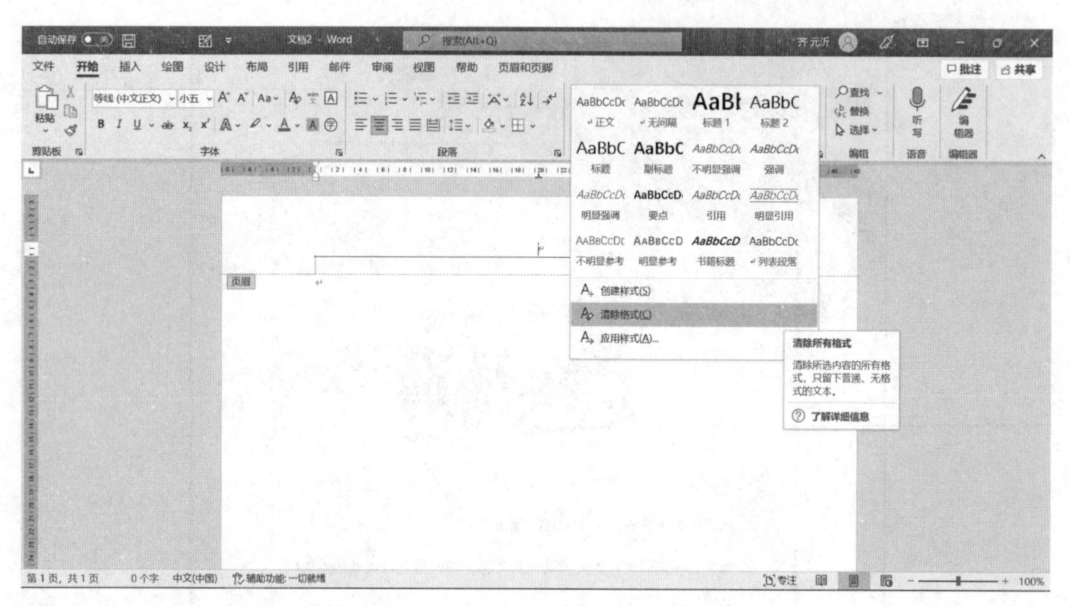

图 3-6-3

图 3-6-4

单击“文字环绕”选项卡，在“环绕方式”区域选择“浮于文字上方”；单击“位置”选项卡，在“水平”区选中“对齐方式”单选框，并设置为：左对齐，“相对于”框中设置为：页面；在“垂直”区选中“绝对位置”单选框，并设置为：-1.5 厘米，“下侧”框中设置为：段落。单击“确定”，如图 3-6-5 所示。

单击“关闭页眉和页脚”图标，关闭页眉和页脚。

[4] 单击“插入”选项卡，在“插图”组中单击“图片”按钮，插入“yaoqing.png”。选中图片，鼠标右键在弹出的菜单中选择“环绕文字”命令中的“浮于文字上方”，如图 3-6-6 所示。

选中图片，鼠标右键在弹出的菜单中选择“大小和位置”命令，如图 3-6-7 所示，打开“布局”对话框，单击“水平”绝对位置右侧栏：0.1 厘米，“垂直”绝对位置下侧段落：3.3 厘米，如图 3-6-8 所示。

[5] 单击“插入”选项卡，在“文本”组中单击下拉列表按钮，在下拉列表中选择“绘制横排文本框”，绘制一个文本框，并按照样张输入相关文字，如图 3-6-9 所示。

图 3-6-5

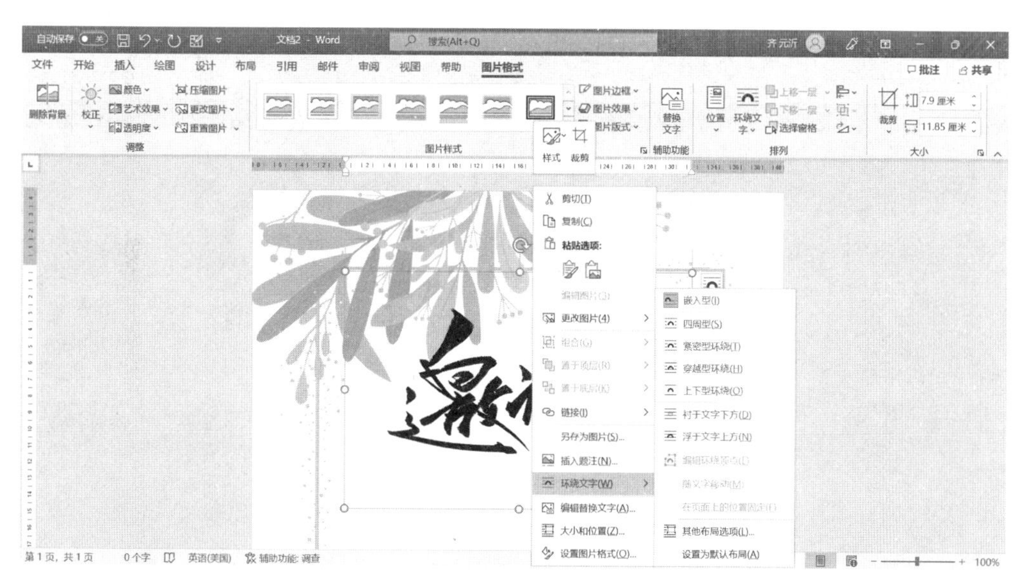

图 3-6-6

图 3-6-7

图 3-6-8

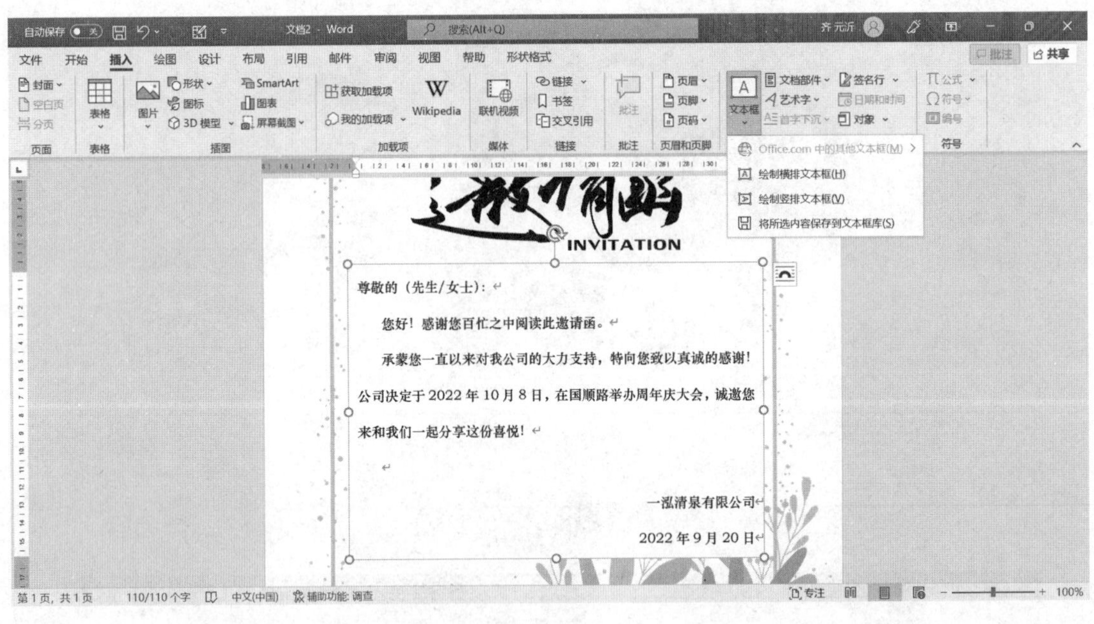

图 3-6-9

选中文本框,单击“形状格式”选项卡,在“大小”组中单击右下角对话框启动器,打开“布局”对话框。在“大小”选项卡中去掉“锁定纵横比”前面的对号;再设置高度绝对值为:9 厘米,宽度绝对值为:13 厘米,如图 3-6-10 所示。

单击“文字环绕”选项卡,在“环绕方式”区域选择“浮于文字上方”;单击“位置”选项卡,在“水平”区选中“绝对位置”单选框,并设置为:-0.3 厘米,“相对于”框中设置为:栏;在“垂直”区选中“绝对位置”单选框,并设置为:10 厘米,“下侧”框中设置为:段落,单击“确定”。

[6] 选中文本框中所有文字,单击“开始”选项卡,在“字体”工具栏“中文字体”框中设置为:华文中宋,在“字号”框中设置为:小四;单击“段落”工具栏右下角对话框启动器,打开“段落”对话框;选择“缩进和间距”选项卡,在“间距”区域“行距”框中选:单倍行距。

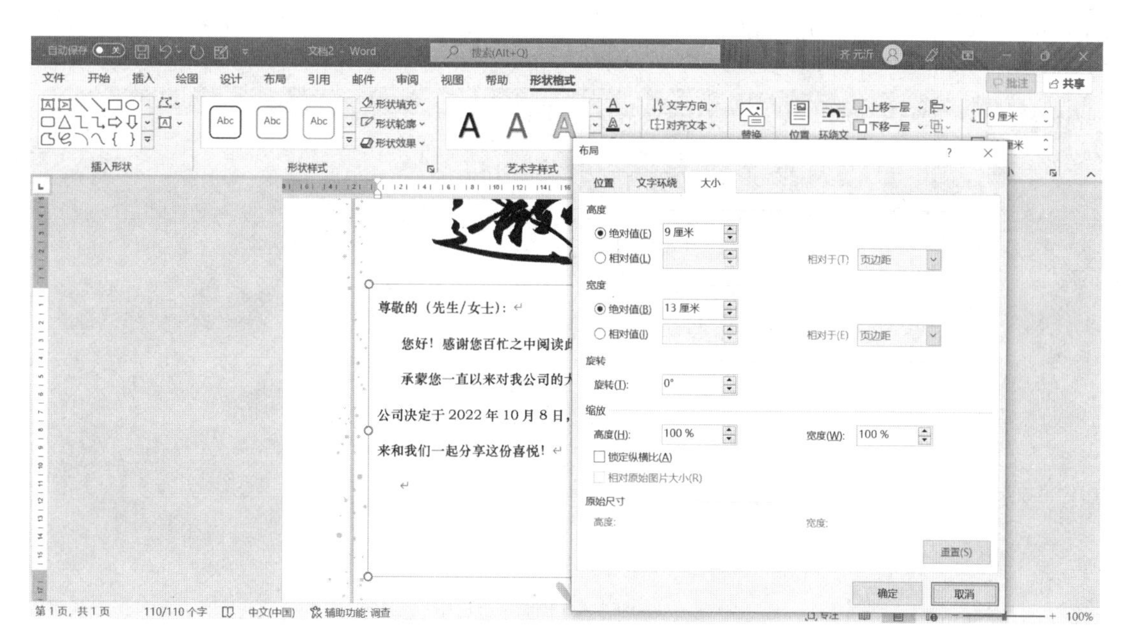

图 3-6-10

选中“尊敬的……”首行文字，单击“开始”选项卡，在“段落”工具栏中，单击“左对齐”图标。选中署名和日期行文字，在“段落”工具栏中，单击“右对齐”图标。

选中文本框，单击“形状格式”选项卡，在“形状样式”组中单击“形状填充”下拉列表，在下拉列表中选择“无填充”命令，如图 3-6-11 所示。

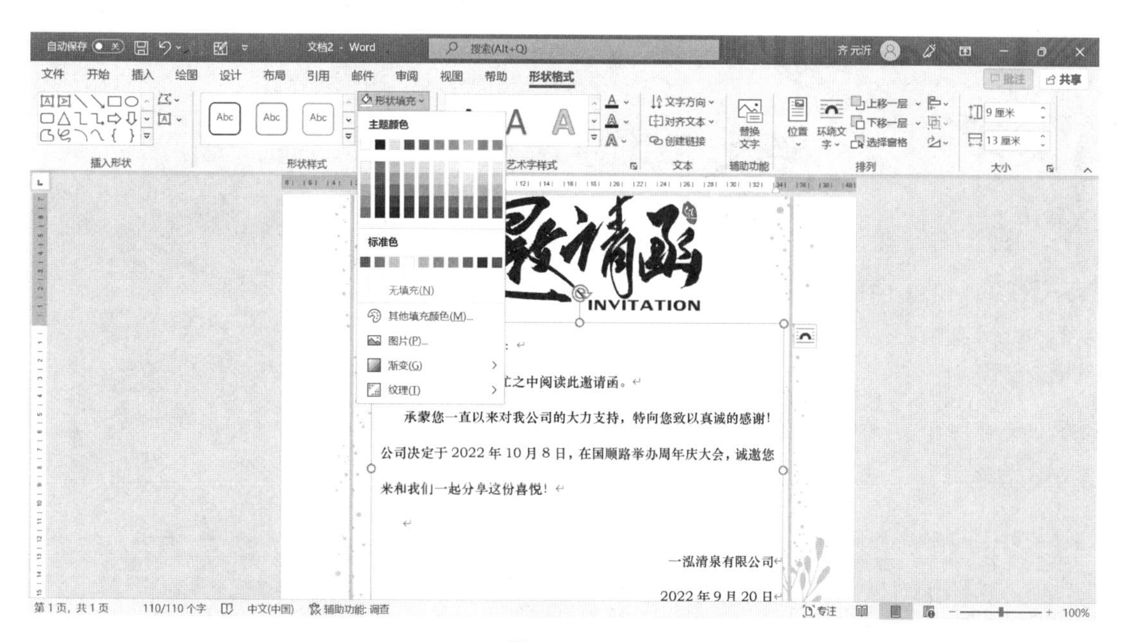

图 3-6-11

[7] 将光标定位在“尊敬的……”后面，在“邮件”选项卡的“开始邮件合并”组中，单击“开始邮件合并”下的“邮件合并分步向导”命令，打开“邮件合并”窗格。在“选择文档类型”中选择“信函”，单击“下一步：开始文档”超链接。

在“选择开始文档”中选择“使用当前文档”，单击“下一步：选择文件人”。

在“选择收件人”中选择“使用现有列表”，单击“浏览”超链接，打开“选取数据源”对话框；选择“受邀请人员名单.docx”文件后，单击“打开”按钮，打开“邮件合并收件人”，单击“确定”，如图 3-6-12 所示。

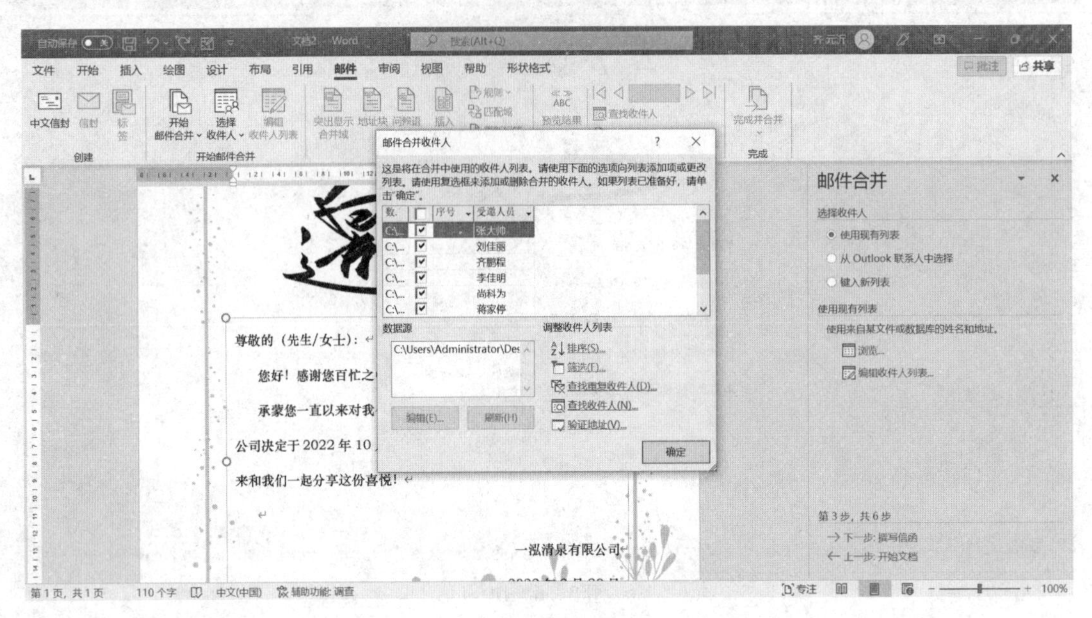

图 3-6-12

单击“下一步：撰写信函”超链接，在“撰写信函”中单击“其他项目”超链接，打开“插入合并域”对话框，在“域”中选择“受邀人员”，单击“插入”按钮，如图 3-6-13 所示。

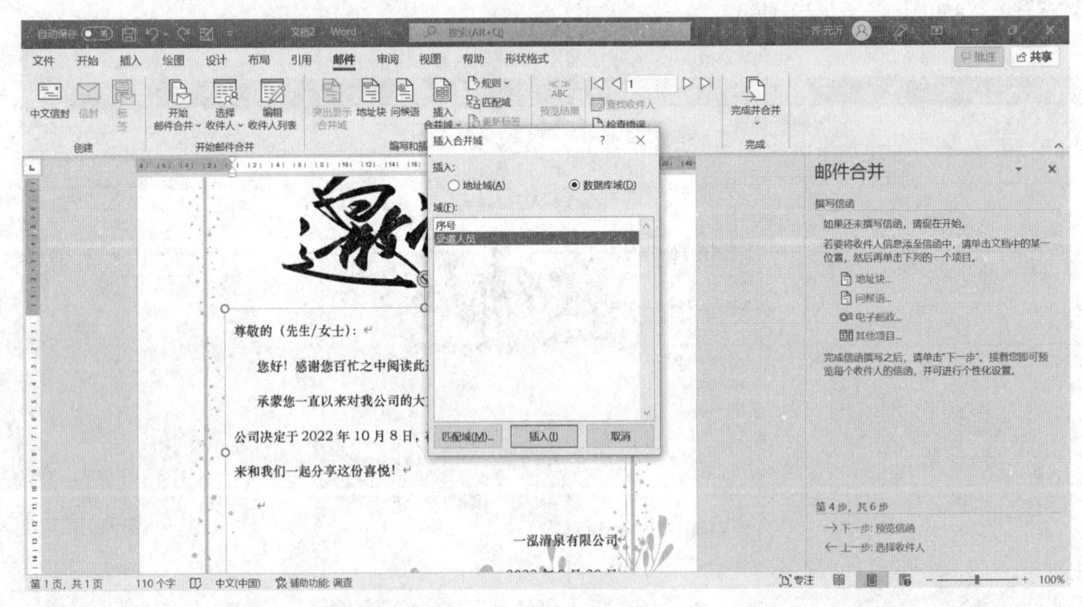

图 3-6-13

单击“下一步：预览信函”超链接，在“预览信函”中，单击“<”和“>”按钮，可以查看不同被邀请人的姓名，如图 3-6-14 所示。

单击“下一步：完成合并”超链接，在“合并”中单击“编辑单个信函”超链接，打开“合并到新文档”对话框，在“合并记录”中选择“全部”，单击“确定”，如图 3-6-15 所示。

保存文档，命名为“制作邀请函-成品”。

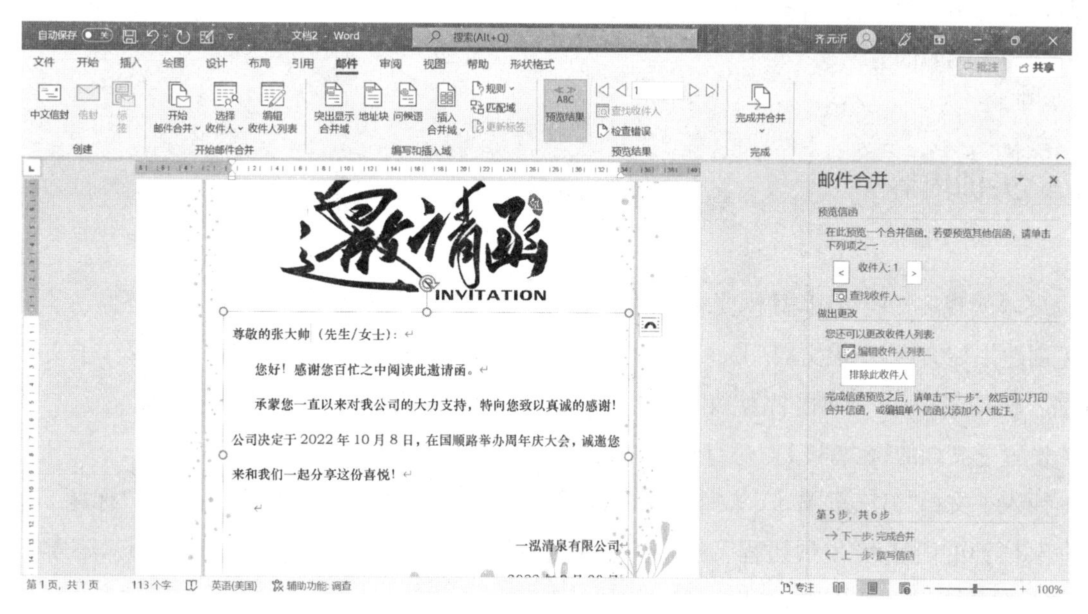

图 3－6－14

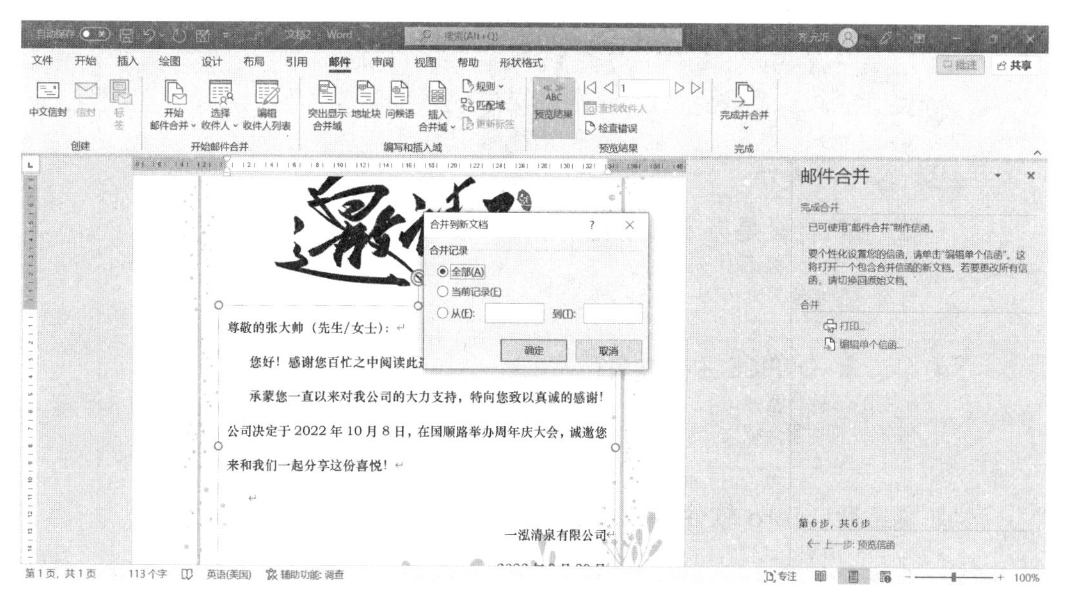

图 3－6－15

实训七 Word 多文档的组织

一、实训目标

- 掌握视图的切换
- 掌握大纲视图中大纲工具的应用

- 掌握大纲视图中主控文档的设置
- 掌握插入书签的方法

二、实训内容

根据要求实现多文档组织,具体要求如下:

(1) 创建主控文档"主控文档.docx",其中"章""节"的样式分别为"标题1"和"标题2",子文档名为各章的章名。例如,第一个子文档名为"第一章　什么是办公自动化",其他子文档以此类推。

(2) 设置子文档的每页36行,每行有41个字符。

(3) 插入子文档"第三章Word软件使用.docx","章""节"的样式分别为"标题1"和"标题2",第一节下一行(第3行)的内容为"发展历程",样式为正文,将该文字设置为书签(名为LiCheng),第4行为空白行,在第4行中插入书签LiCheng所标记的文本。

制作案例样张,如图3-7-1所示。

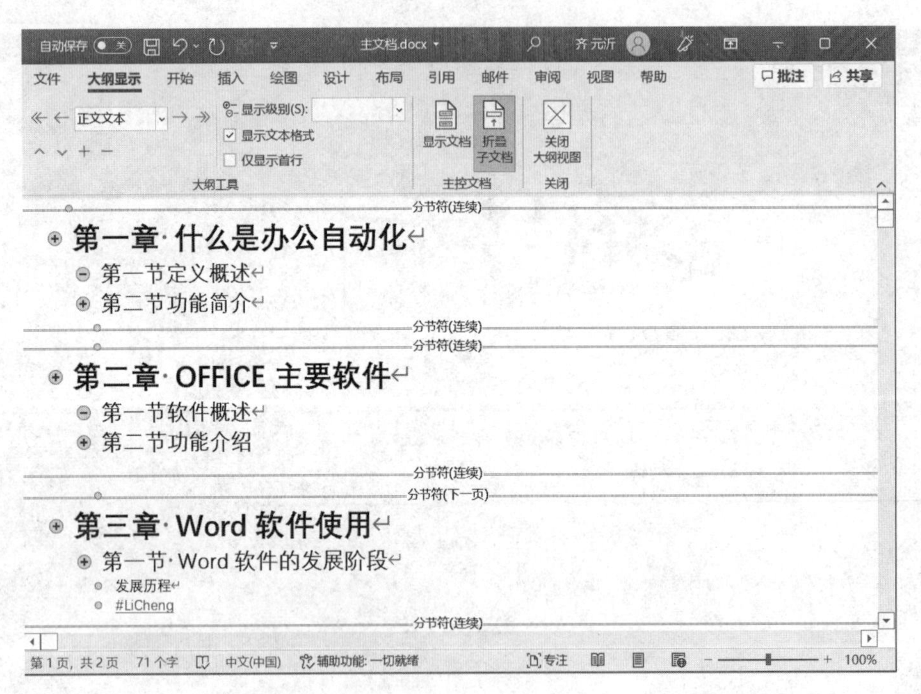

图3-7-1

【操作步骤】

[1] 新建Word文档"主控文档.docx",输入前两章节文本信息,文本信息内容如样张所示。单击"布局"选项卡,在"页面设置"组中单击右下角对话框启动器,打开"页面设置"对话框;在"网络"中选择:指定行和字符网格,"字符数"每行设置为:41,间距为:10磅;在"行"每页设置为:36,间距为:19磅。单击"确定",如图3-7-2所示。

[2] 选中第一行文字"第一章　什么是办公自动化"。单击"开始"选项卡"样式"工具栏中的"标题1"按钮;选中第2、3行文字,单击"开始"选项卡"样式"组中的"标题2"按钮,如图3-7-3所示。同理,设置第二章和节的文字。

图 3-7-2

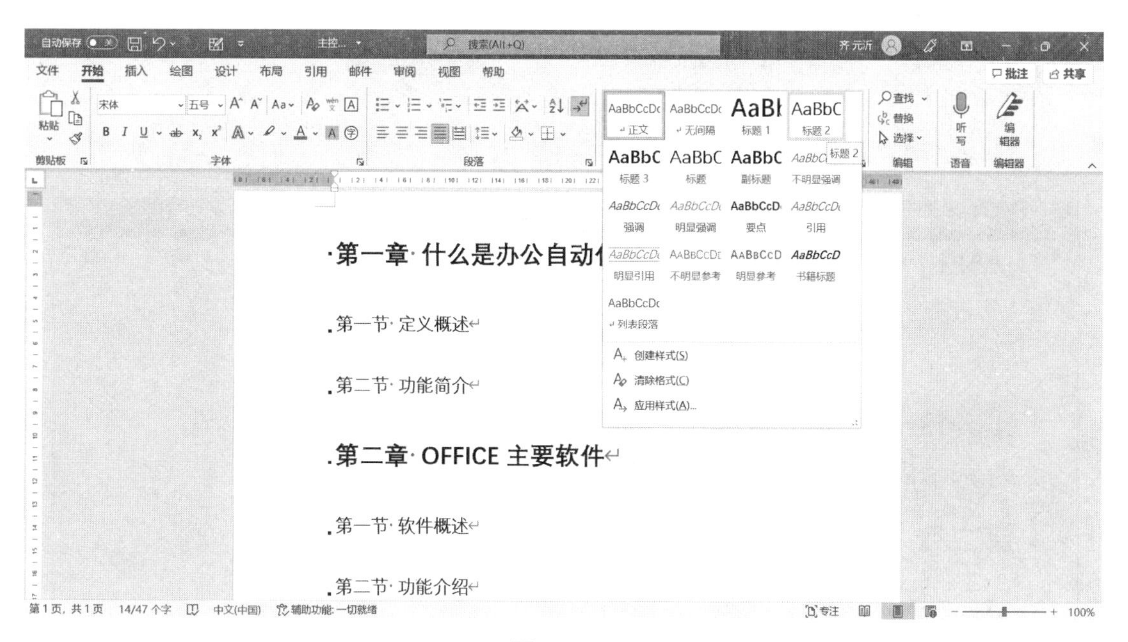

图 3-7-3

[3] 单击“视图”选项卡，在“视图”组中单击“大纲”按钮，将文档视图切换为：大纲视图。这时“章”的级别设置为了1级，“节”的级别设置为2级。如果不用样式中的“标题1”和“标题2”设置，可以直接在大纲视图里，利用“大纲显示”选项卡“大纲工具”中的大纲级别工具按钮设置，如图3-7-4所示。

[4] 鼠标左键单击“第一章 什么是办公自动化”前的圆形十字架，选中第一章的所有内容。单击“主控文档”组中的“显示文档”图标，激活子文档功能，如图3-7-5所示。

单击“创建”按钮，自动对鼠标选中的内容加块，同时“折叠子文档”按钮被激活，如图3-7-6所示。

单击“折叠子文档”按钮，系统自动生成子文档，且将首行作为该子文档的文件名。同理，设置第二章内容生成对应的子文档。子文档之间通过两个“连续”分隔符分割，且生成的所有子文档与主控文档在同

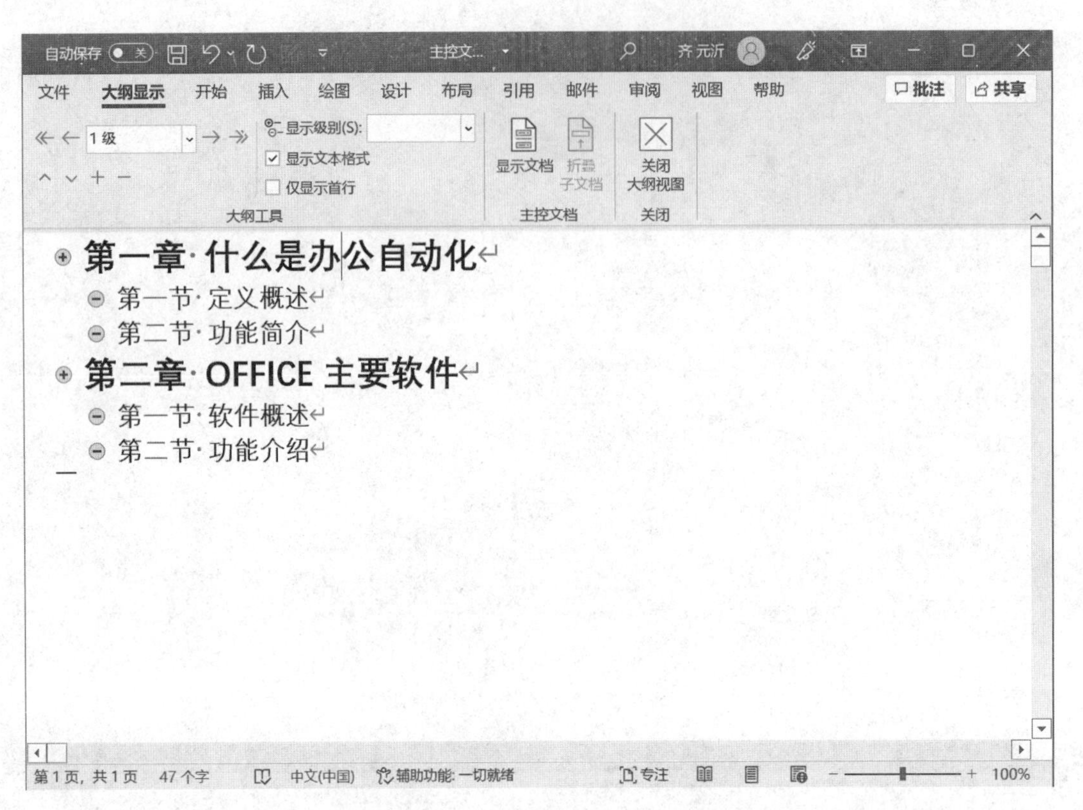

图 3-7-4

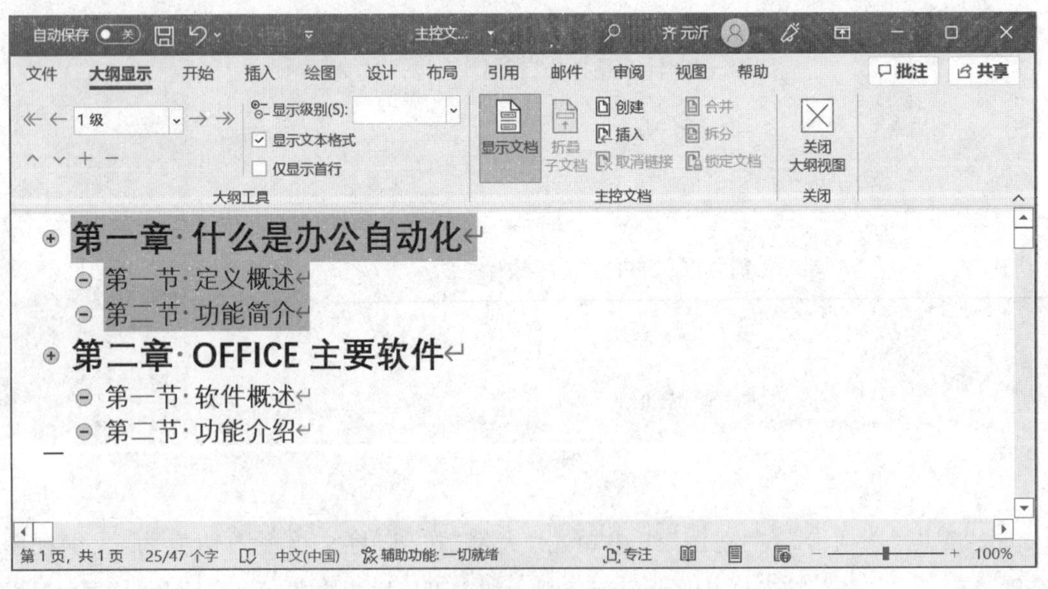

图 3-7-5

一个文件夹下,如图 3-7-7 所示。

[5] 在子文档同一个文件夹下,新建命名为“第三章 Word 软件使用.docx”的文档。双击打开文档,分三行分别输入文字:“第三章 Word 软件使用”“第一节 Word 软件的发展阶段”和“发展历程”。

单击“布局”选项卡,在“页面设置”组中单击右下角对话框启动器,打开“页面设置”对话框;在“网络”中选择:指定行和字符网格,在“字符数”每行设置为:41,间距为:10 磅;在“行”每页设置为:36,间距为:19 磅。单击“确定”。

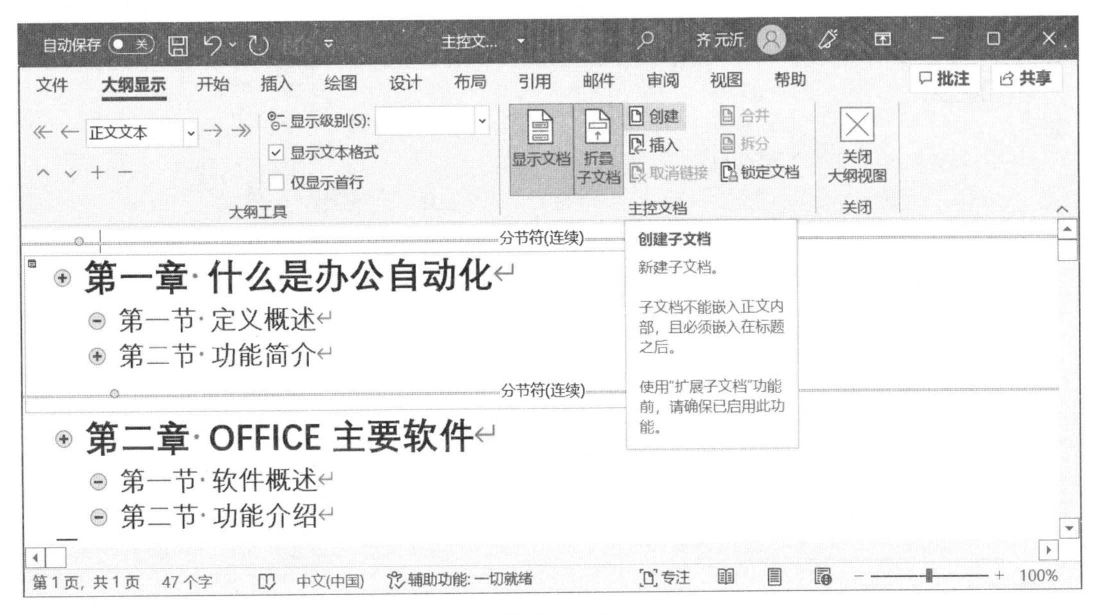

图 3－7－6

图 3－7－7

单击“视图”选项卡，在“视图”组中单击“大纲”按钮，将文档视图切换为大纲视图；选中“第三章　Word 软件使用”文字，单击“大纲显示”选项卡“大纲工具”中大纲级别下拉按钮，级别设置为：1 级。同理，将“第一节　Word 软件的发展阶段”的级别设置为：2 级，如图 3－7－8 所示。单击“视图”选项卡，切换为：页面视图。

[6] 选中第 3 行文字“发展历程”，单击“插入”选项卡，在“链接”组中单击“书签”按钮，打开“书签”对话框；在“书签名”框中输入文本“LiCheng”，单击“添加”按钮，单击“关闭”按钮，如图 3－7－9 所示。

[7] 光标定位在第 4 行，单击“插入”选项卡，在“链接”栏中单击“超链接”按钮，打开“插入超链接”对话框；单击“本文档中的位置”按钮，选中“LiCheng”书签，单击“确定”，如图 3－7－10 所示。单击文档右上角“关闭”按钮，保存文档。

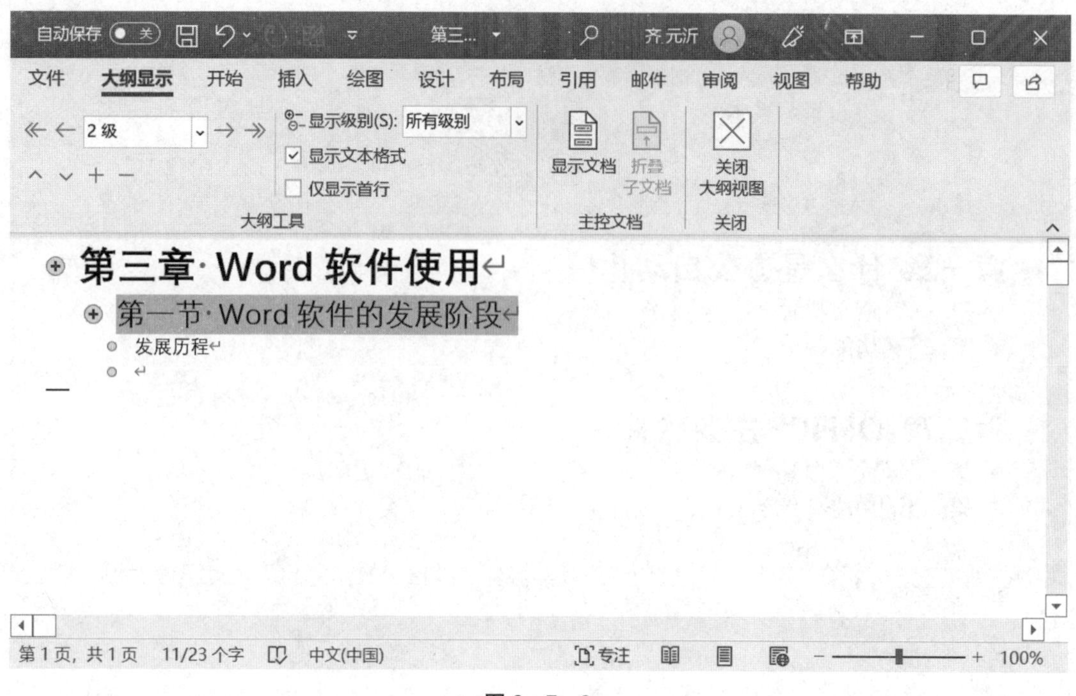

图 3-7-8

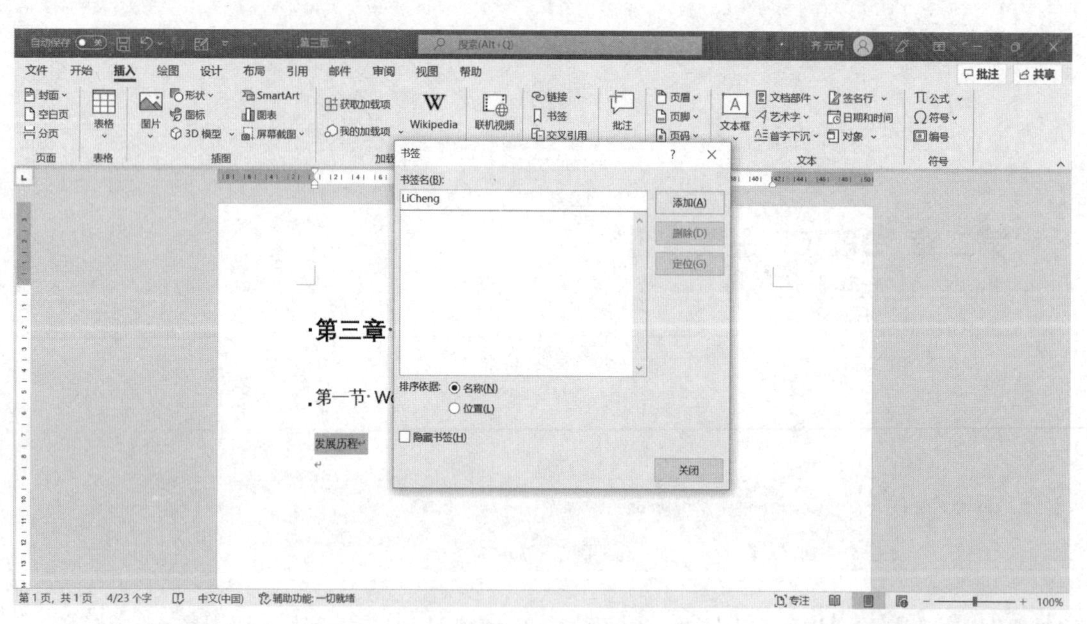

图 3-7-9

[8] 双击打开“主控文档. docx”，单击“视图”选项卡；在“视图”组中单击“大纲”按钮，将文档视图切换为大纲视图。光标定位于第二章的节末，单击“主控文档”组中的“显示文档”图标激活子文档功能；单击“展开子文档”按钮，再单击“插入”按钮，选择“第三章 Word 软件使用. docx”文档，插入文档。在弹出的对话框中，单击“全是”按钮，如图 3-7-11 所示。

单击“关闭大纲视图”按钮。第二章子文档和第三章子文档之间通过 1 个“连续”分隔符和 1 个“下一页”分隔符分割。返回到页面视图可以查看不同。

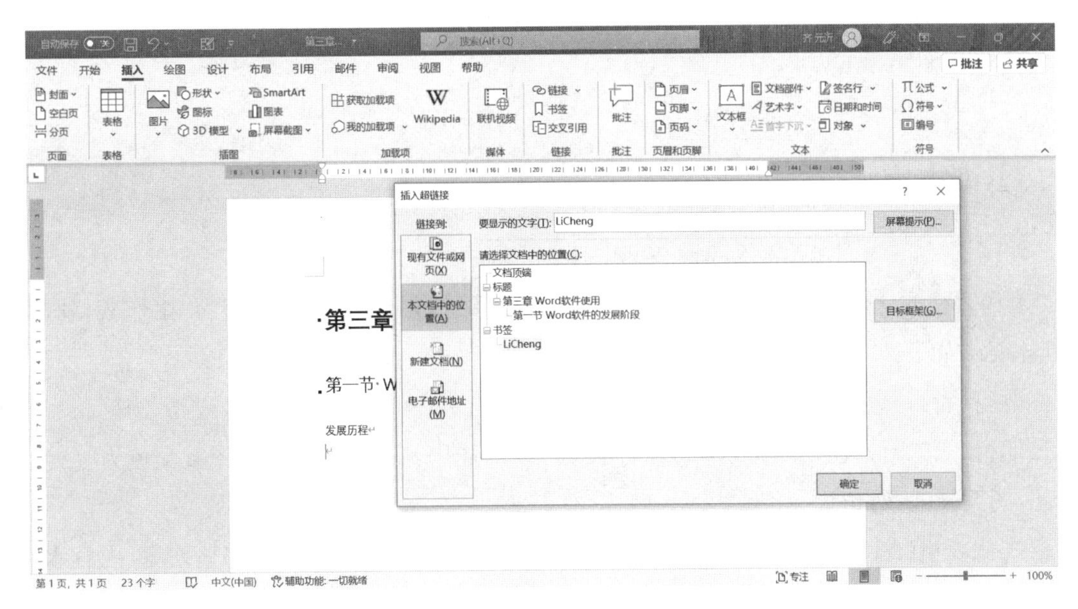

图 3－7－10

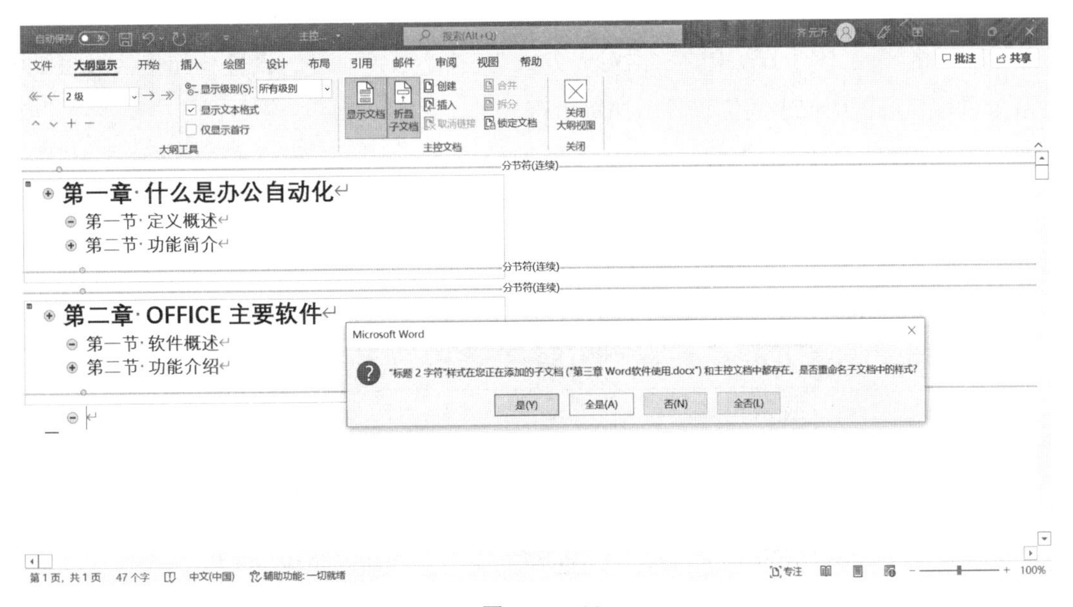

图 3－7－11

实训八 Excel 工作表格式化

一、实训目标

- 掌握字体的设置
- 掌握单元格格式化方法

● 掌握表格的边框设置
● 掌握表格的背景填充方式

二、实训内容

打开“工作表格式化-素材.xlsx”,对Sheet1工作表按要求操作,将文档另存为“工作表格式化-成果.xlsx”。具体要求如下:

(1) 标题行(首行)设置:微软雅黑,15磅,加粗,斜体,合并(A1:F1)后居中,行高20磅。

(2) 日期行(第二行)设置:幼圆,12磅,跨列(A2:F2)居中,底纹图案填充:图案颜色为“白色,背景1,深色15%”,图案样式:对角线　条纹。

(3) 格式化表格(A1:F10):所有行列(除标题行和日期行)自动调整行高和整列宽,内容水平和垂直均居中,外边框取最粗单线,内部取最细单线。

(4) 突出显示单元格:将“涨幅”列涨幅数值设置为:数值(保留两位小数位数),并将F4:F8中数值大于0.10的所在单元格设置为:浅红填充色深红色文本。

(5) 设置单元格区域(B4:B5)中的数据对齐方式为:按小数点对齐。设置单元格区域(E4:E10)中的数据类型为:货币(保留两位小数位数),添加货币符号¥。

制作案例样张,如图3-8-1所示。

	A	B	C	D	E	F
1	***部分股票行情统计***					
2	2022年5月25日					
3	名称	开盘	最高	最低	今收盘	涨幅
4	股票1	10.77	11.13	11.1	10.6	0.43
5	股票2	8.12	8.20	8.34	8.06	0.05
6	股票3	7.68	7.51	7.68	7.25	0.02
7	股票4	9.65	9.78	9.85	9.60	0.13
8	股票5	8.34	10.55	7.78	8.00	0.05
9	平均	8.912	9.43	8.96	8.70	0.14
10	最小	7.68	7.51	7.68	7.25	0.02

图3-8-1

【操作步骤】

[1] 鼠标双击打开文档“工作表格式化-素材.xlsx”。选中首行文字,单击“开始”选项卡在“字体”工具栏“中文字体”框中选:微软雅黑;在“字号”框中输入:15;利用Ctrl+B快捷键将文本加粗;利用Ctrl+I快捷键将文字变为斜体。

选中A1:F1单元格,单击“对齐方式”组中“合并后居中”右边下拉按钮,在下拉列表中选择“合并后居中”命令,如图3-8-2所示。

选中第一行,单击鼠标右键,在弹出的菜单中选择“行高”,弹出“行高”对话框,在对话框“行高”输入框中输入:20,单击“确定”按钮,如图3-8-3所示。

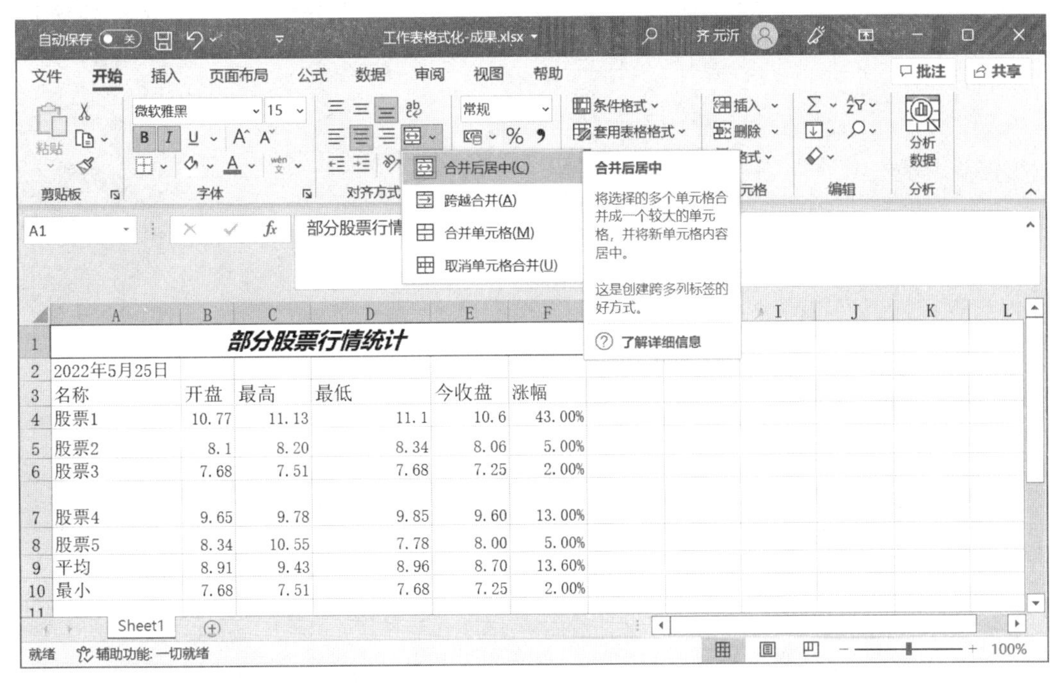

图 3-8-2

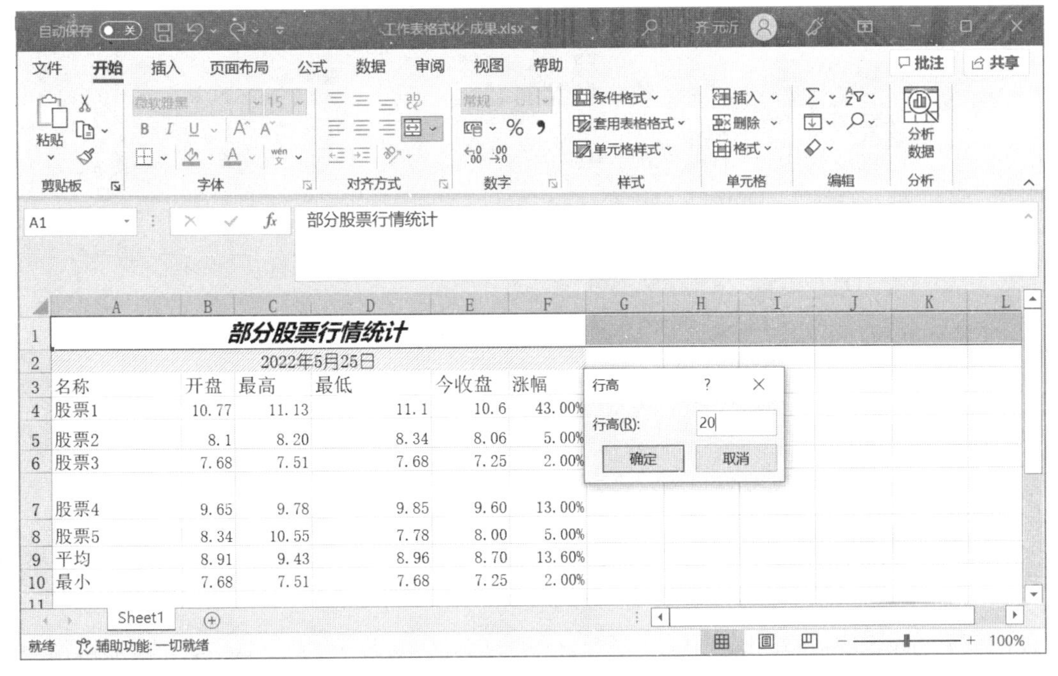

图 3-8-3

[2] 选中第二行文字，单击“开始”选项卡，在“字体”工具栏“中文字体”框中选幼圆；在“字号”框中输入：12。

选中 A2：F2，单击“开始”选项卡“对齐方式”工具栏右下角对话框启动器，打开“设置单元格格式”对话框，在“对齐”选项卡“水平对齐”下拉框中选择“跨列居中”命令，如图 3-8-4 所示。单击“填充”选项卡，在“图案颜色”下拉框中选择“白色，背景 1，深色 15%”，在“图案样式”下拉框中选择“对角线条纹”，单击“确定”按钮，如图 3-8-5 所示。

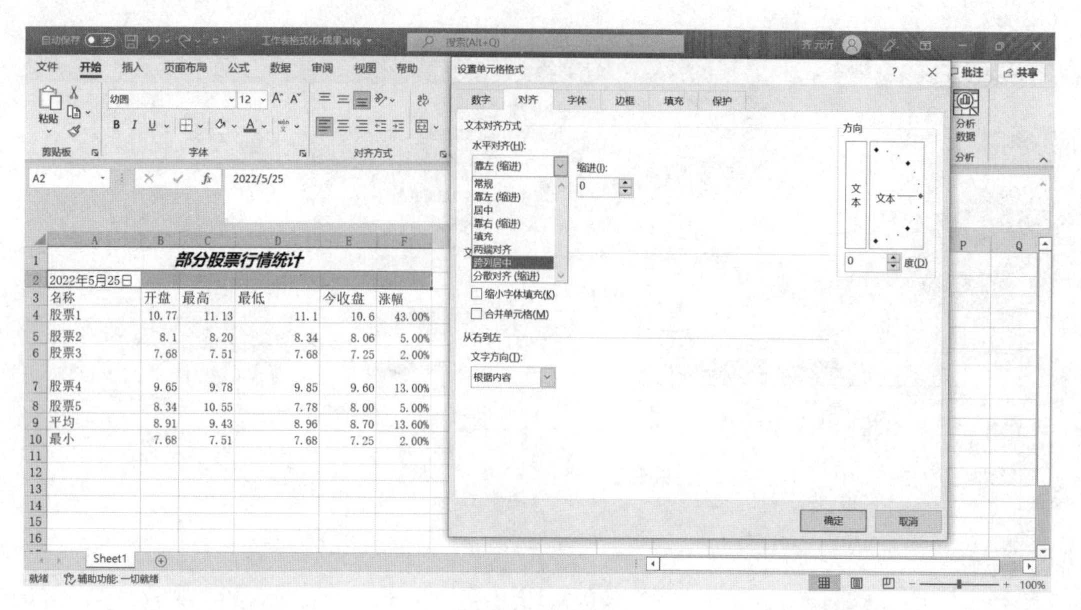

图 3-8-4

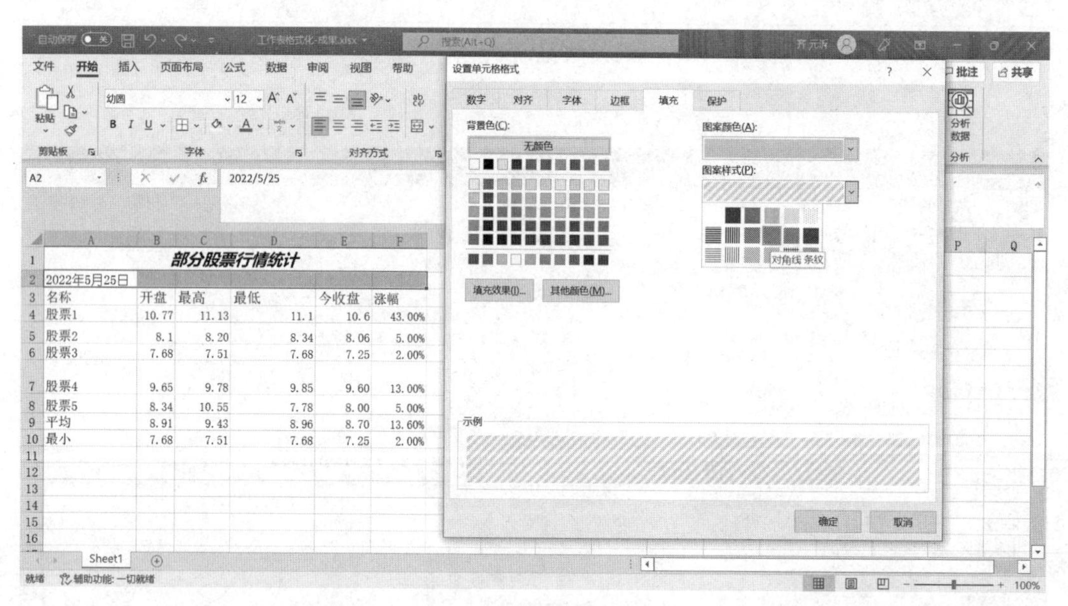

图 3-8-5

注意:当选中一个单元格或单元格区域时,按 Ctrl+1 快捷键可以快速打开“设置单元格格式”对话框。

[3] 选中 A1∶F10,单击“开始”选项卡“单元格”工具栏中“格式”下拉按钮,在下拉列表中,依次选择“自动调整行”和“自动调整列”命令,如图 3-8-6 所示。

单击“开始”选项卡“字体”工具栏中“边框”下拉按钮,在下拉列表中选择“其他边框”命令,弹出“设置单元格格式”对话框;在对话框“对齐”选项卡“水平对齐”框中选择:居中,在“垂直对齐”框中选择:居中,如图 3-8-7 所示。

单击“边框”选项卡,在“样式”区域选择最粗单线后,在“预置”区域单击“外边框”;在“样式”区域选择最细单线后,在“预置”区域单击“内部”,单击“确定”按钮,如图 3-8-8 所示。

[4] 选中 F4∶F10 列,单击“开始”选项卡“数字”右下角对话框启动器,打开“设置单元格格式”对话框;在对话框“数字”选项卡中选择“数值”命令,在“小数位数”框中输入:2,单击“确定”按钮,如图 3-8-9 所示。

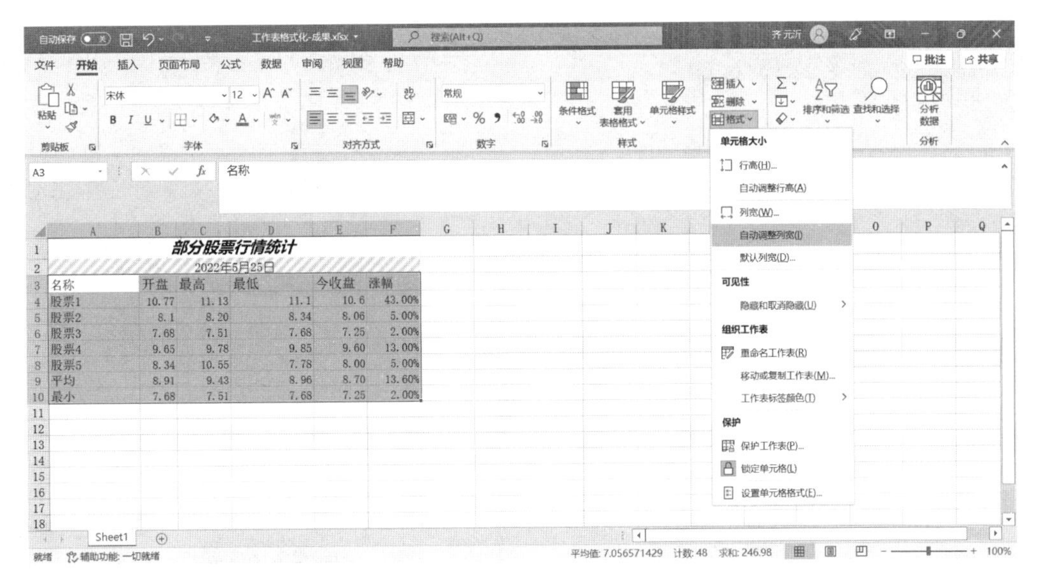

图 3－8－6

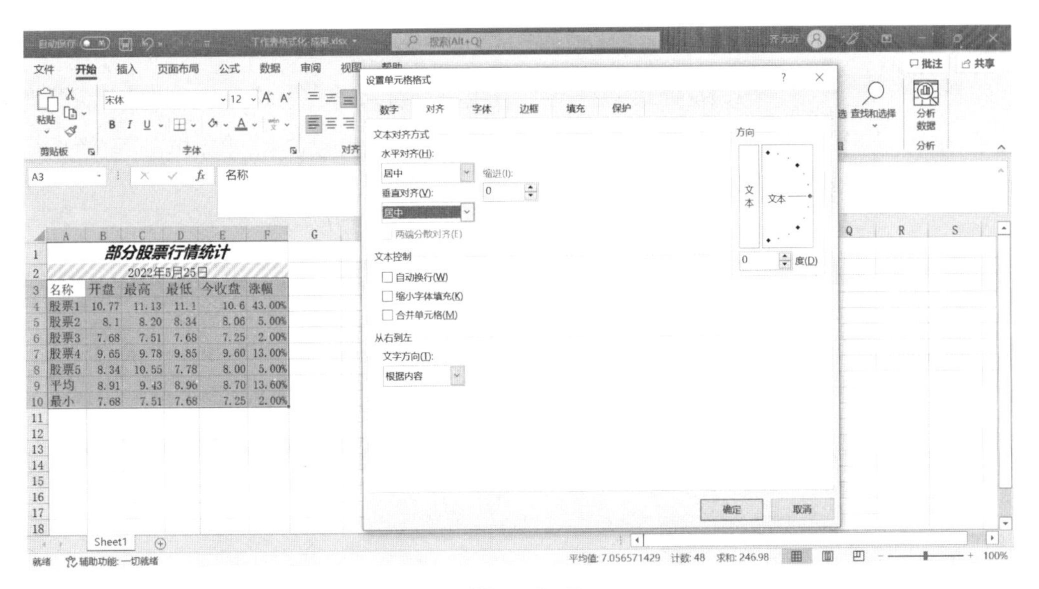

图 3－8－7

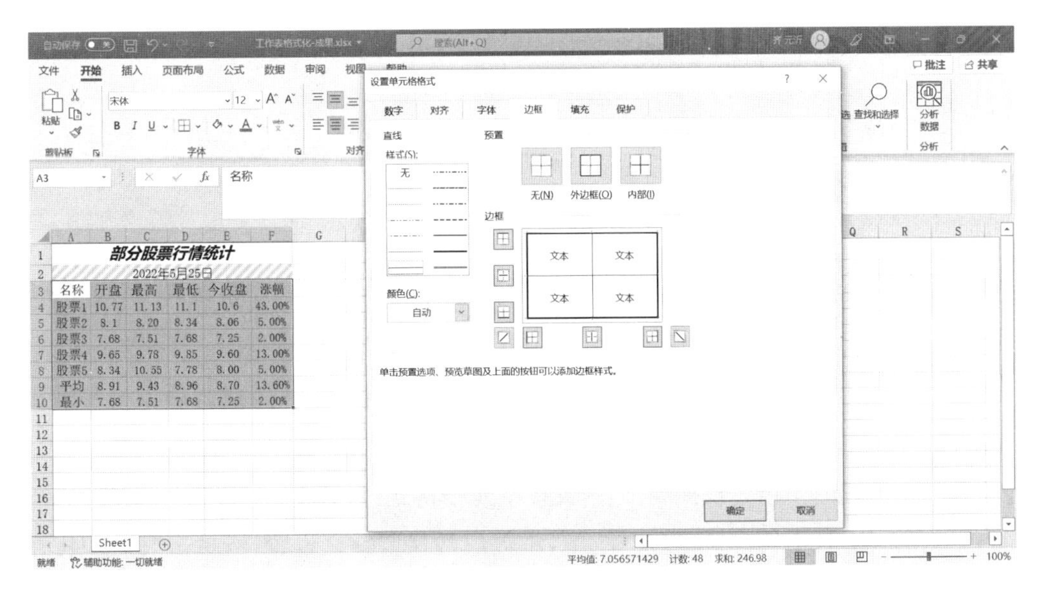

图 3－8－8

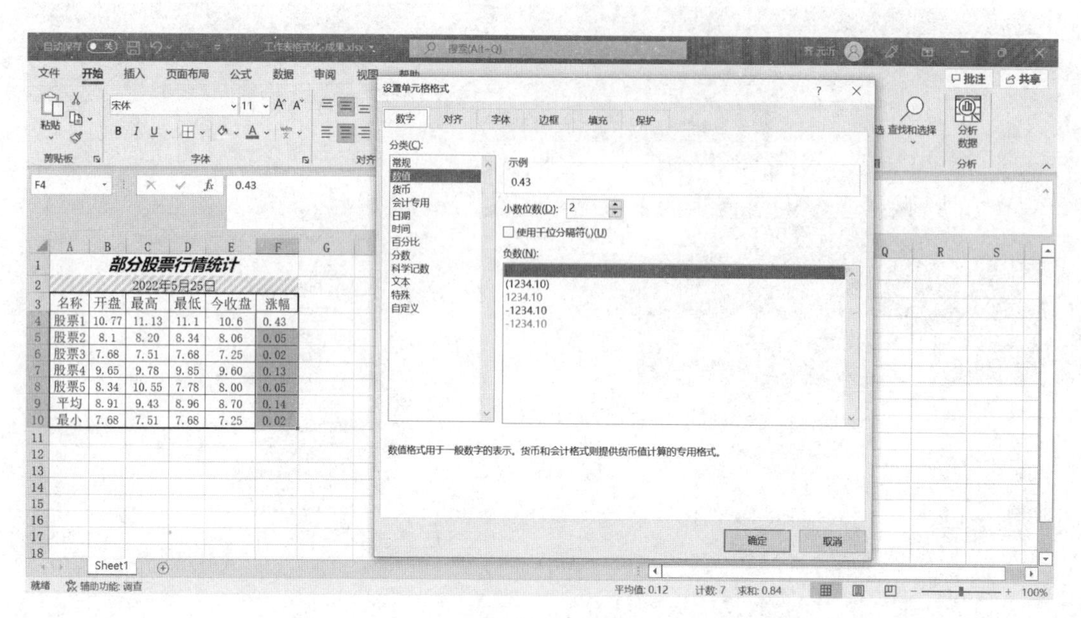

图 3-8-9

选中 F4∶F8,单击“开始”选项卡“样式”组“条件格式”下拉按钮,在下拉列表中选择“突出显示单元格规则”中“大于”命令,如图 3-8-10 所示。在“大于”对话框中,输入数值:0.10,并在“设置为”中选择:浅红填充色深红色文本,如图 3-8-11 所示。

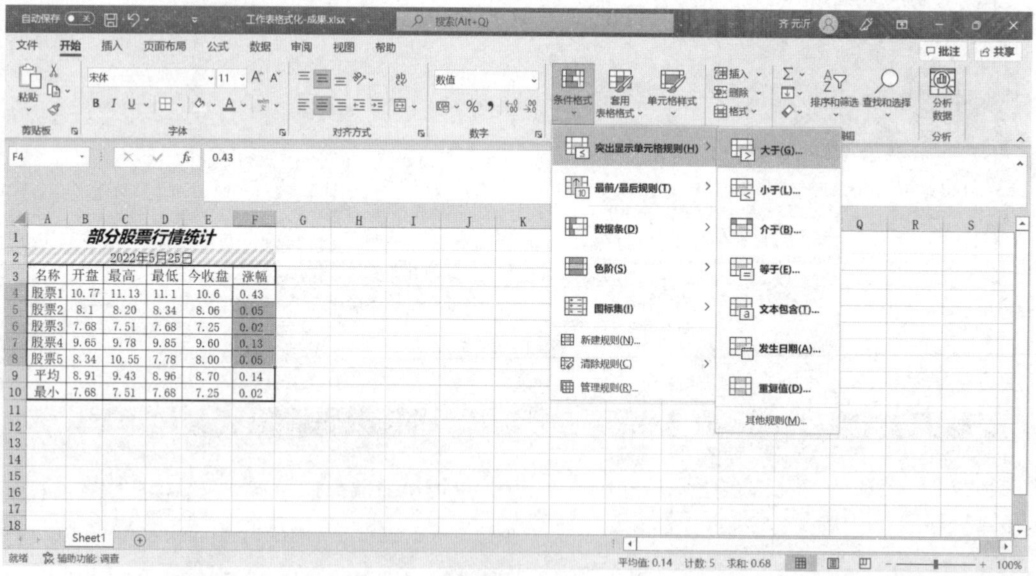

图 3-8-10

[5] 选中 B4∶B10,按 Ctrl+1 快捷键打开“设置单元格格式”对话框,在对话框“数字”选项卡“分类”框中选择“自定义”,在右侧“类型”框里输入:?0.00???,单击“确定”按钮,如图 3-8-12 所示。

注意:“?0.00???”中“?”代表虚位符,可以让位数不足时用虚位填充,通过这种方式实现小数点位置对齐。

[6] 选中 E4∶E10,按 Ctrl+1 快捷键打开“设置单元格格式”对话框,在对话框“数字”选项卡“分类”框中选择“货币”,在右侧“货币符号”框里选择:¥,小数位数保留默认设置:2,单击“确定”按钮,如图 3-8-13 所示。

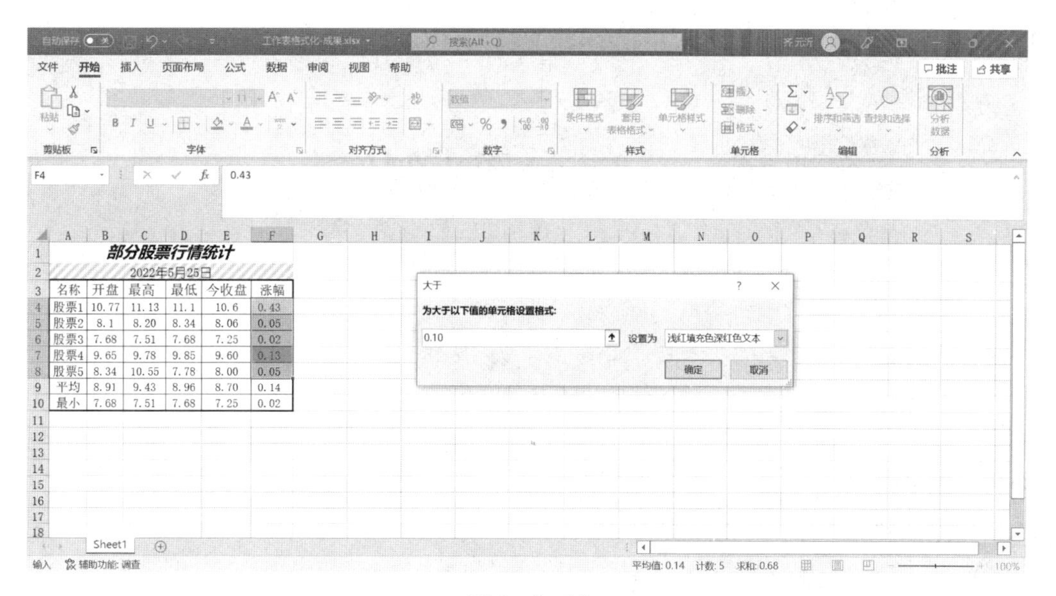

图 3－8－11

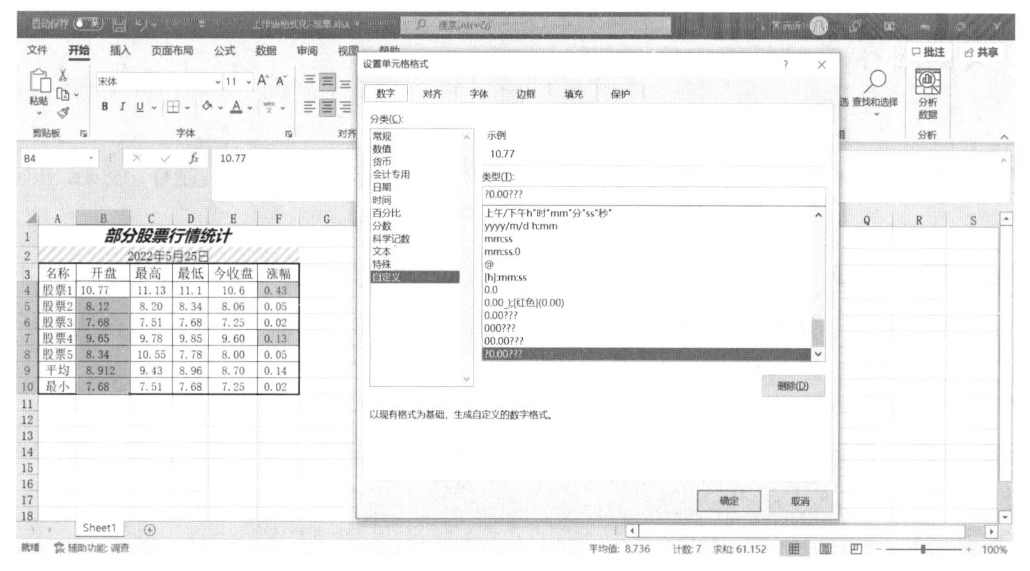

图 3－8－12

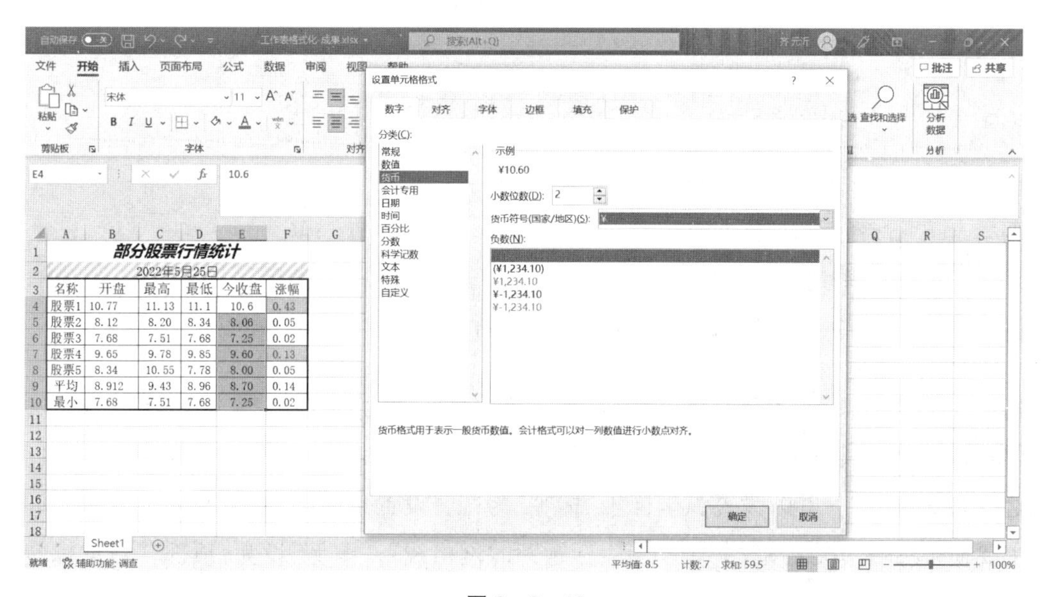

图 3－8－13

[7] 单击“文件”选项卡,选择“另存为”命令,将文档另存为“工作表格式化-成果. xlsx”。

实训九 Excel 图表制作

一、实训目标

- 学会折线图的制作
- 学会旋风图的制作
- 了解利用 REPT 函数制作百分比图表的方法

二、实训内容

打开“图表制作-素材. xlsx”,对工作表按要求进行操作,将文档另存为“图表制作-成果. xlsx”,具体要求如下:

(1) 参考样张图 3-9-1,将 Sheet1 中 A1 : C7 中数据转换为折线图,要求:在 E2 : K16 区域,插入“带数据标记的折线图”,标签填充为白色,标签宽度为 1.5 磅,添加“主轴主要垂直网格线”,折线图设置为:平滑线,所有字体设置为:微软雅黑。

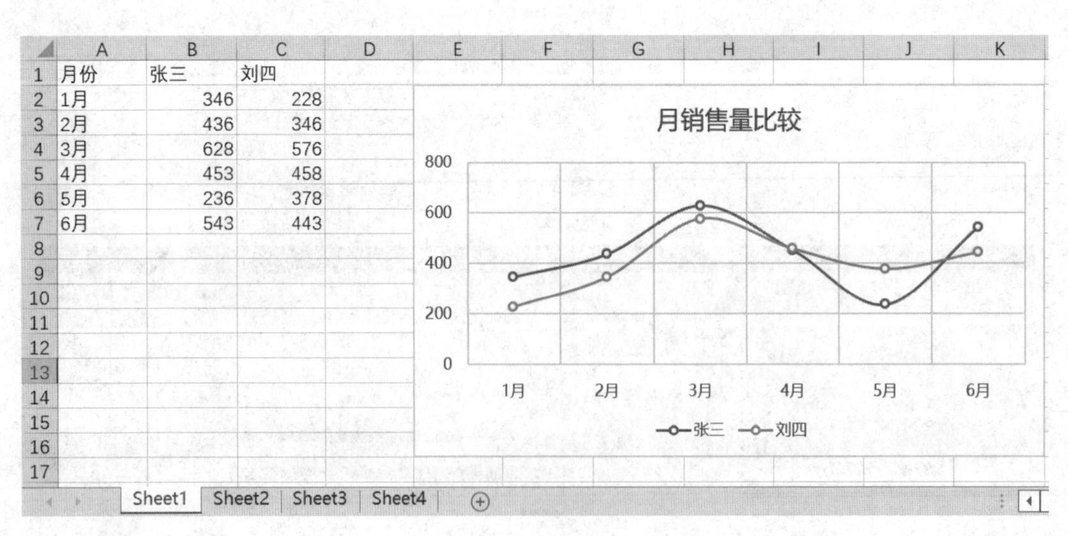

图 3-9-1

(2) 参考样张图 3-9-2,将 Sheet2 中 A1 : C7 中数据转换为折线图,要求:在 E2 : K16 区域,插入“簇状条形图”;设置橙色条形图的“数据系列格式”为:次坐标轴,图表顶部的横坐标为:逆序刻度值;设置横坐标轴边界最小值为:-700;设置纵坐标轴“标签”为:低;设置条形图“间隙宽度”为:80%;取消“坐标轴”中的“主要横坐标轴”“次要横坐标轴”“图表标题”和“网格线”;“图例”设为:顶部;“数据标签”为:数据标签内,颜色为:白色;所有字体设置为:微软雅黑。

	A	B	C
1	月份	张三	刘四
2	1月	346	228
3	2月	436	346
4	3月	628	576
5	4月	453	458
6	5月	236	259
7	6月	543	543

■张三 ■刘四

	刘四	张三
6月	543	543
5月	259	236
4月	458	453
3月	576	628
2月	346	436
1月	228	346

Sheet1 Sheet2 Sheet3 Sheet4

图 3-9-2

(3) 参考样张图 3-9-3,在 Sheet3 的 C3:G4 区域中制作百分比图表,要求:第三行行高为:196;C 列、E 列和 G 列的列宽都为:25;设置 C3:G4 区域单元格的颜色填充为:蓝-灰色,文字 2,深色 50%;利用 REPT 函数分别在 C3、E3 和 G3 设置"□■""○●"和"△▲"的百分比图表,颜色分别为:橙色、浅蓝和浅绿,字号为:14,居中对齐,字体默认设置。

注意:REPT 函数的格式为 REPT(text,number_times),其中 text 表示需要重复显示的文本;number_times 表示指定文本重复显示的次数。

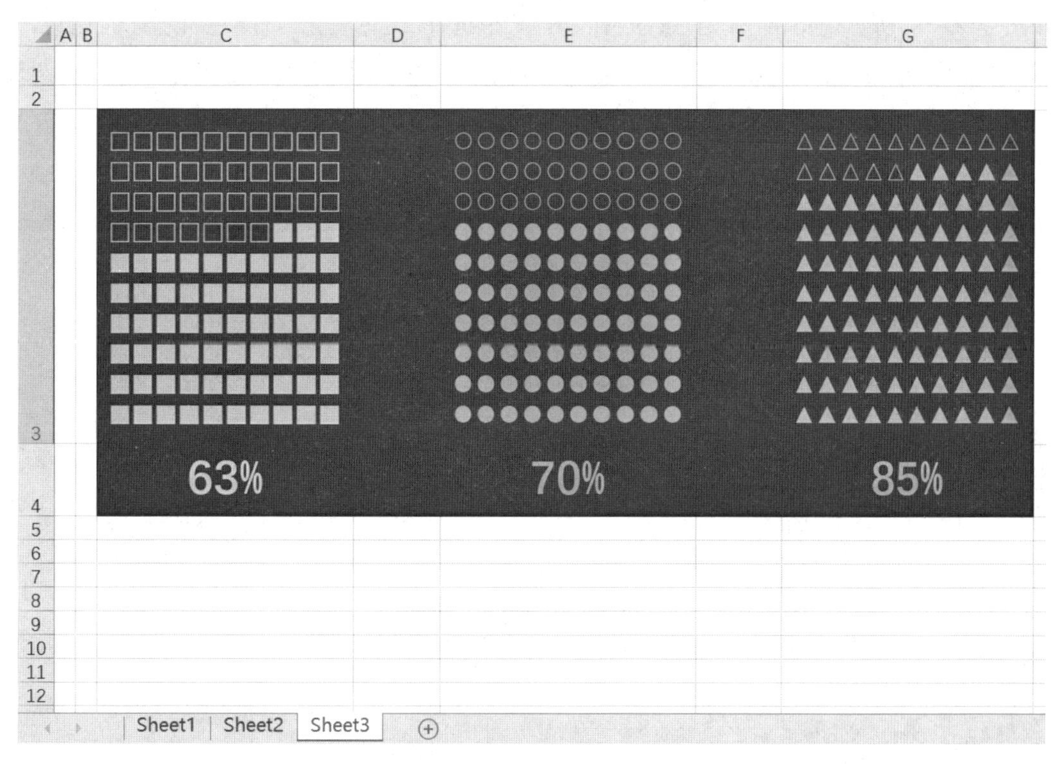

图 3-9-3

【操作步骤】

1. 制作折线图

[1] 鼠标双击打开“图表制作-素材.xlsx”。选中 Sheet1 中 A1：C7 区域，单击“插入”选项卡“图表”工具栏右下角对话框启动器，打开“插入图表”对话框。在“插入图表”对话框中单击“所有图表”选项卡，选择“折线图”中的“带数据标记的折线图”，单击“确定”，如图 3-9-4 所示。

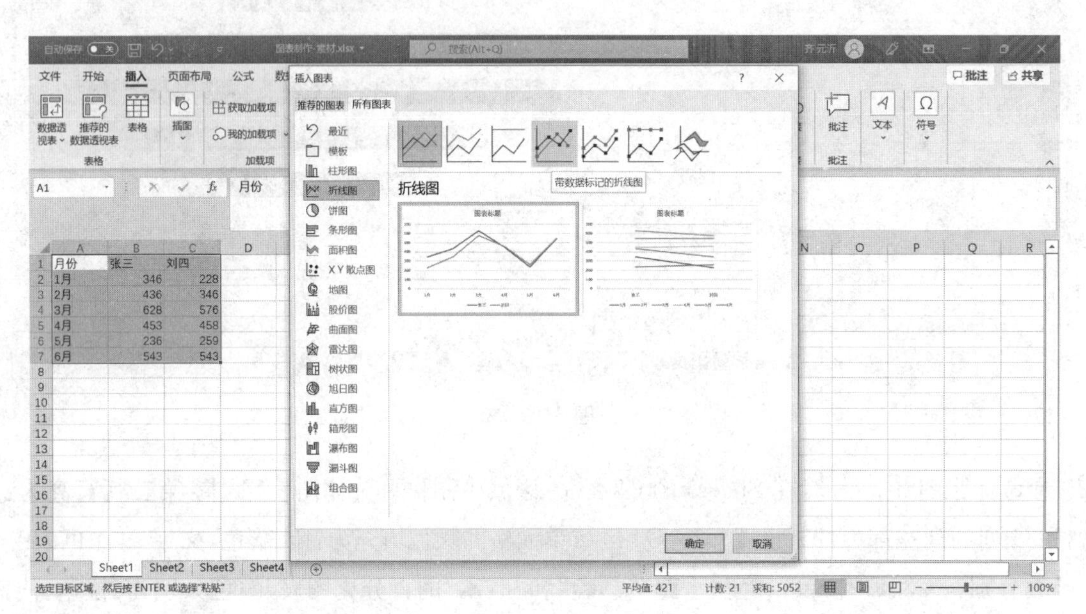

图 3-9-4

[2] 选中图表中的一条折线，鼠标右键在弹出的菜单中选择“设置数据系列格式”，打开“设置数据系列格式”窗格，在“系列选项”中单击“填充与线条”图标按钮，在“线条”中选择“实线”，“宽度”框中设置为：1.5 磅，如图 3-9-5 所示。单击“标记”按钮，在“填充”中选择“纯色填充”，“颜色”设置为：白色，“边框”中选择“实线”，“宽度”框中设置为：1.5 磅，如图 3-9-6 所示。同理，设置另一条折线。这里线条颜色都是默认设置，在实际运用中可以根据需要设置不同的颜色。

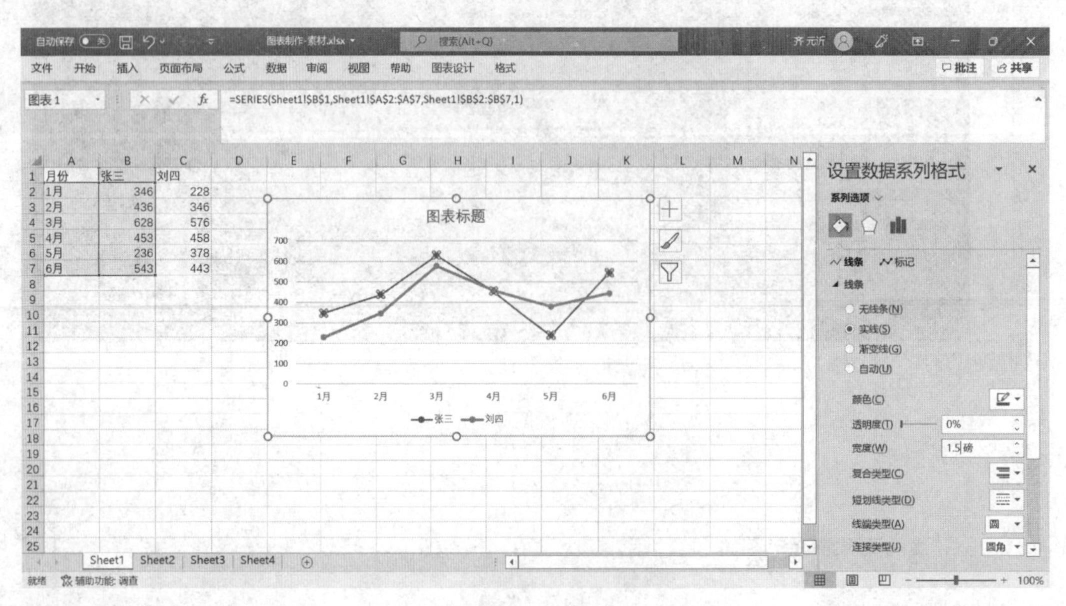

图 3-9-5

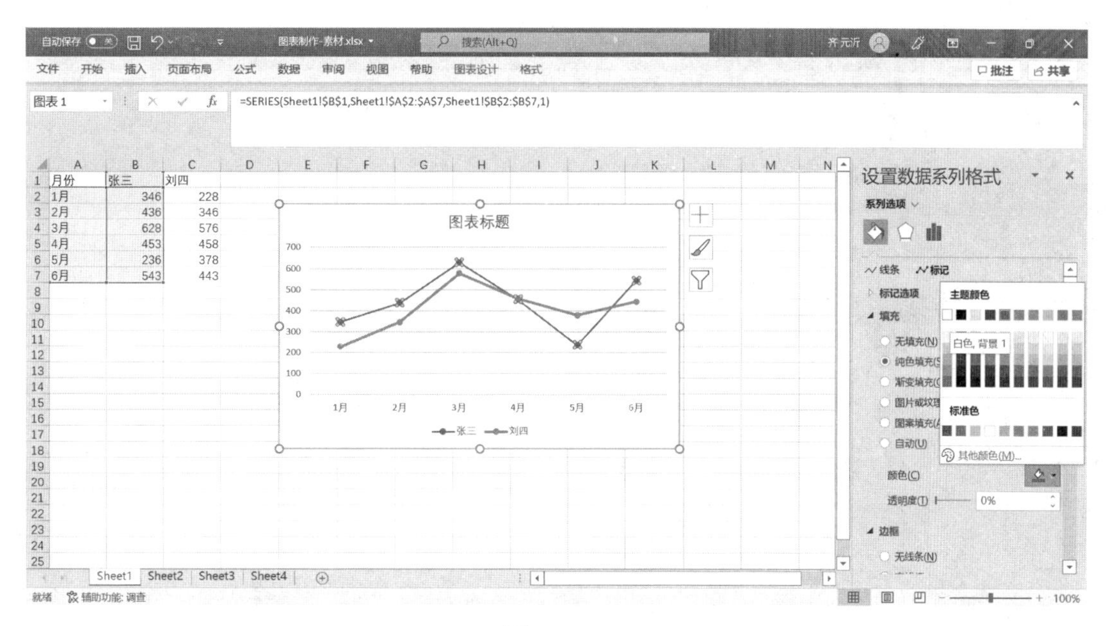

图 3-9-6

[3] 选中图表,单击图表右上角的“+”按钮,在图表元素复选框列表中,单击“网格线”旁边的三角按钮,勾选“主轴主要垂直网格线”,如图 3-9-7 所示。

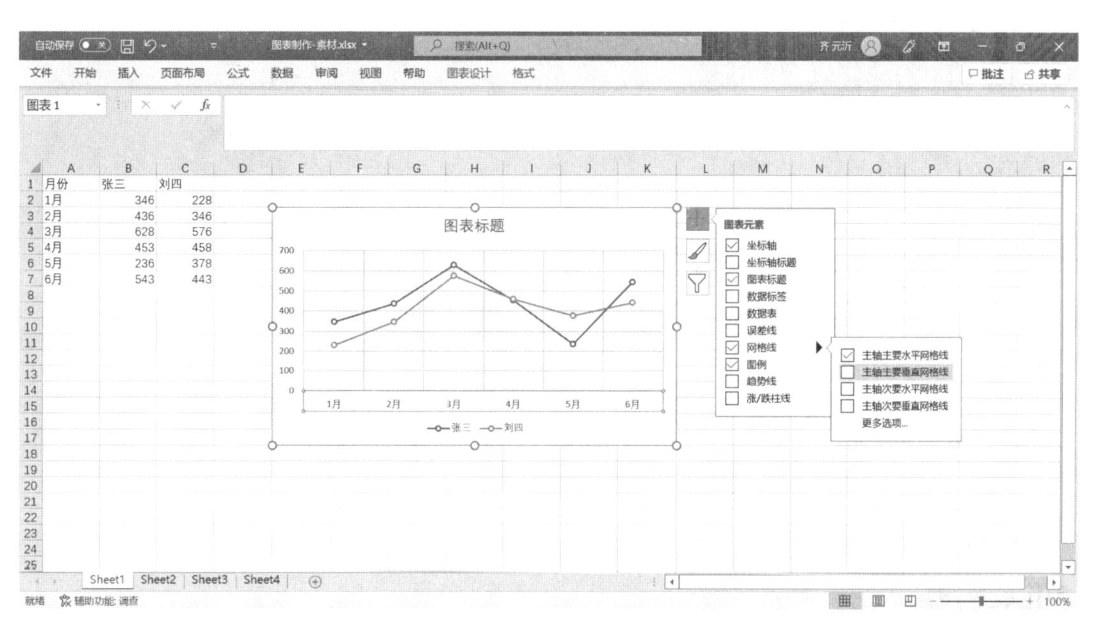

图 3-9-7

[4] 选中图表,在“开始”选项卡“字体”工具栏“字体”框中设置为:微软雅黑,如图 3-9-8 所示。在实际操作中可以根据需要设置不同的字体颜色、大小等其他格式,以美化图表。

如果感到折线图不够好看,想做成“平滑”的线条,该怎么做呢?选中折线,鼠标右键在弹出的菜单中选择“设置数据系列格式”,打开“设置数据系列格式”窗格,在“系列选项”中单击“填充与线条”图标按钮,在“线条”中勾选“平滑线”即可,如图 3-9-9 所示。

[5] 最后,拖动图表调整图表位置到 E2∶K16 区域,拖动图表边框调整图表大小。

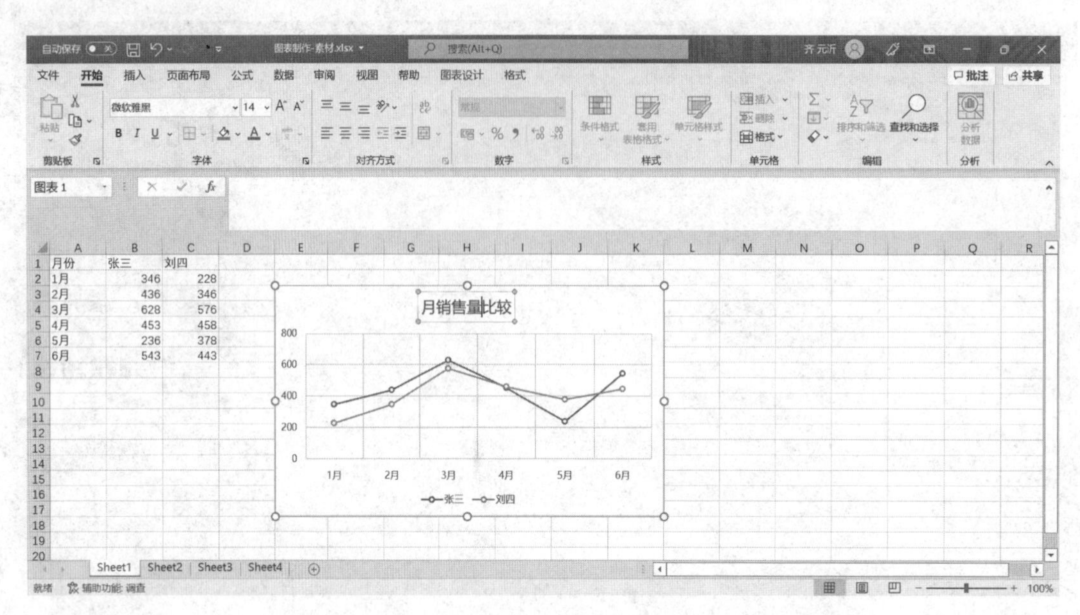

图 3-9-8

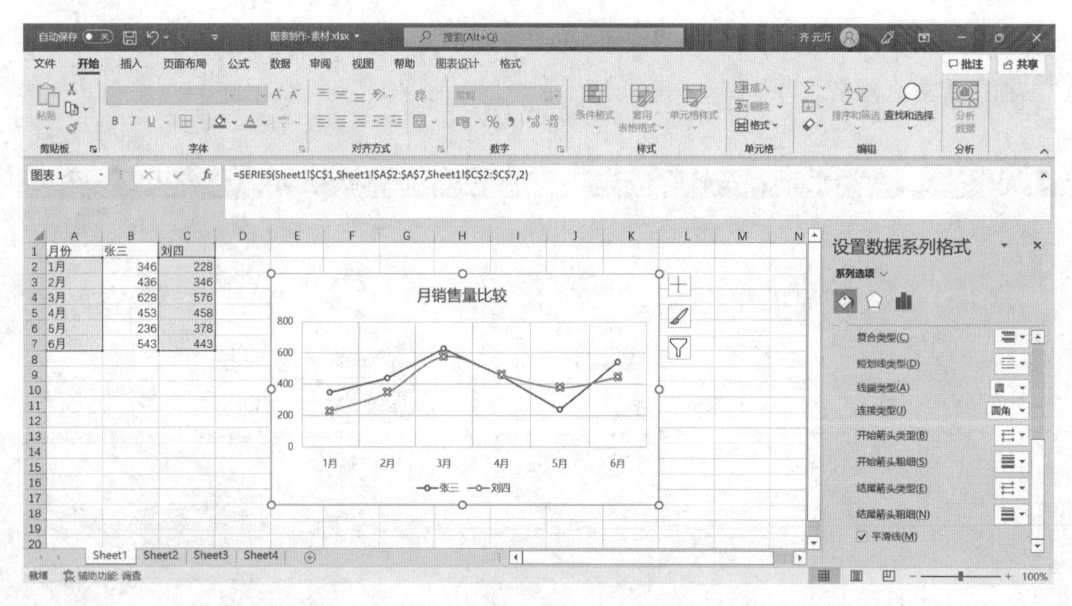

图 3-9-9

2. 制作旋风图

[1] 选中 Sheet2 中 A1：C7 区域，单击“插入”选项卡“图表”工具栏右下角对话框启动器，打开“插入图表”对话框。在“插入图表”对话框中单击“所有图表”选项卡，选择“条形图”中的“簇状条形图”，单击“确定”，如图 3-9-10 所示。

[2] 选中图表中的橙色条形图，鼠标右键在弹出菜单中选择“设置数据系列格式”命令，如图 3-9-11 所示。打开“设置系列格式”窗格，在“系列选项”中选择“次坐标轴”单选框，如图 3-9-12 所示。

[3] 选中图表顶部的横坐标轴，鼠标右键在弹出菜单中选择“设置坐标轴格式”命令，打开“设置坐标轴格式”窗格，在“坐标轴选项”中选择“逆序刻度值”复选框，如图 3-9-13 所示。

“坐标轴选项”中“边界最小值”框中设置为：−700；同理，选中底部图表底部的横坐标轴设置“边界最小值”为：−700。如图 3-9-14 所示。

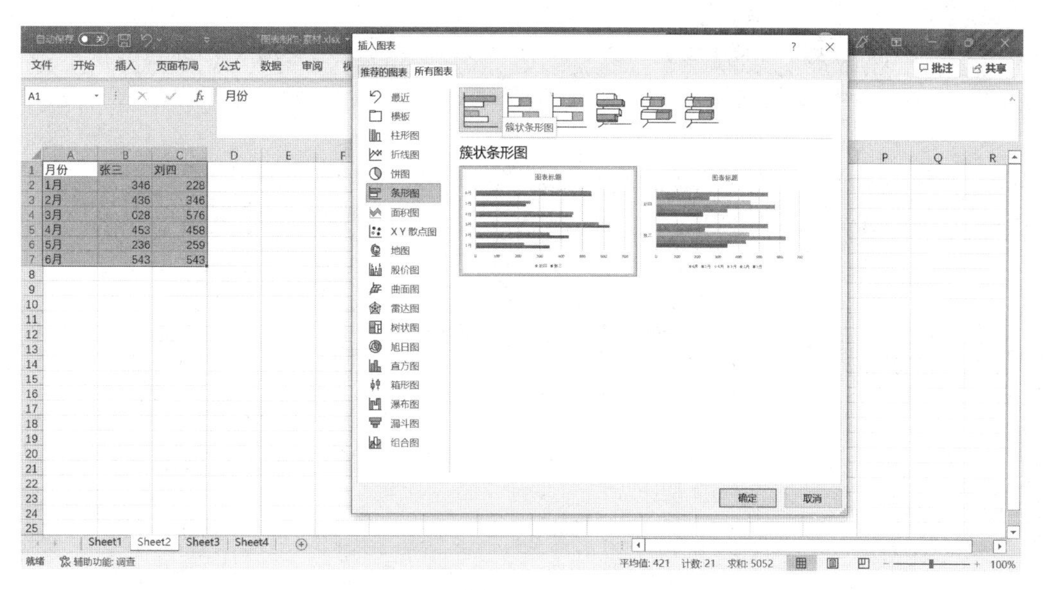

图 3－9－10

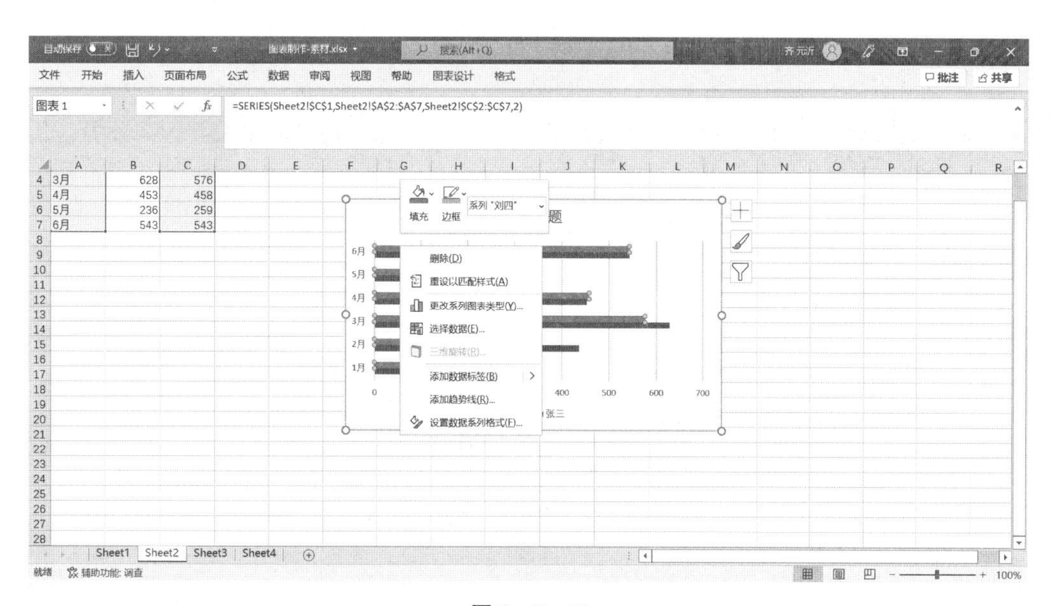

图 3－9－11

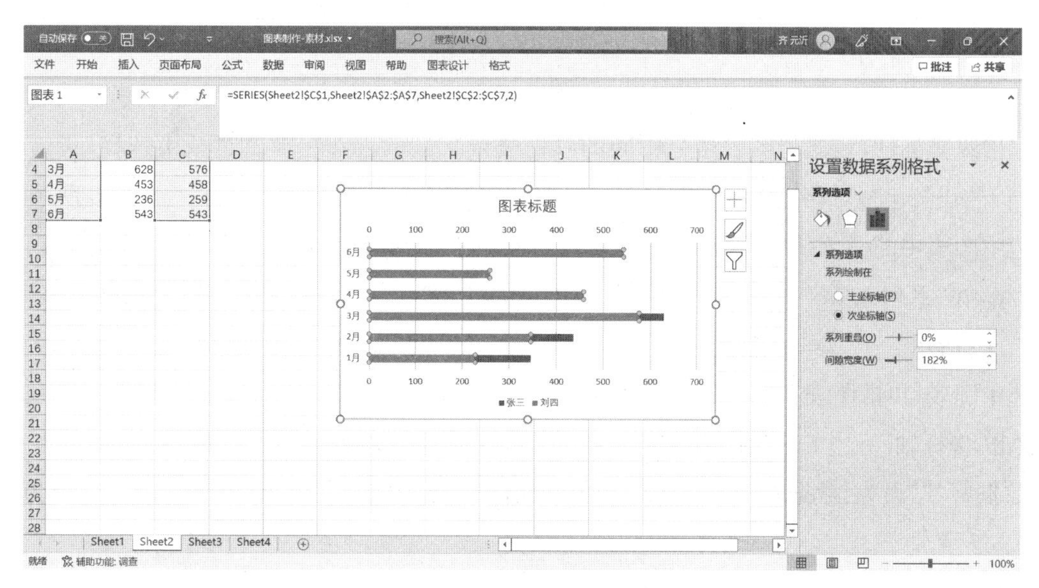

图 3－9－12

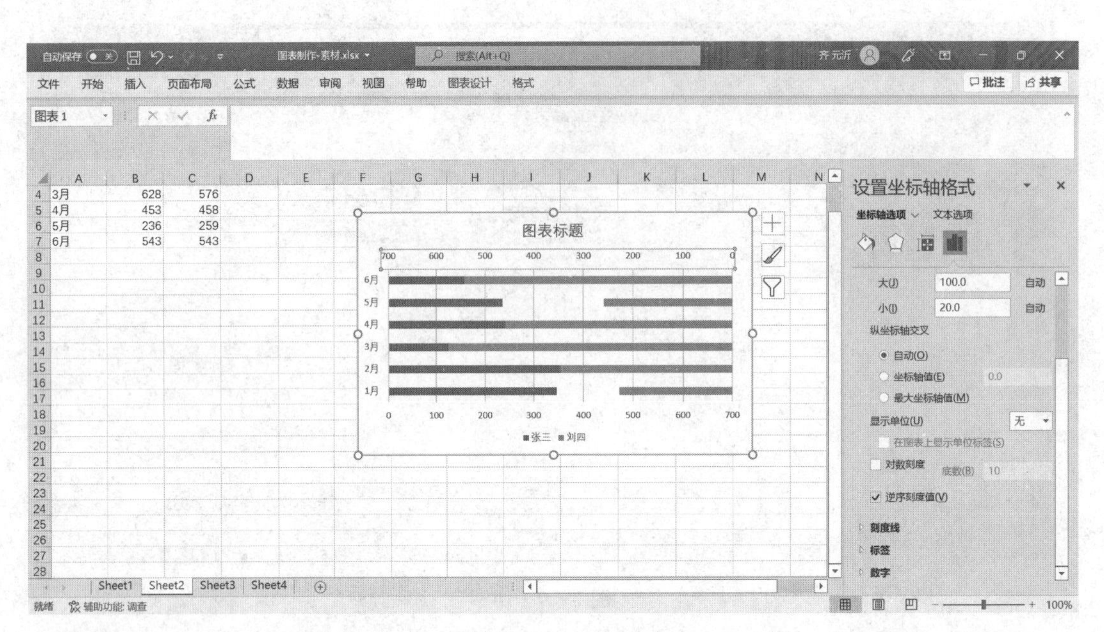

图 3-9-13

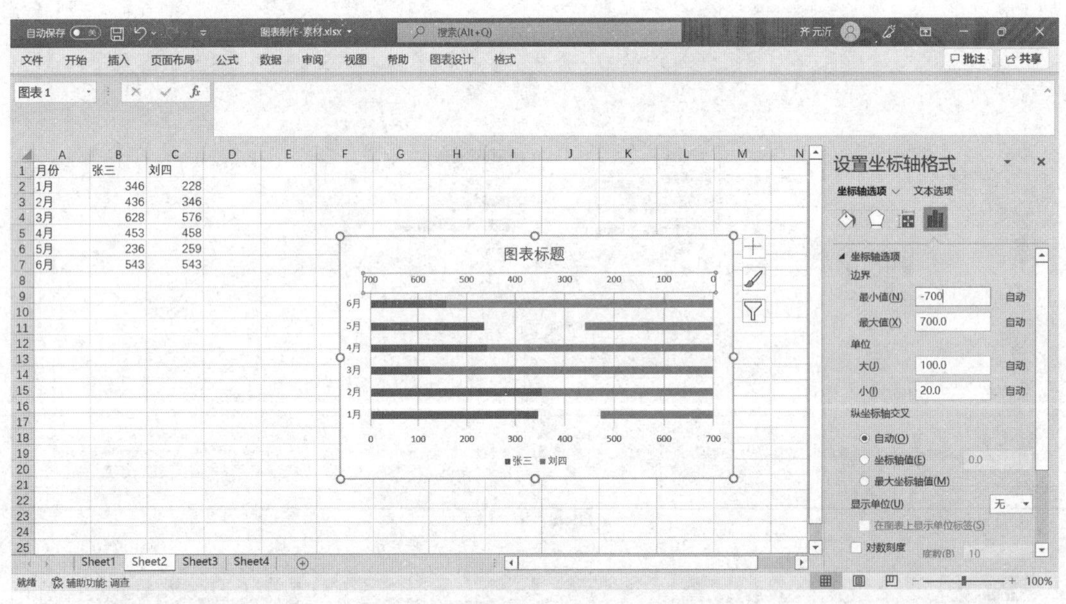

图 3-9-14

[4] 选中纵坐标轴,在这个图表中是中间的月份竖线。鼠标右键在弹出菜单中选择“设置坐标轴格式”命令,打开“设置坐标轴格式”窗格,在“标签”的“标签位置”框中选择:低,如图 3-9-15 所示。

[5] 选中图表中的橙色条形图,鼠标右键在弹出菜单中选择“设置数据系列格式”命令,打开“设置系列格式”窗格,在“系列选项”“间隙宽度”框中设置为:80%。同理,设置蓝色条形图的“间隙宽度”为:80%,如图 3-9-16 所示。

[6] 选中图表,单击图表右上角的“+”按钮,在图表元素复选框列表中,取消“图表标题”和“网格线”的勾选;点击“坐标轴”旁边的三角按钮,取消“主要横坐标轴”和“次要横坐标轴”的勾选,如图 3-9-17 所示;勾选“数据标签”设为:数据标签内,如图 3-9-18 所示;点击“图例”旁边的三角按钮,选择为:顶部,如图 3-9-19 所示。

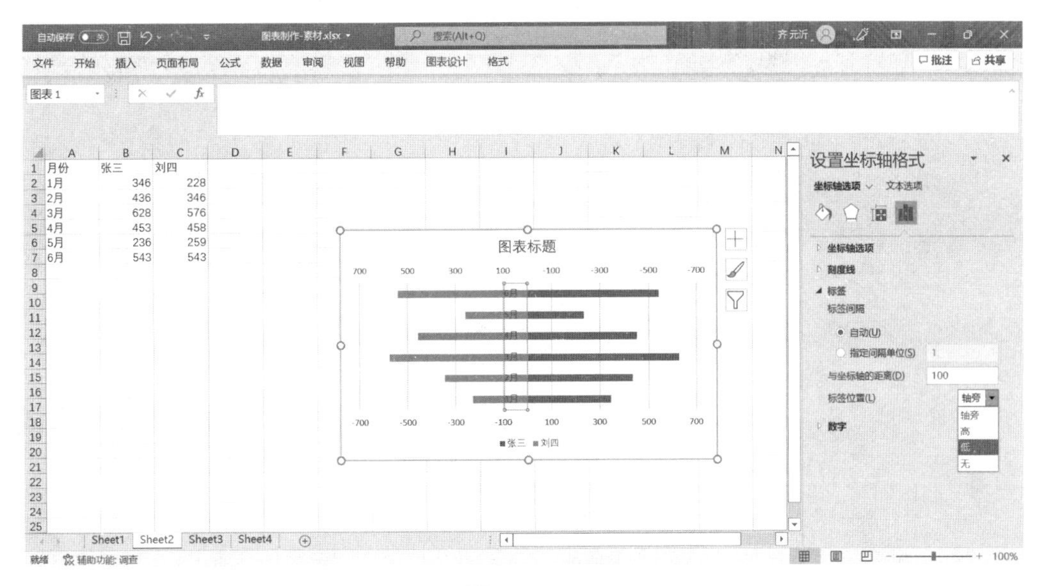

图 3-9-15

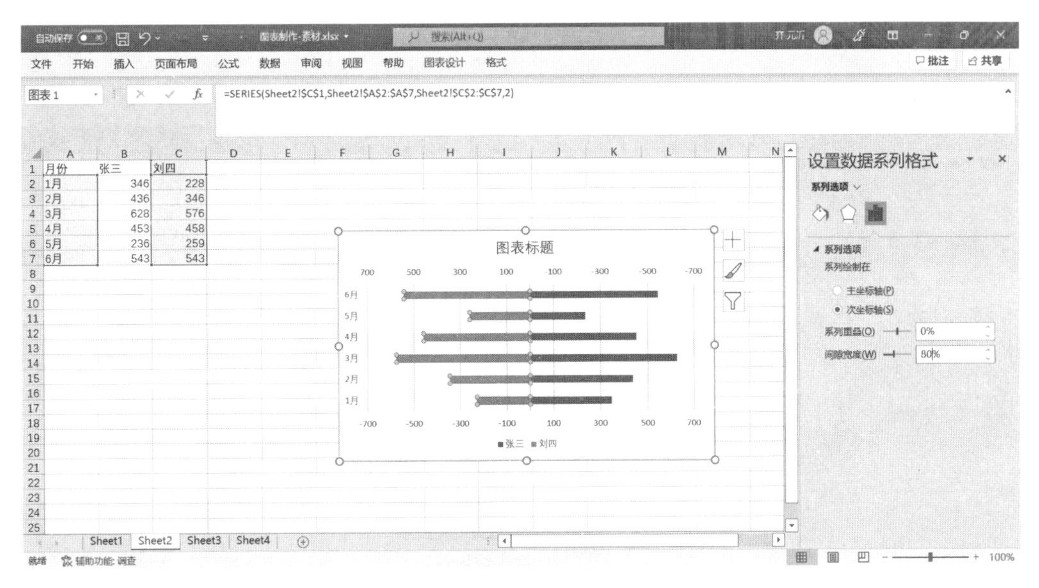

图 3-9-16

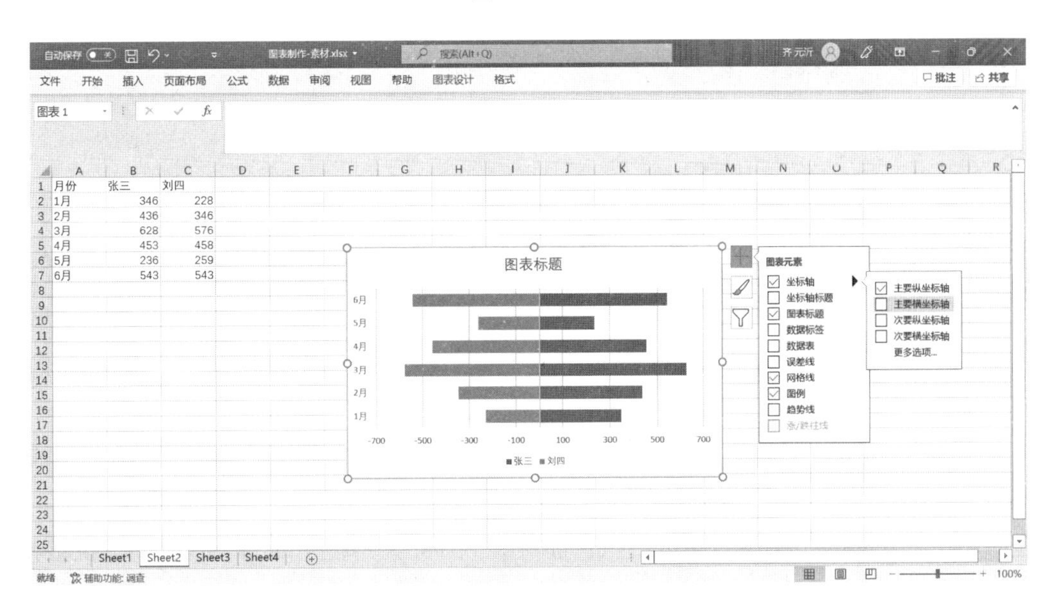

图 3-9-17

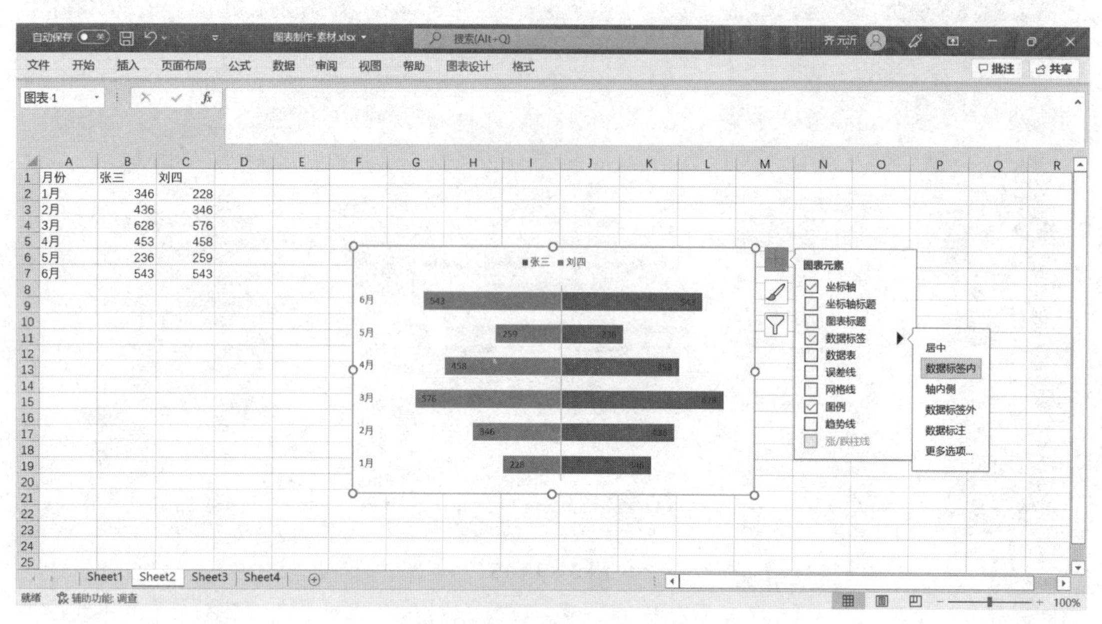

图 3-9-18

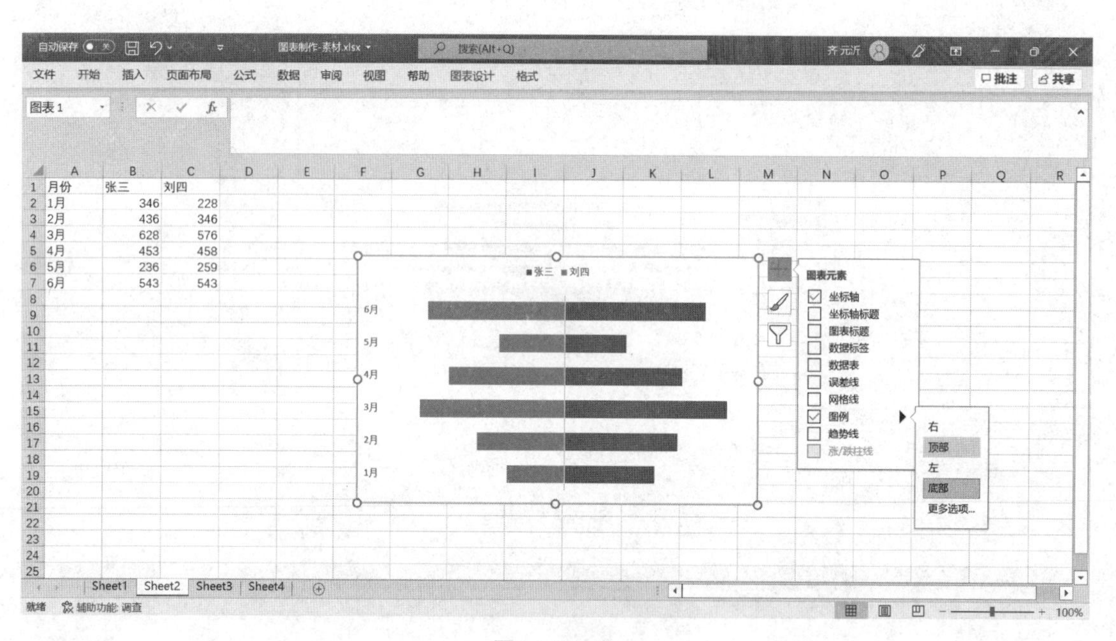

图 3-9-19

[7] 选中图表,在“开始”选项卡“字体”工具栏“字体”框中设置为:微软雅黑,如图 3-9-20 所示。拖动图表调整图表位置到 E2:K16 区域,拖动图表边框调整图表大小。选中图表中的数据标签,在“开始”选项卡“字体”工具栏中“字体颜色”设置为:白色。

3. 制作百分比图表

[1] 选中 Sheet3 中的第三行,单击鼠标右键,在弹出的菜单中选择“行高”,弹出“行高”对话框,在对话框“行高”输入框中输入:196,单击“确定”按钮。同理,设置 C 列、E 列和 G 列的列宽都为:25。

[2] 选中 C3:G4 区域的单元格,单击“开始”选项卡“字体”工具栏中的“填充颜色”下拉按钮,在下拉列表中选择:蓝-灰,文字 2,深色 50%,如图 3-9-21 所示。

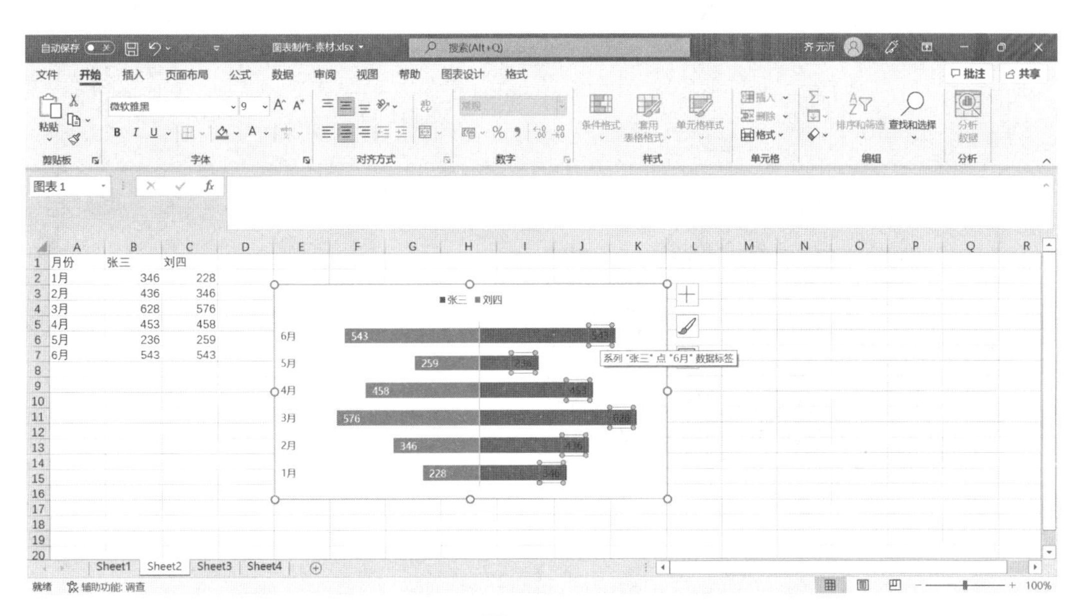

图 3－9－20

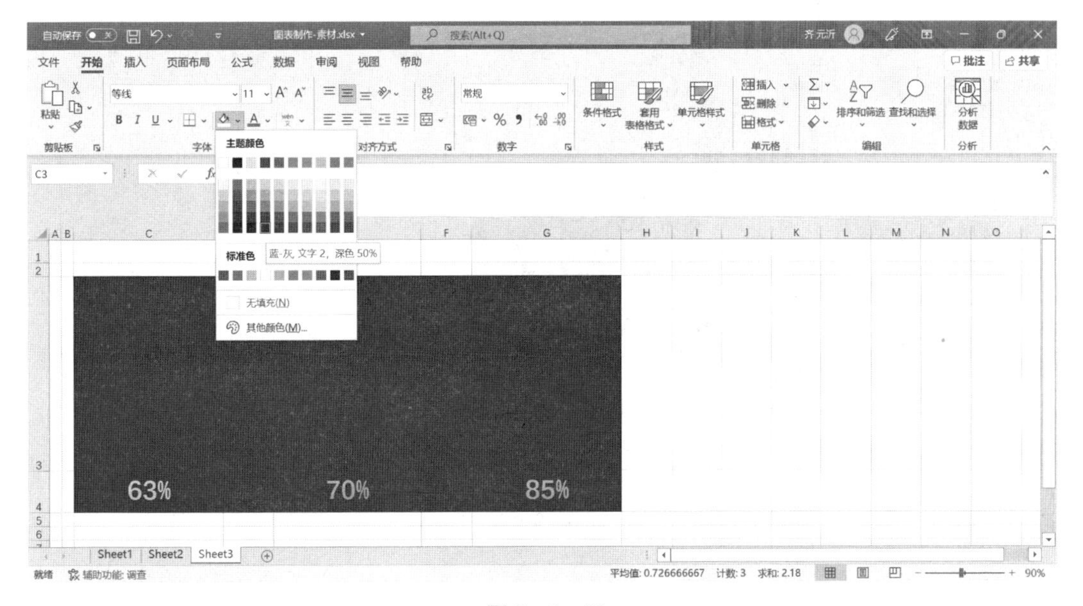

图 3－9－21

[3] 选中 C3 单元格，在其中输入：=REPT("□",(1－C4)＊100)&REPT("■",C4＊100)，单击☑输入按钮。单击"开始"选项卡"对齐方式"工具栏右下角对话框启动器，打开"设置单元格格式"对话框，在"对齐"选项卡"文本控制"中选择"自动换行"复选框，单击"确定"按钮，如图 3－9－22 所示。单击"开始"选项卡在"字体"工具栏中设置颜色为：橙色，字体大小为：14，如图 3－9－23 所示；在"对齐方式"组中设置水平居中和垂直居中。

双击"开始"选项卡"剪贴板"组中的"格式刷"图标，分别单击 E3 和 G3 单元格，按 Esc 键取消格式刷。选中 E3 单元格，输入：=REPT("○",(1－E4)＊100)&REPT("●",E4＊100)，单击☑输入按钮。选中 G3 单元格，输入：=REPT("△",(1－G4)＊100)&REPT("▲",G4＊100)，单击☑输入按钮。再分别设置 E3 和 G3 单元格的颜色为：浅蓝和浅绿，如图 3－9－24 所示。

[4] 单击"文件"选项卡，选择"另存为"命令，将文档另存为"图表制作-成果. xlsx"。

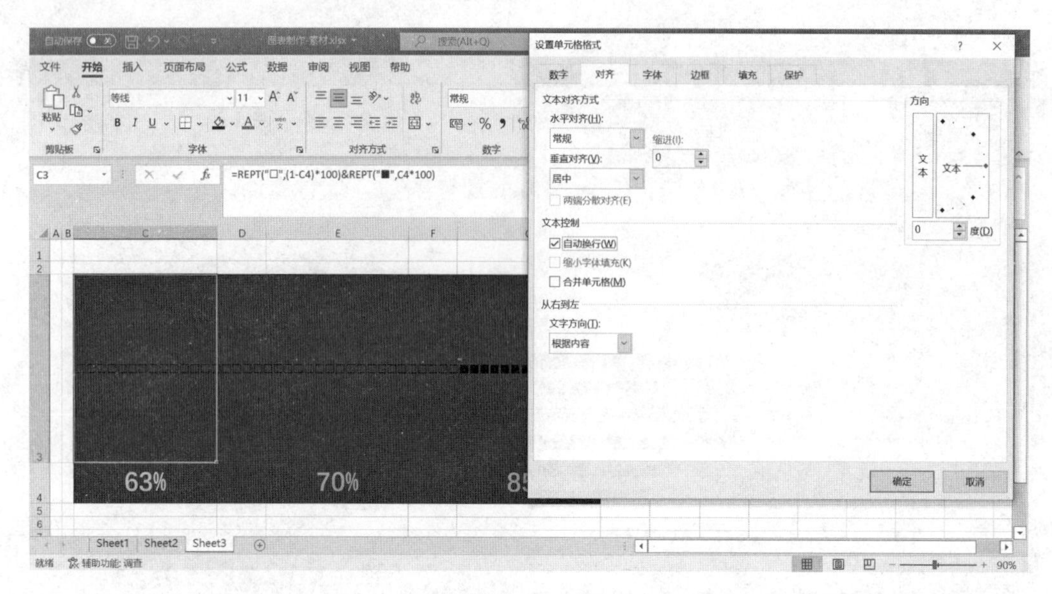

图 3-9-22

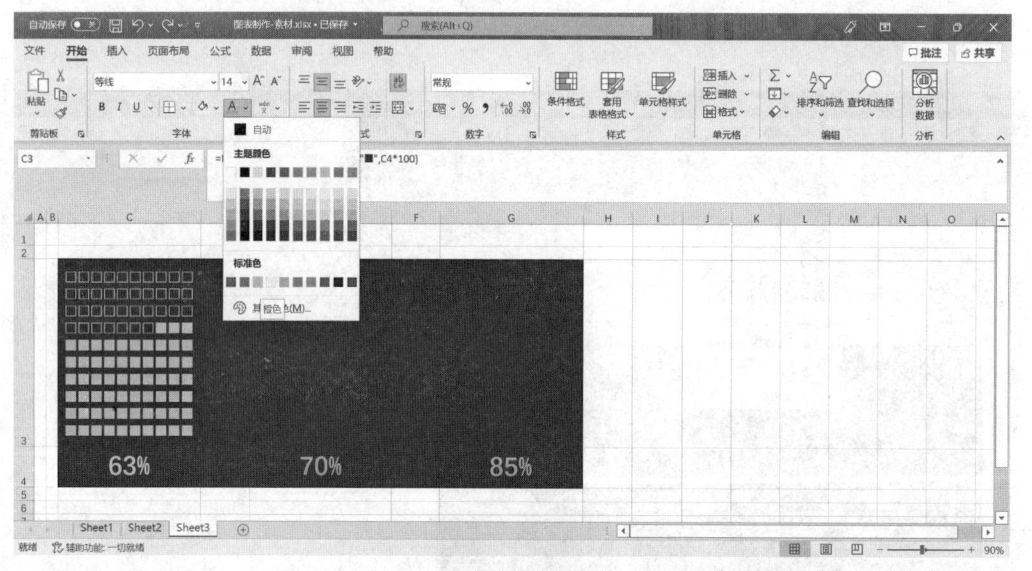

图 3-9-23

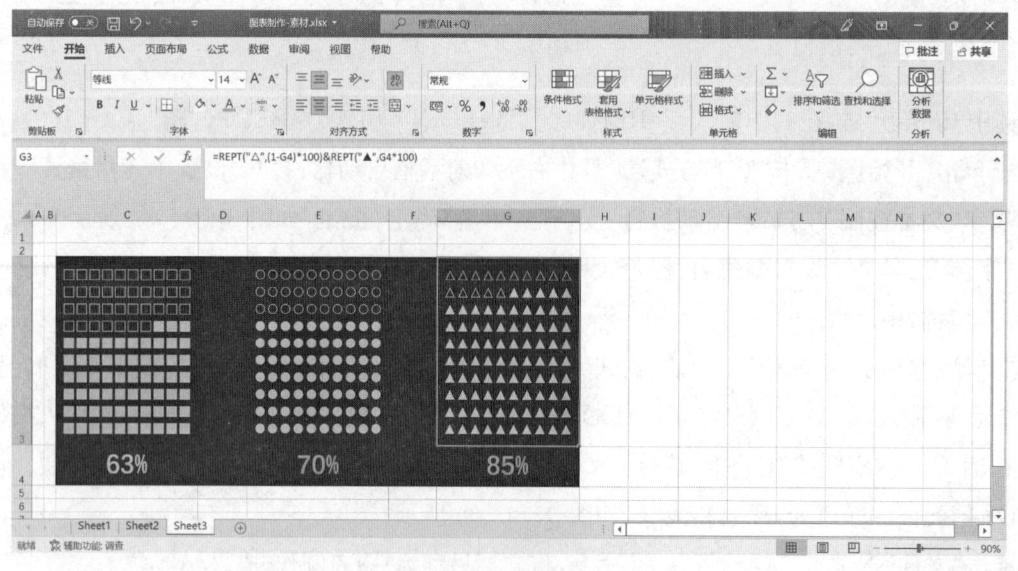

图 3-9-24

实训十 Excel 数据筛选

一、实训目标

- 掌握数据筛选的基本方法
- 学会多条件数据筛选
- 学会切片器的应用

二、实训内容

打开“数据筛选-素材. xlsx”，对工作表按要求进行操作，将文档另存为“数据筛选-成果. xlsx”，具体要求如下：

（1）参考样张图 3 - 10 - 1，对 Sheet1 中 A1∶E36 的数据中进行多条件筛选：筛选“分校 1”中大于 59 分的学生数据；筛选“成绩”列（E 列）中数据为空的数据行。

	A	B	C	D	E
1	分校	姓名	学号	课程	成绩
2	分校1	曾职雪	3621730801L017	物流学概论	50
3	分校2	陶乐园	3621730801L011	物流学概论	54
4	分校1	刘佳豪	3621730801L005	物流学概论	79
5	分校2	六一雯	3221121900P039	物流学概论	26
6	分校3	施都豆	3621730801L050	物流学概论	40
7	分校1	张名怡	3621730801L044	物流学概论	56
8	分校2	芦晗杰	3221121900P097	工商行政管理概论	
9	分校3	张恒兵	3821730801L008	工商行政管理概论	64
10	分校3	周雨晴	3821730801L046	工商行政管理概论	85
11	分校1	刘迪加	3221730801L001	工商行政管理概论	40
12	分校2	蒋春叶	3220121900L033	物流学概论	32
13	分校3	李义轩	3621730801L061	物流学概论	47
14	分校1	李敏文	3221121900P133	老年护理概述与护理技术	
15	分校2	路奕诚	3821730801L044	老年护理概述与护理技术	63
16	分校1	吴冬梅	3821730801L022	老年护理概述与护理技术	87
17	分校2	戴了婷	3621730801L021	老年护理概述与护理技术	45
18	分校3	徐加航	3221730801L006	物流学概论	37
19	分校1	州卫童	3221730801L021	物流学概论	37
20	分校2	祝誉均	3621730801L033	物流学概论	75

分校	成绩	成绩
分校1	>59	=

"分校1"中大于59分的学生

分校	姓名	学号	课程	成绩
分校1	刘佳豪	3621730801L005	物流学概论	79
分校1	吴冬梅	3821730801L022	老年护理概述与护理技术	87
分校1	张红利	3821730801L012	数据库基础	64
分校1	李小伟	3821730801L003	行政法与行政诉讼法	100

E列中数据为空的数据行

分校	姓名	学号	课程	成绩
分校2	芦晗杰	3221121900P097	工商行政管理概论	
分校1	李敏文	3221121900P133	老年护理概述与护理技术	
分校3	张鹏宇	3221730801L041	物流学概论	
分校2	张李丽	3821730801L041	行政法与行政诉讼法	
分校3	孔令康	3221730801L011	物流学概论	

Sheet1 Sheet2

图 3 - 10 - 1

（2）参考样张图 3 - 10 - 2，对 Sheet2 中 A1∶E36 的数据中进行切片器筛选：按“分校”和“课程”进行筛选；“分校”切片器宽度 6 厘米，3 列，题注为：分校名称；“课程”切片器宽度 6 厘米，1 列；样式为“浅橙色，切片器样式深色 2”，题注为：课程名称。

【操作步骤】

1. 多条件筛选

[1] 选中 Sheet1 中 A1∶E36 区域单元格，单击“数据”选项卡中“排序与筛选”组的“高级”按钮，打开“高级筛选”对话框；在对话框“方式”中选择“将筛选结果复制到其他位置”单选框，在“列表区域”框中设置：$A$1∶$E$36，在“条件区域”框中设置为：$H$1∶$I$2，在“复制到”框中设置为：$H$6∶$L$6，单击“确定”按钮，如图 3 - 10 - 3 所示。

分校	姓名	学号	课程	成绩
分校3	施都豆	3621730801L050	物流学概论	40
分校3	李义轩	3621730801L061	物流学概论	47
分校3	徐加航	3221730801L006	物流学概论	37
分校3	张鹏宇	3221730801L041	物流学概论	
分校3	陶文宇	3221730801L025	物流学概论	30
分校3	红舒雯	3621730801L047	行政法与行政诉讼法	43
分校3	孔令康	3221730801L011	物流学概论	
分校3	李佳好	3821730801L013	物流学概论	85

分校名称：分校1　分校2　分校3

课程名称：工商行政管理概论　行政法与行政诉讼法　数据库基础　物流学概论　老年护理概述与护理技术

图 3-10-2

分校	姓名	学号	课程	成绩
分校1	曾职雪	3621730801L017	物流学概论	50
分校2	陶乐园	3621730801L011	物流学概论	54
分校1	刘佳豪	3621730801L005	物流学概论	79
分校2	六一雯	3221121900P039	物流学概论	26
分校3	施都豆	3621730801L050	物流学概论	40
分校1	张名怡	3621730801L044	物流学概论	56
分校2	芦晗杰	3221121900P097	工商行政管理概论	
分校3	张恒兵	3821730801L008	工商行政管理概论	64
分校3	周雨晴	3821730801L046	工商行政管理概论	85
分校1	刘迪加	3221730801L001	工商行政管理概论	40
分校2	蒋春叶	3220121900L033	物流学概论	32
分校3	李义轩	3621730801L061	物流学概论	47
分校1	李敏文	3221121900P133	老年护理概述与护理技术	
分校2	路奕诚	3821730801L044	老年护理概述与护理技术	63
分校1	吴冬梅	3821730801L022	老年护理概述与护理技术	87
分校2	戴了婷	3621730801L021	老年护理概述与护理技术	45
分校3	徐加航	3221730801L006	物流学概论	37
分校1	州卫童	3221730801L021	物流学概论	37
分校2	祝登均	3621730801L033	物流学概论	75
分校3	张鹏宇	3221730801L041	物流学概论	
分校2	洪绵婷	3221730801L022	数据库基础	37

图 3-10-3

注意：如果勾选“选择不重复的记录”，可以在筛选时去除重复值。对于“分校1”中大于59分的学生数据的筛选，通常还可以运用两次基本筛选功能来实现。具体步骤是：选中Sheet1中A1∶E36区域单元格，单击“数据”选项卡“排序和筛选”组中的“筛选”按钮，再单击A1单元格中的筛选下拉按钮，在其中选择“分校1”复选框，单击“确定”按钮；再单击E1单元格中的筛选下拉按钮，在其中选择“数字筛选”中的“大于”命令，打开“自定义自动筛选方式”，在“成绩”中设置“大于”“59”，单击“确定”按钮，如图3-10-4所示。

[2] 在J1单元格中输入文字：成绩，在J2单元格中输入：=。选中Sheet1中A1∶E36区域单元格，单击“数据”选项卡在“排序与筛选”组中“高级”按钮，打开“高级筛选”对话框，在对话框“方式”中选择“将筛选结果复制到其他位置”单选框，在“列表区域”框中设置：$A$1∶$E$36，在“条件区域”框中设置：$J$1∶$J$2，在“复制到”框中设置：$H$13∶$L$13，单击“确定”按钮，如图3-10-5所示。

注意：使用Excel高级筛选的原则包括筛选条件的标题要和数据表中的标题一致、筛选条件中的值在同一行表示“且”的关系、筛选条件中的值在不同行表示“或”的关系。

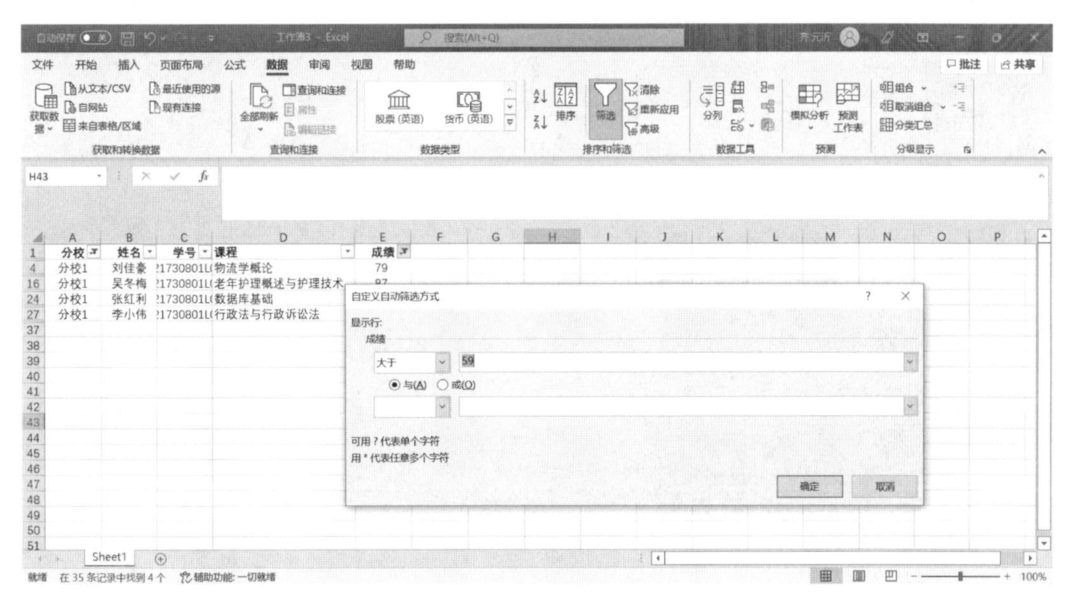

图 3-10-4

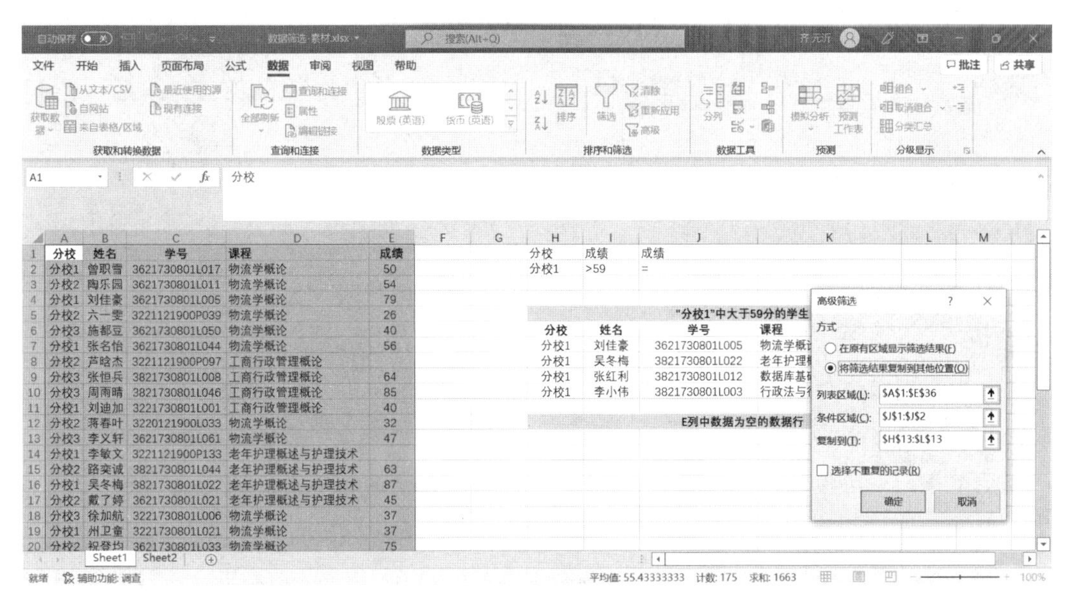

图 3-10-5

2. 切片器筛选数据

[1] 选中 Sheet2 中 A1∶E36 区域单元格。单击“插入”选项卡“表格”组中的“表格”按钮，将表格转换为智能表，如图 3-10-6 所示。

注意：Excel 切片器必须在数据透视表或超级表中使用，普通的表格是无法使用的。选中数据区域任意单元格，使用 Ctrl+T 快捷键可以将表格转换为超级表。单击“开始”选项卡“样式”工具栏中“套用表格格式”下拉列表，选择其中的任一默认样式，也可以将表格转化为智能表，如图 3-10-7 所示。

[2] 单击“表设计”选项卡“工具”组中“插入切片器”按钮，打开“插入切片器”对话框。在“插入切片器”对话框中，选中“分校”和“课程”复选框，单击“确定”按钮，如图 3-10-8 所示。

适当调整切片器的位置，单击“排列”组中的“对齐”按钮，在下拉列表中选择“顶端对齐”命令。选中“分校”切片器，在“按钮”组中“列”框中输入：3，在“大小”组中“宽度”框中输入：6 厘米。选中“课程”切片器，在“大小”组中“宽度”框中输入：6 厘米，如图 3-10-9 所示。

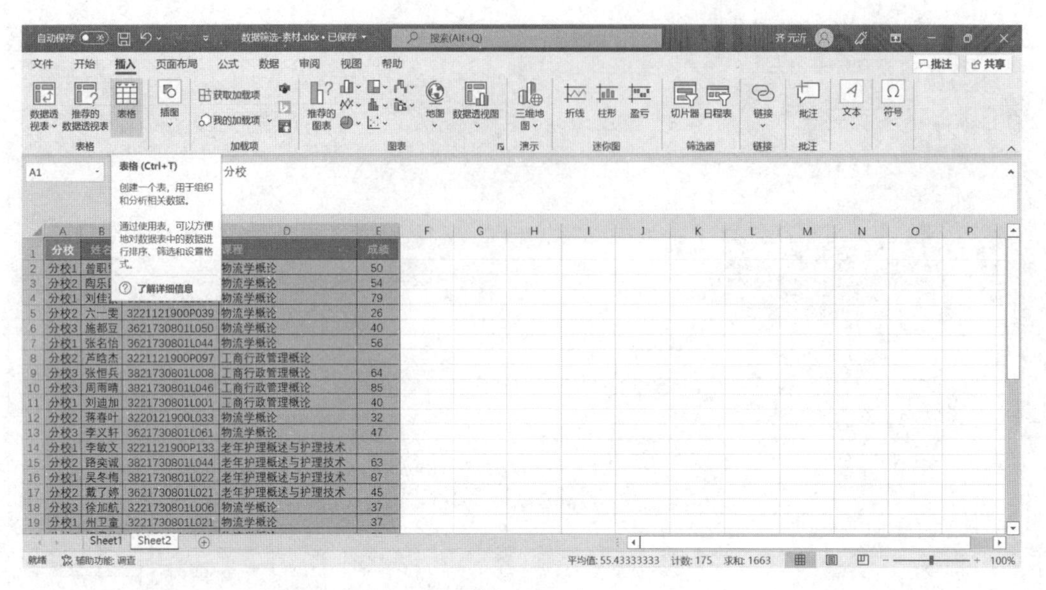

图 3-10-6

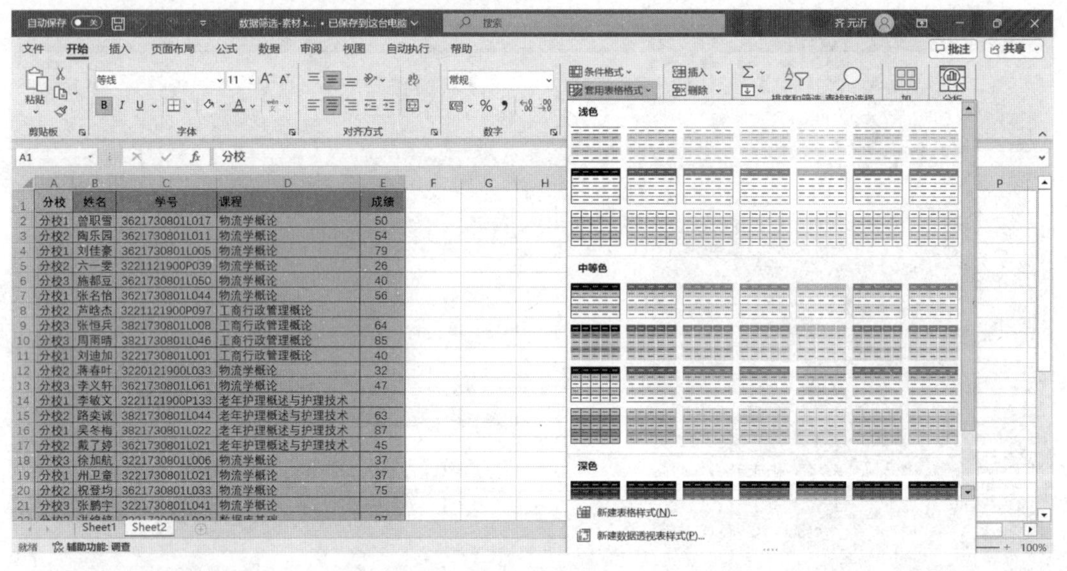

图 3-10-7

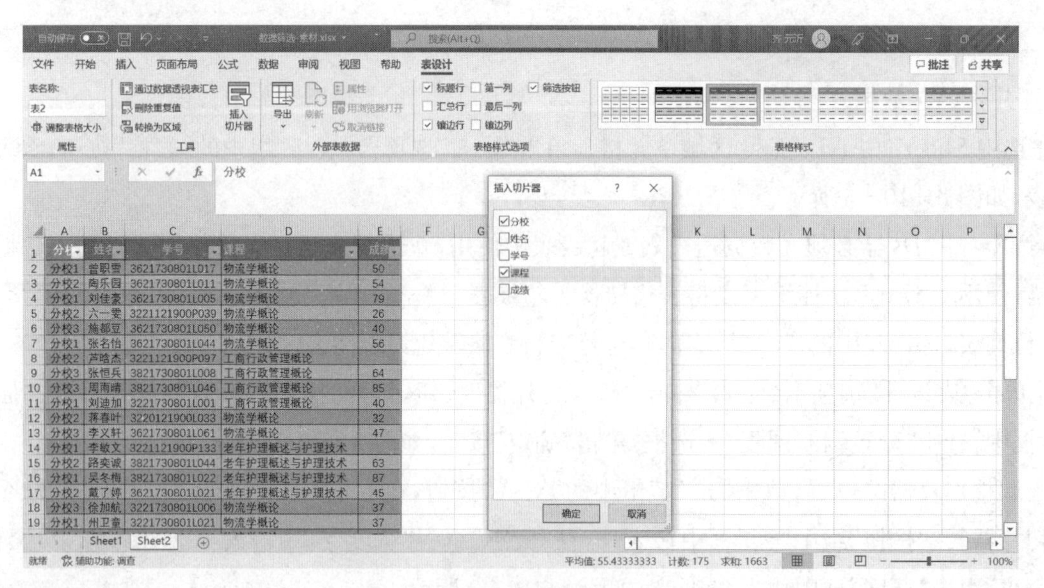

图 3-10-8

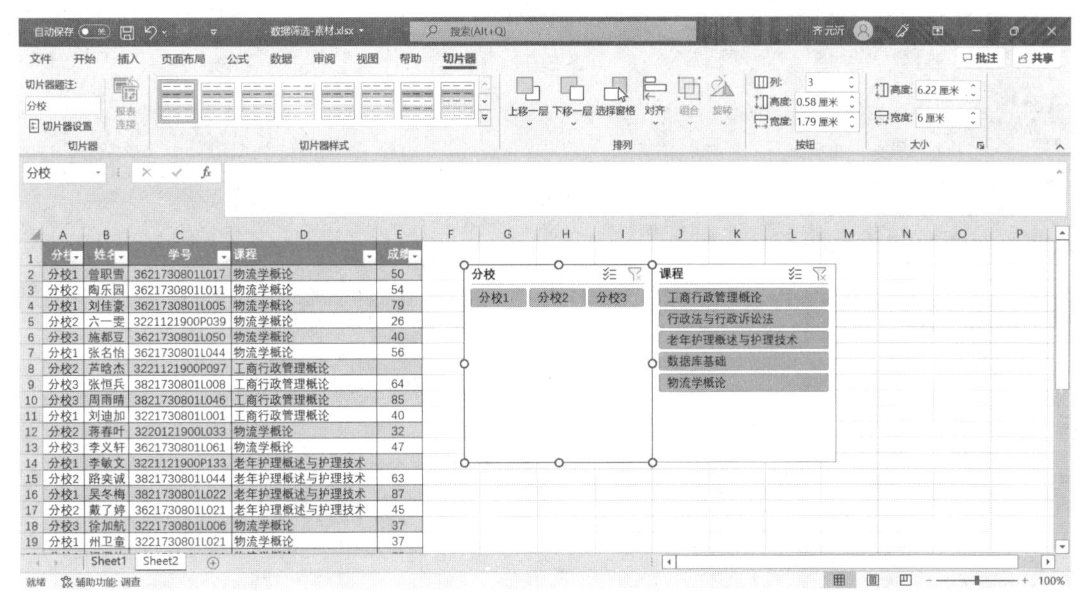

图 3-10-9

[3] 选中“分校”切片器和“课程”切片器，单击“切片器”选项卡“切片器样式”其他下拉按钮，选择样式为：“浅橙色，切片器样式深色 2”，如图 3-10-10 所示。

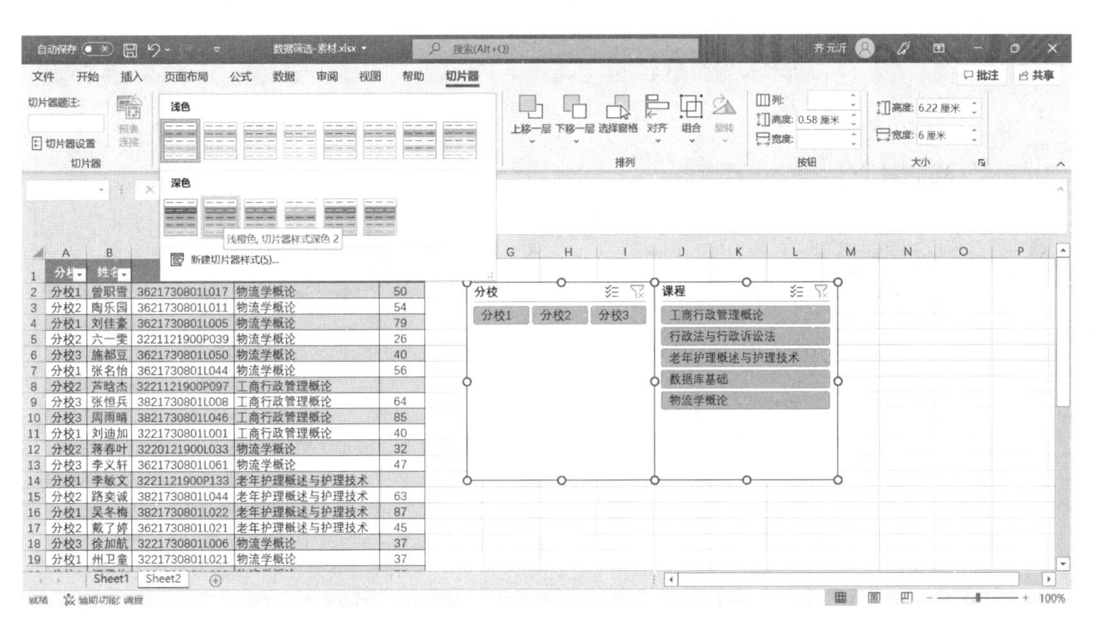

图 3-10-10

[4] 单击“分校”切片器中的“分校 3”按钮，单击“课程”切片器右上角的“多选”按钮，再单击“行政法与行政诉讼法”和“物流学概论”课程按钮，如图 3-10-11 所示。

[5] 选中“分校”切片器，在“切片器”选项卡“切片器”工具栏中修改“切片器题注”为：分校名称；选中“课程”切片器，在“切片器”选项卡“切片器”组中修改“切片器题注”为：课程名称，如图 3-10-12 所示。

注意：单击每个切片器右上角的“清除筛选器”，可以清除筛选的结果。如果不想显示切片器界面，可以选中切片器，通过 Delete 关掉。

[6] 单击“文件”选项卡，选择“另存为”命令，将文档另存为“数据筛选-成果. xlsx”。

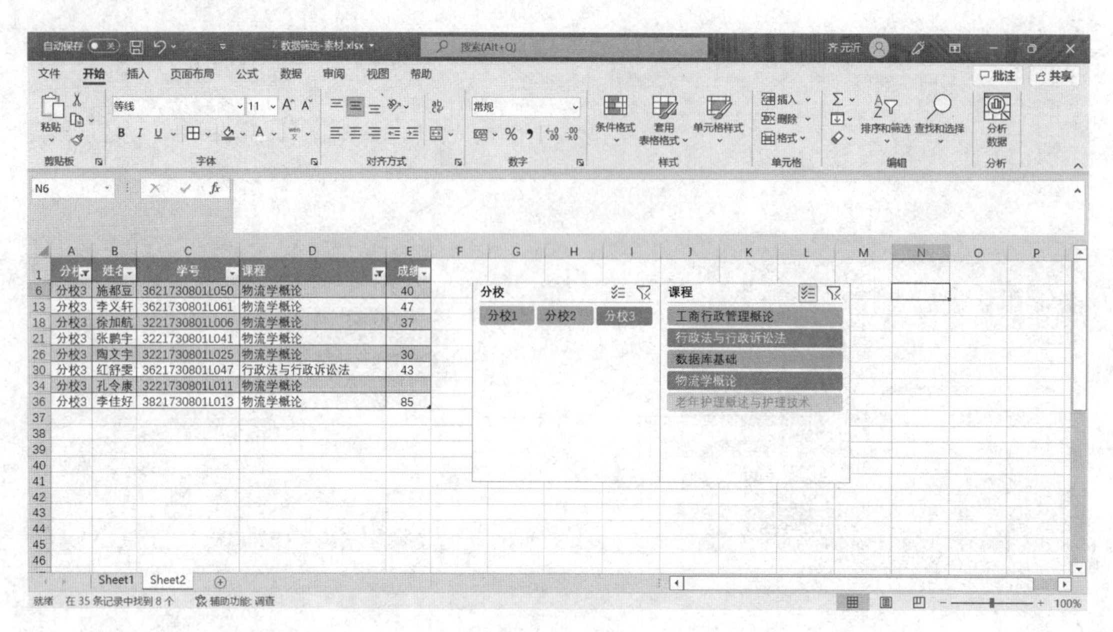

图 3-10-11

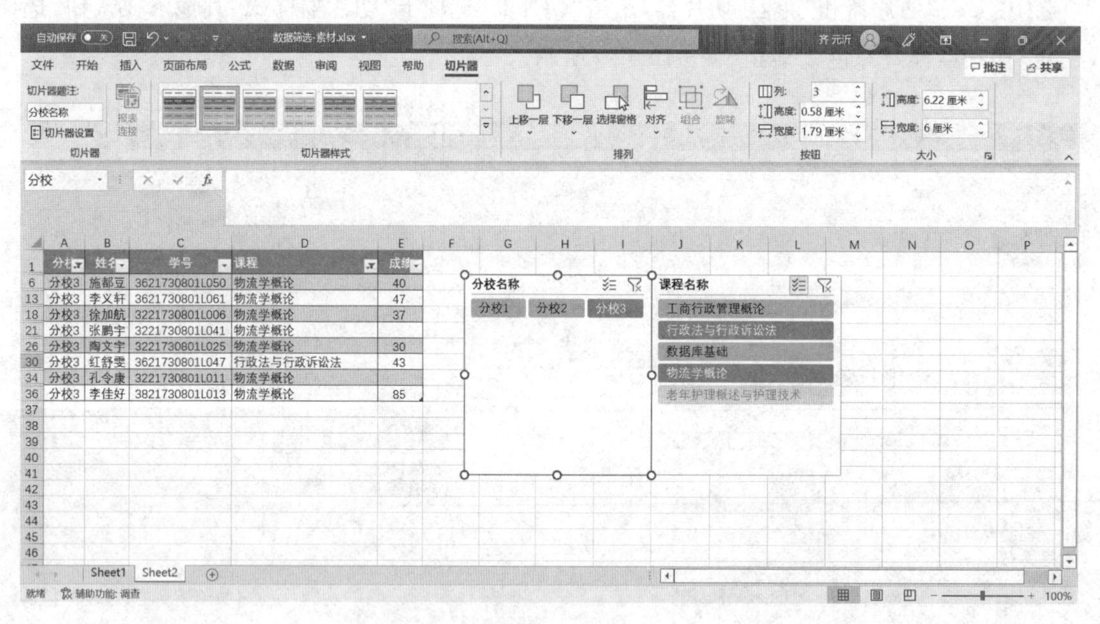

图 3-10-12

实训十一　Excel 数据透视

一、实训目标

- 掌握数据透视表的基本操作

- 学会利用数据透视表创建多个工作表
- 学会数据透视图的基本操作

二、实训内容

打开“数据透视-素材.xlsx”，对工作表按要求进行操作，具体要求如下：

（1）参考样张图3－11－1，对Sheet1中A1：D1371的数据中进行操作：在F3开始的单元格生成数据透视表，列标签为：课程名称，行标签为：分校名称，计数项为：课程名称，年级筛选；数据透视表样式为“浅橙色，数据透视表样式浅色24”，镶边列，以表格形式显示。

	A	B	C	D
1	分校名称	课程名称	年级	学号
2	富民	语文	2021春	B121G001M001
3	富民	语文	2021秋	B121G001N004
4	富民	语文	2021秋	B121G001N013
5	富民	语文	2021秋	B121G001N024
6	富民	语文	2021秋	D121G001N026
7	富民	语文	2021秋	B121G001N011
8	富民	语文	2020秋	B120G001N025
9	富民	语文	2020秋	B120G001N017
10	富民	语文	2020秋	B120G001N022
11	富民	语文	2020秋	B120G001N031
12	富民	语文	2020秋	B120G001N037
13	富民	语文	2020秋	B120G001N050
14	富民	语文	2020秋	B120G001N062
15	富民	语文	2020秋	B120G001N063
16	富民	语文	2020秋	B120G001N064
17	富民	数学	2020秋	B120G001N009
18	富民	数学	2020秋	B120G001N024
19	富民	数学	2020秋	B120G001N028
20	富民	数学	2020秋	B120G001N031
21	富民	数学	2020秋	B120G001N037
22	富民	数学	2021春	B121G001M001

F	G	H	I	J	K	L	M	N
年级	2020秋							
计数项:课程名称	课程名称							
分校名称	地理	化学	历史	数学	物理	语文	政治	总计
富民	25	4	5	5	3	9	5	56
华院	1	2						3
上应	29				29			58
总计	55	6	5	5	32	9	5	117

图3－11－1

（2）参考样张图3－11－2，对Sheet2中A1：A6的数据进行操作：巧用数据透视表“显示报表筛选页”功能创建不同名称的Sheet工作表，即生成“朝日、工商外、交慧、上应、天华”不同名称的工作表。

图3－11－2

(3) 参考样张图 3－11－3,对 Sheet1 中 A1∶D1371 的数据进行操作:在新工作表 Sheet3 中插入数据透视图,图例系列为:课程名称,轴(类别)为:分校名称,计数项为:课程名称,课程筛选为:地理和历史,年级筛选为:2021 秋,分校筛选为:工艺美院和华院,图表样式:样式 7。

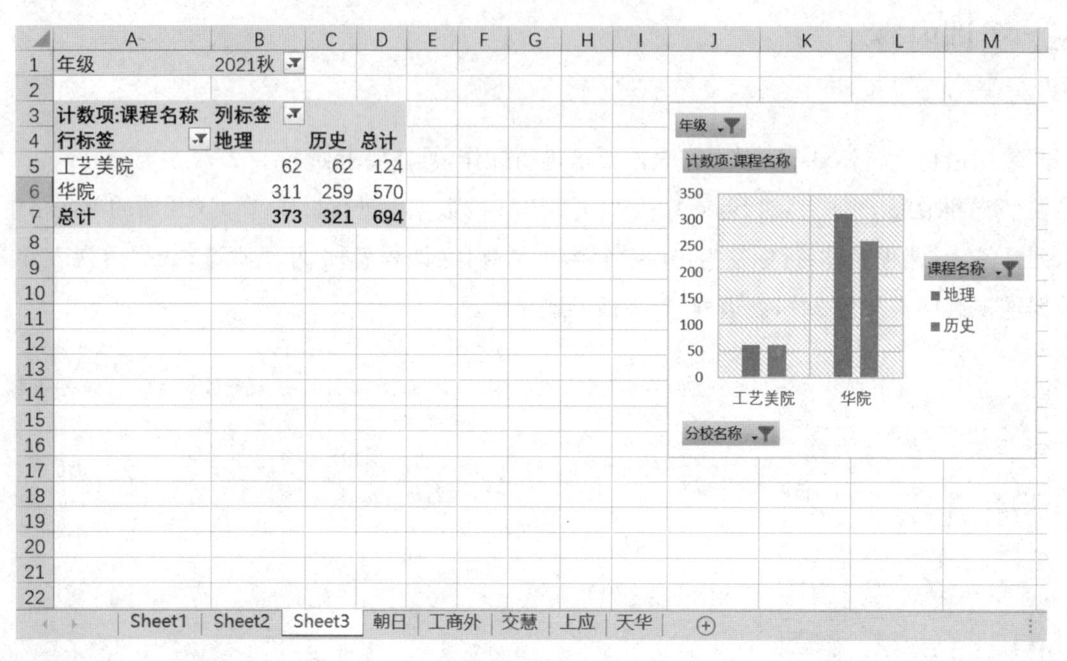

图 3－11－3

【操作步骤】

1. 数据透视表基本操作

[1] 选中 Sheet1 中 A1∶D1371 区域单元格,选择“插入”选项卡,单击“表格”工具栏中“数据透视表”下拉按钮,在下拉列表中选择“表格和区域”,打开“来自表格或区域的数据透视表”对话框,在“表/区域”中设置:Sheet1! $A$1∶$D$1371;在“选择放置数据透视表的位置”中选择“现有工作表”单选框,位置设置为:Sheet1! $F∶$2,单击“确定”按钮,如图 3－11－4 所示,打开“数据透视表字段”窗格。

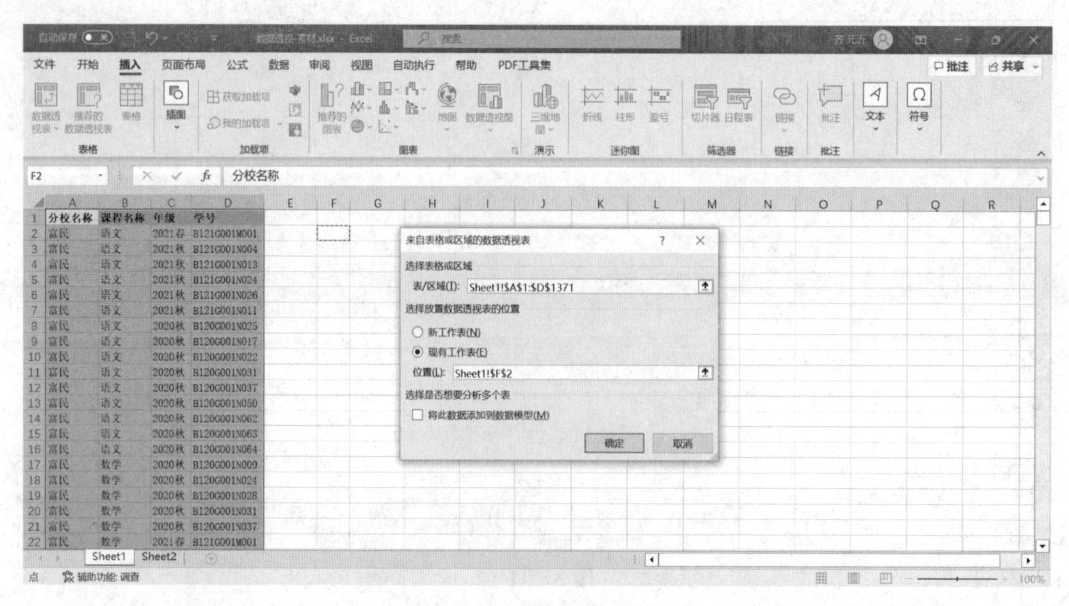

图 3－11－4

[2] 在“数据透视表字段”窗格中，将“选择要添加到报表的字段”中的字段拖动到“在以下区域间拖动字段”中，拖动“课程名称”字段到“列”区域和“值”区域，拖动“分校名称”到“行”区域，拖动“年级”字段到“筛选”区域，如图 3-11-5 所示。

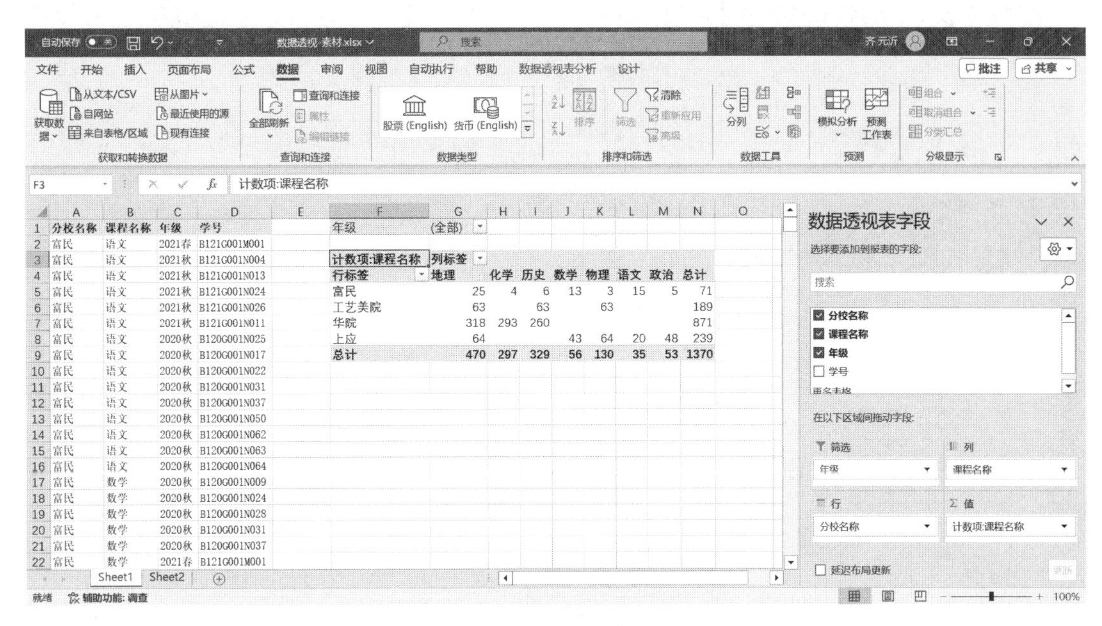

图 3-11-5

[3] 单击“行标签”F4 单元格，将“行标签”文字改为：分校名称；单击“列标签”G3 单元格，将“列标签”文字改为：课程名称，单击“课程名称”右侧的筛选按钮，在弹出的列表中，去掉“空白”的勾选；单击 G1 单元格右侧的筛选按钮，在下拉列表中选择：2020 秋，如图 3-11-6 所示。

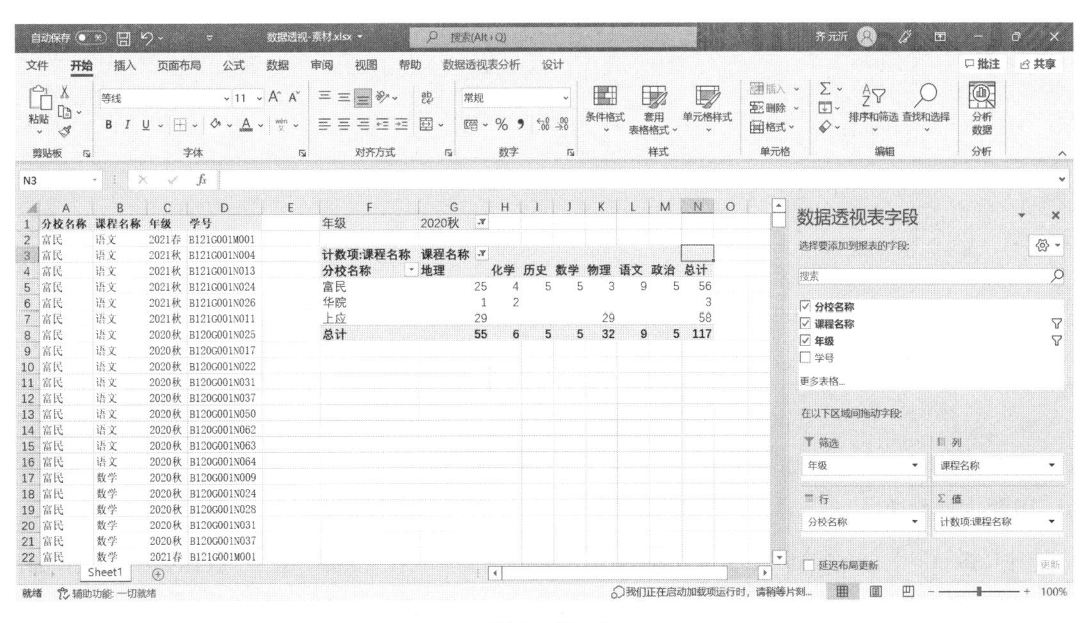

图 3-11-6

[4] 选中数据透视表区域中的任意单元格，单击“设计”选项卡，在“数据透视表样式”组中单击其他样

式下拉列表按钮,在列表中选择“浅橙色,数据透视表样式浅色 24”;在“数据透视表样式选项”工具栏中勾选“镶边列”,如图 3-11-7 所示;在“布局”工具栏中单击“报表布局”按钮,在列表中选择:以表格形式显示,如图 3-11-8 所示。

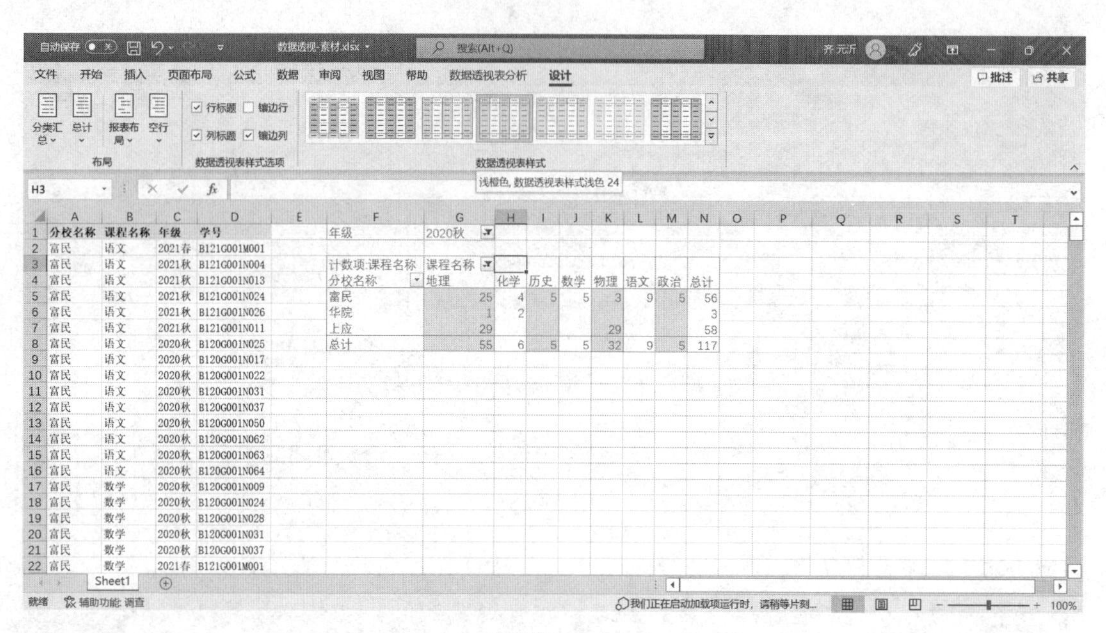

图 3-11-7

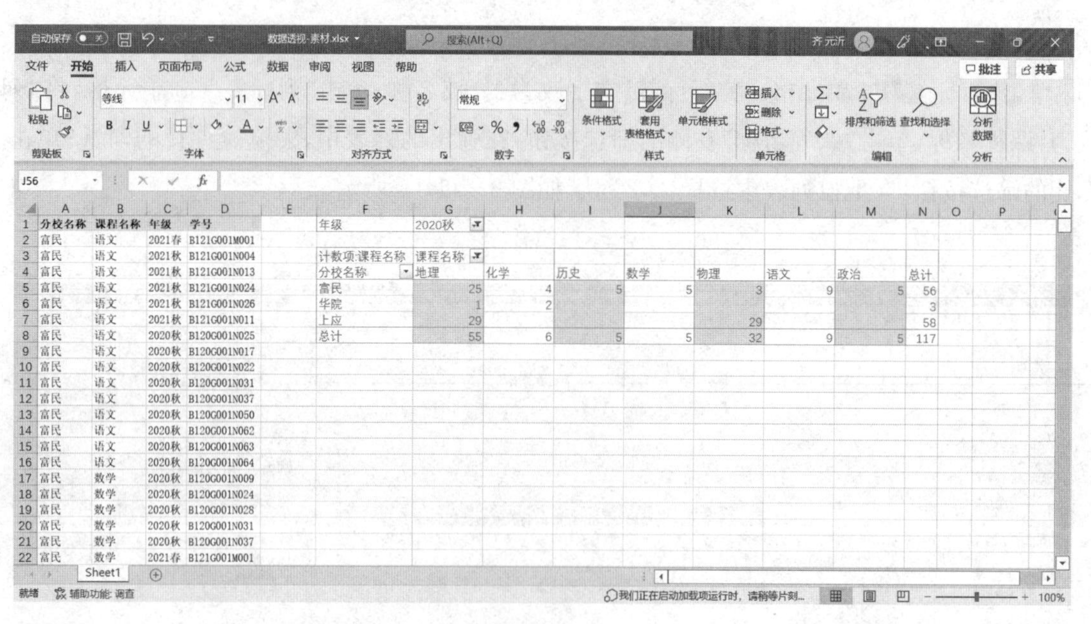

图 3-11-8

2. 巧用数据透视表

[1] 选中 Sheet2 中 A1:A6 区域单元格,单击“插入”选项卡在“表格”组中“数据透视表”下拉按钮,在下拉列表中选择“表格和区域”,打开“来自表格或区域的数据透视表”对话框,在“表/区域”中设置:Sheet2!$A$1:$A$6;在“选择放置数据透视表的位置”中选择“现有工作表”单选框,位置可以选择 Sheet2 中除 A1:A6 区域的任意单元格,单击“确定”按钮,如图 3-11-9 所示,打开“数据透视表字段”窗格。

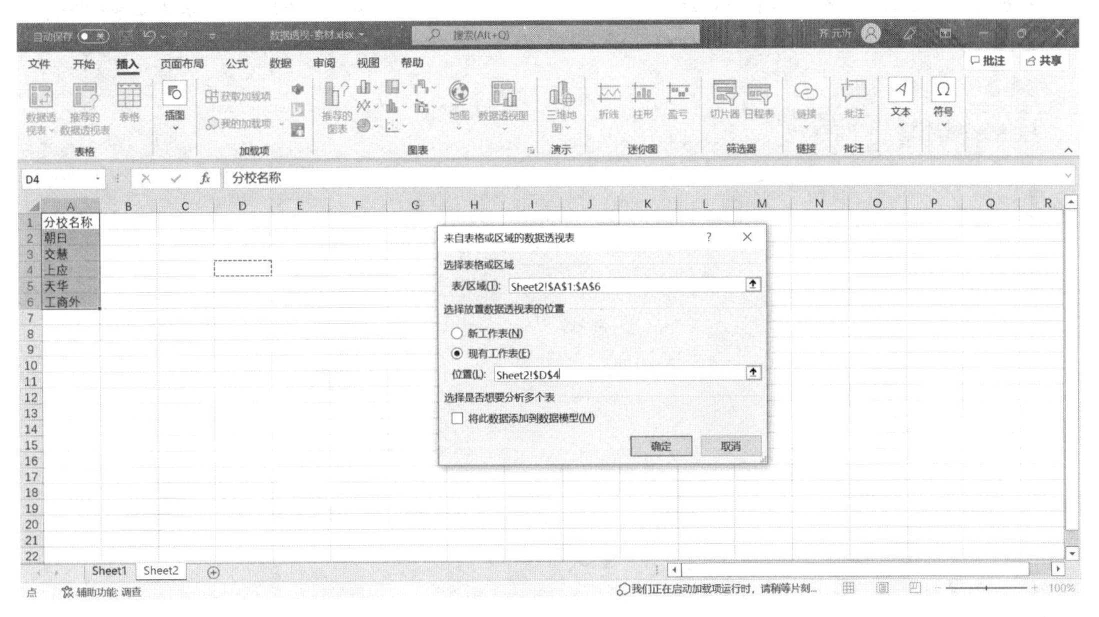

图 3-11-9

在“数据透视表字段”窗格中，拖动“分校名称”字段到“筛选”区域，如图 3-11-10 所示。

图 3-11-10

单击“数据透视表分析”选项卡，在“数据透视表”工具栏中单击“选项”下拉列表按钮，在列表中选择：显示报表筛选页，如图 3-11-11 所示。打开“显示报表筛选页”对话框，在“选定要显示的报表筛选页字段”选中“分校名称”，单击“确定”按钮，如图 3-11-12 所示。

[2] 选中“朝日”工作表中的 A1∶B1 单元格区域，右键单击“朝日”工作表标签处，在弹出的菜单中选择“选定全部工作表”，按住 Ctrl 键单击“Sheet1”和“Sheet2”工作标签处，取消这两个工作表的选中状态。单击“开始”选项卡“编辑”组中“清除”的下拉按钮，在下拉列表中选择“全部清除”命令，删除多余数据，如图 3-11-13 所示。

[3] 单击选中“Sheet2”工作表，拖动到“Sheet1”工作表的后边，完成制作。

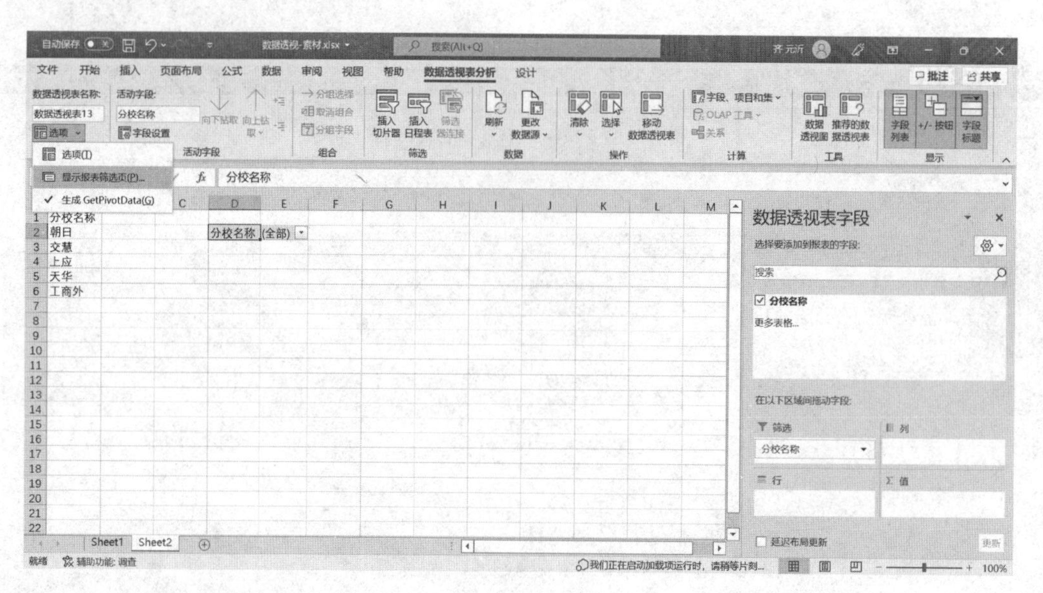

图 3-11-11

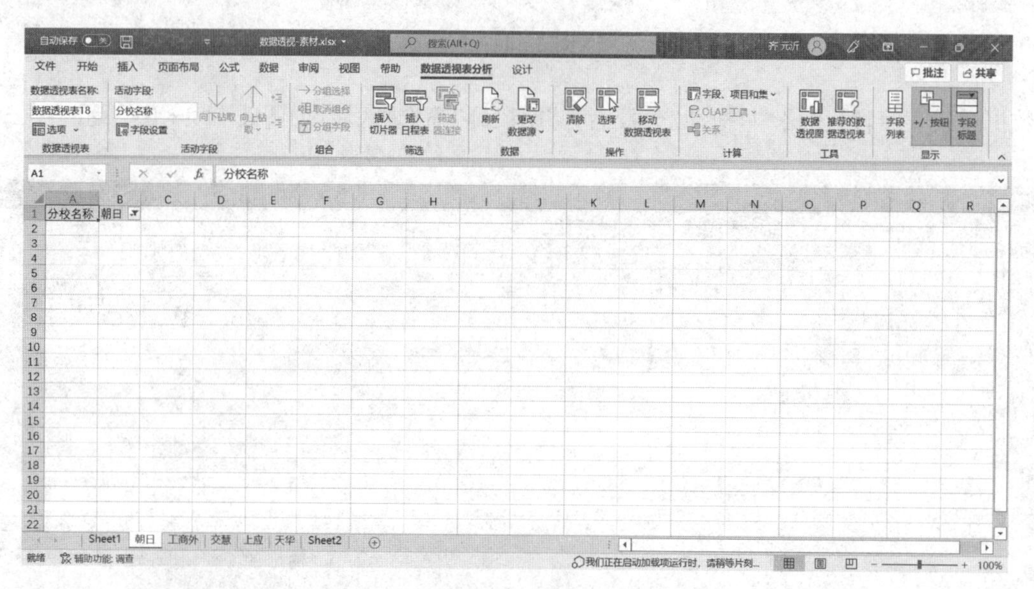

图 3-11-12

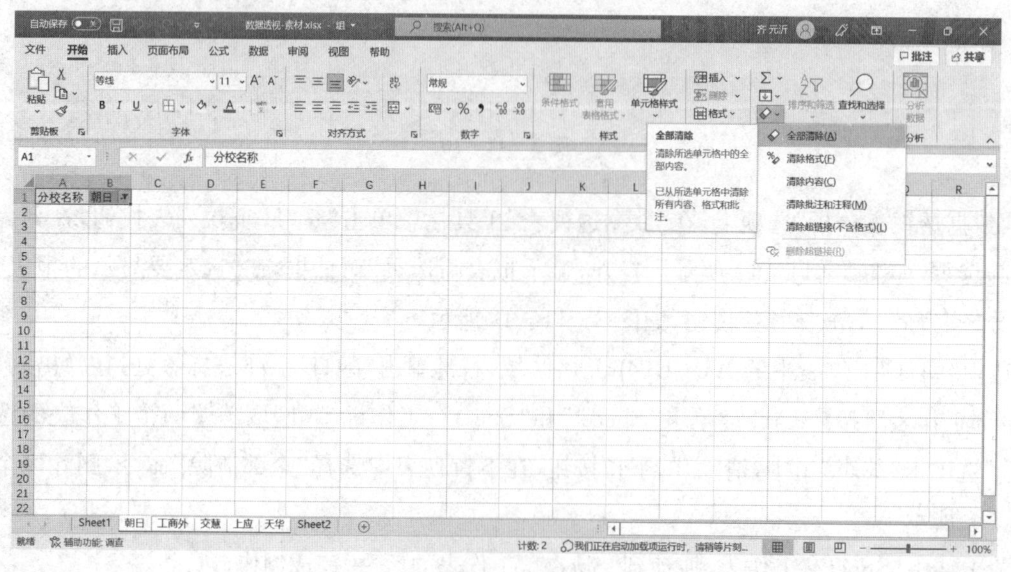

图 3-11-13

3. 数据透视图基本操作

[1] 选中 Sheet1 中 A1：D1371 区域单元格，单击“插入”选项卡在“图表”工具栏中“数据透视图”下拉按钮，在下拉列表中选择“数据透视图和数据透视表”，如图 3－11－14 所示。打开“创建数据透视表”对话框，在“表/区域”中设置：Sheet1！＄A＄1：＄D＄1371；在“选择放置数据透视表的位置”中选择“新工作表”单选框，单击“确定”按钮，如图 3－11－15 所示；创建 Sheet3 工作表，如图 3－11－16 所示。

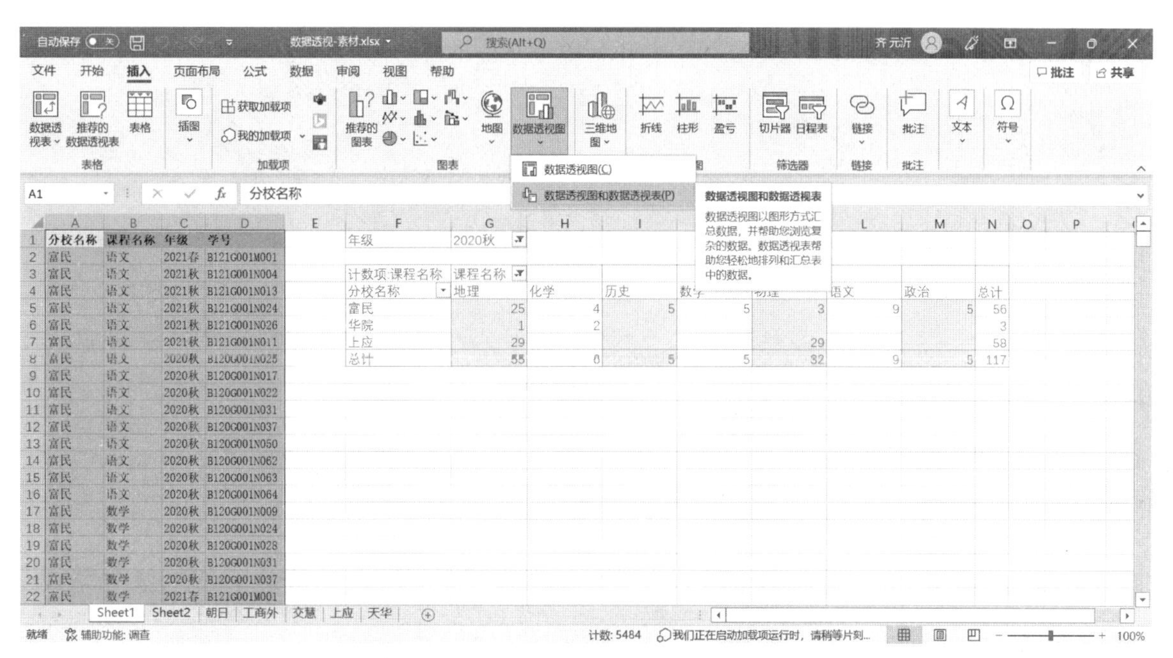

图 3－11－14

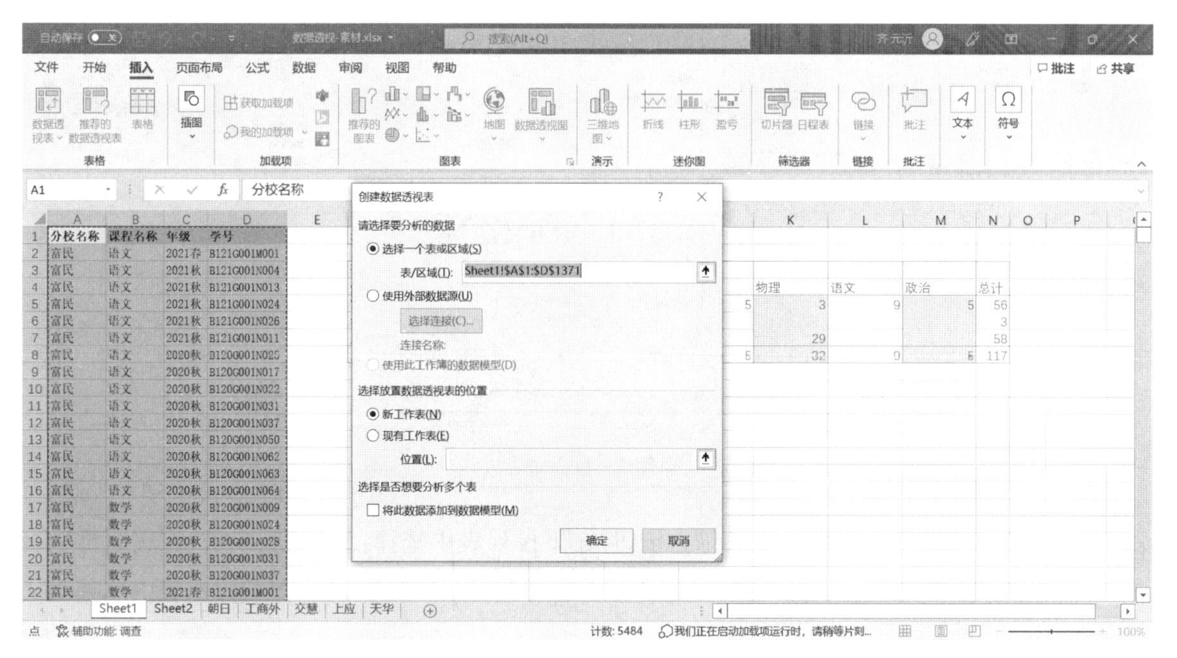

图 3－11－15

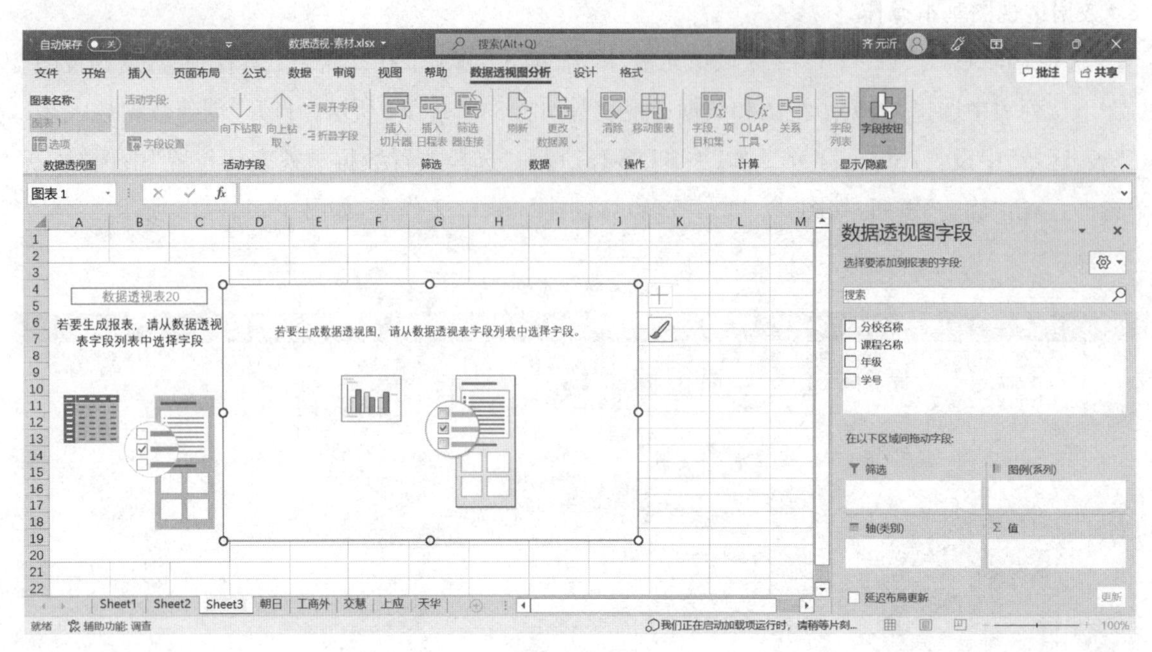

图 3-11-16

在“数据透视图字段”窗格中，拖动“年级”字段到“筛选”区域，拖动“课程名称”字段到“图例(系列)”区域和“值”区域，拖动“分校名称”字段到“轴(类别)”区域，如图 3-11-17 所示。

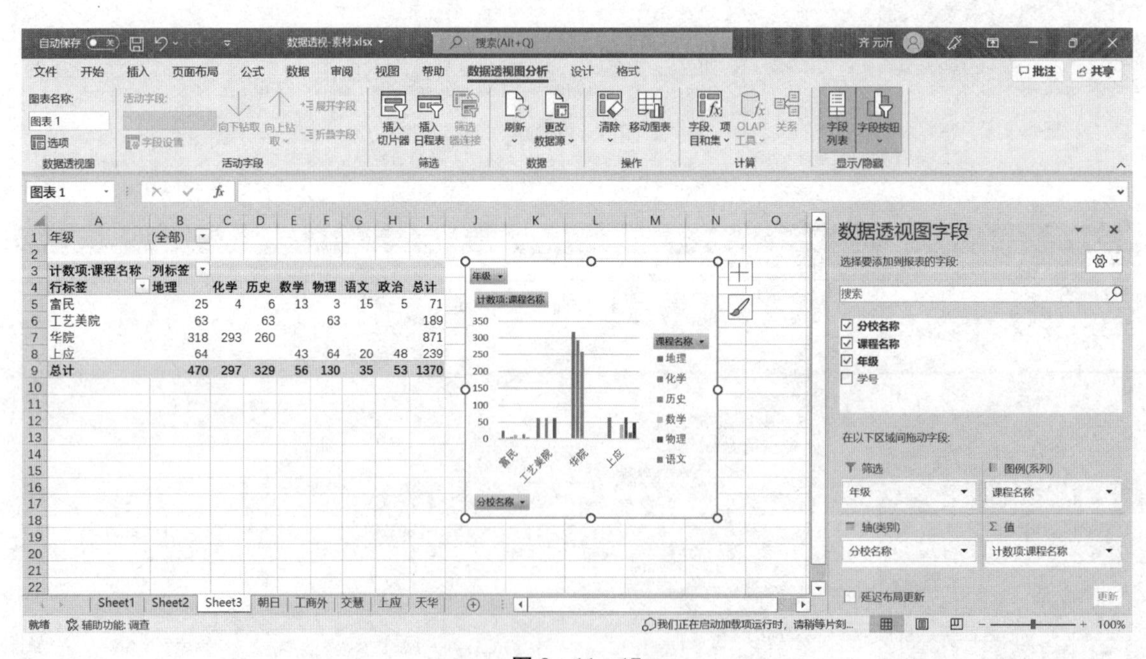

图 3-11-17

[2] 单击数据透视图中“年级”右侧的筛选按钮，在下拉列表中选择：2021秋；单击“课程名称”右侧的筛选按钮，在下拉列表中选择：地理和历史；单击“分校名称”右侧的筛选按钮，在下拉列表中选择：工艺美院和华院，如图 3-11-18 所示。

[3] 选中数据透视图，单击“设计”选项卡“图表样式”组中图表样式其他下拉按钮，在列表中选择：样式7，如图 3-11-19 所示。

[4] 单击“文件”选项卡，选择“另存为”命令，将文档另存为“数据透视-成果.xlsx”。

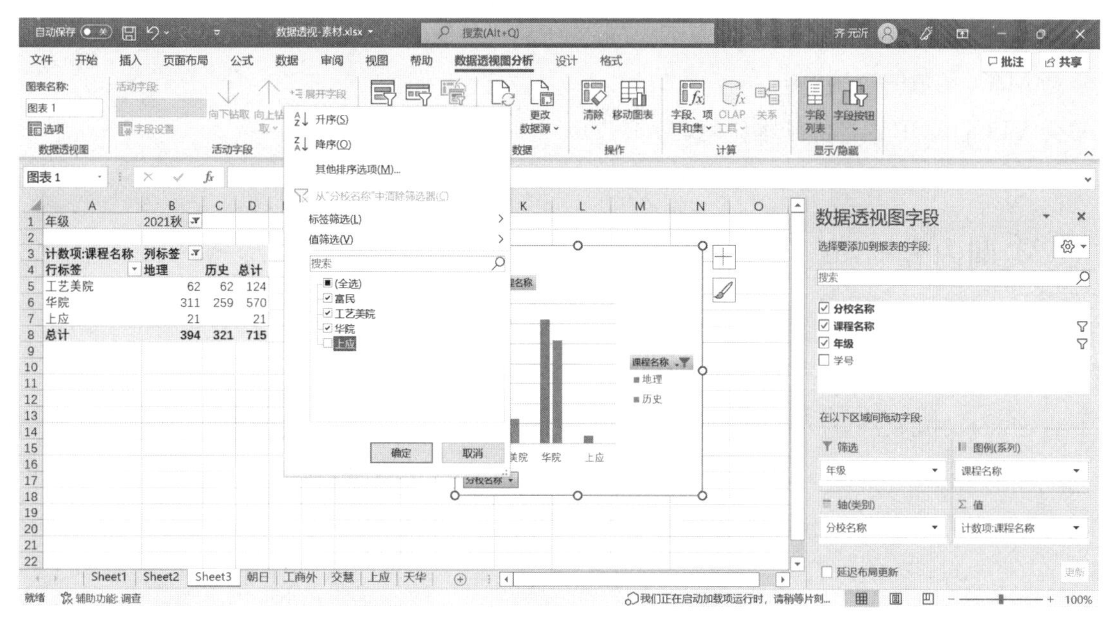

图 3 - 11 - 18

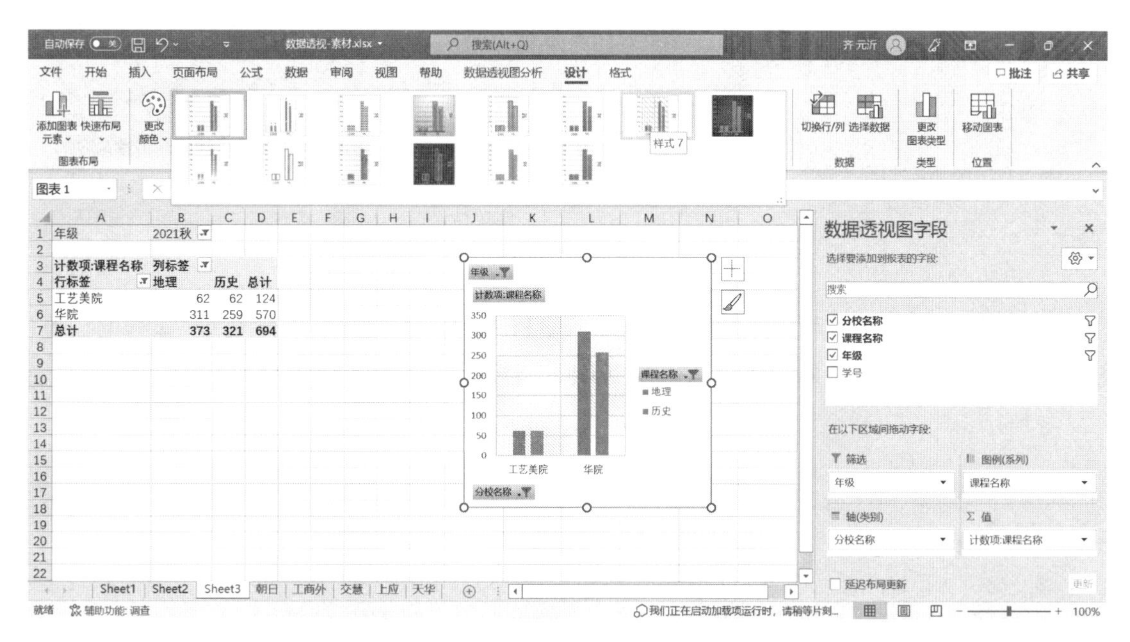

图 3 - 11 - 19

实训十二 Excel 函数公式

一、实训目标

- 学会 COUNTIF 函数的应用
- 学会 SUMIF 函数的应用

● 了解 SUMIF 函数和 SUMIFS 函数的不同
● 学会 MAX 函数的应用
● 学会 VLOOKUP 函数的基本应用

二、实训内容

打开“函数公式-素材.xlsx”,对工作表按要求进行操作,具体要求如下:

(1) 对 Sheet1 中的数据进行操作:在 I2 单元格中,利用 COUNTIF 函数计算总成绩大于 150 分的学生数量;在 I4 单元格中,利用 COUNTIF 函数计算“分校 1”的学生数量;在 I6 单元格中,利用 COUNTIF 函数计算“成绩 2”中非空单元格数量,如图 3-12-1 所示。

SUM | =COUNTIF(G2:G36,">150")

	A	B	C	D	E	F	G	H	I
1	分校	姓名	专业课程	成绩1	基础课程	成绩2	总成绩		总成绩大于150分
2	分校1	曾职雪	物流学概论	60	语文	50	110		=COUNTIF(G2:G36,">150")
3	分校2	陶乐园	物流学概论	54	数学	54	108		“分校1”学生的人数
4	分校1	刘佳豪	物流学概论	80	英语	79	159		13
5	分校2	六一雯	物流学概论	26	语文	26	52		“成绩2”中非空单元格数量
6	分校3	施都豆	物流学概论	30	数学	40	70		30
7	分校1	张名怡	物流学概论	78	英语	56	134		

图 3-12-1

(2) 对 Sheet2 中的数据进行操作:在 G2 单元格中利用 SUMIF 函数计算“物理”课程的浏览次数总和,如图 3-12-2 所示;在 H6 单元格中利用 SUMIFS 函数计算“分校 1”“化学”课程的浏览次数总和,如图 3-12-3 所示。

SUM | =SUMIF(C2:C16,F2,D2:D16)

	A	B	C	D	E	F	G	H
1	日期	分校	课程	浏览次数		课程	浏览次数求和	
2	1月	分校1	物理	818		物理	=SUMIF(C2:C16,F2,D2:D16)	
3	1月	分校1	化学	645				
4	1月	分校3	语文	728				
5	1月	分校1	数学	514		分校	课程	浏览次数求和
6	1月	分校2	英语	959		分校1	化学	2365
7	2月	分校3	物理	856				
8	2月	分校1	化学	894				
9	2月	分校3	语文	684				
10	2月	分校3	数学	881				
11	2月	分校2	英语	843				
12	3月	分校3	物理	885				
13	3月	分校1	化学	826				
14	3月	分校3	语文	895				
15	3月	分校1	数学	755				
16	3月	分校2	英语	794				

图 3-12-2

H6 =SUMIFS(D2:D16,B2:B16,F6,C2:C16,G6)

	A	B	C	D	E	F	G	H
1	日期	分校	课程	浏览次数		课程	浏览次数求和	
2	1月	分校1	物理	818		物理	2559	
3	1月	分校1	化学	645				
4	1月	分校3	语文	728				
5	1月	分校1	数学	514		分校	课程	浏览次数求和
6	1月	分校2	英语	959		分校1	化学	=SUMIFS(D2:D16,B2:B16,F6,C2:C16,G6)
7	2月	分校3	物理	856				SUMIFS(sum_range, criteria_range1, criteria1, [criteria_range2, criteria2], [criteria_range3, criteria3], ...)
8	2月	分校1	化学	894				
9	2月	分校3	语文	684				
10	2月	分校3	数学	881				
11	2月	分校2	英语	843				
12	3月	分校3	物理	885				
13	3月	分校1	化学	826				
14	3月	分校3	语文	895				
15	3月	分校1	数学	755				
16	3月	分校2	英语	794				

图 3-12-3

(3) 对 Sheet3 中的数据进行操作:在 A 列中按照样张进行单元格的合并,并在合并的单元格中利用 MAX 函数进行序列填充,如图 3-12-4 所示。

A2 =MAX($A$1:A1)+1

	A	B	C	D	E
1	序号	分校	姓名	专业课程	成绩1
2	1	分校1	曾职雪	物流学概论	60
3		分校1	刘佳豪	物流学概论	80
4	2	分校2	张名怡	物流学概论	78
5		分校2	刘迪加	工商行政管理	40
6		分校2	李敏文	老年护理概述	90
7	3	分校3	吴冬梅	老年护理概述	87
8		分校3	州卫童	物流学概论	66
9	4	分校4	张红利	数据库基础	80
10		分校4	李小伟	行政诉讼法	100
11		分校4	吴维霞	行政诉讼法	100
12		分校4	万书东	行政诉讼法	90
13		分校4	王网烈	物流学概论	55
14	5	分校5	王雨职	物流学概论	68
15		分校5	陶乐园	物流学概论	54
16		分校5	六一雯	物流学概论	26
17	6	分校6	芦晗杰	工商行政管理	87
18		分校6	蒋春叶	物流学概论	68
19		分校6	路奕诚	老年护理概述	63
20		分校6	戴了婷	老年护理概述	78

图 3-12-4

(4) 对 Sheet4 中的数据进行操作:参照样张,利用 VLOOKUP 函数计算出 E 列人员的成绩,如图 3-12-5 所示。

F2 =VLOOKUP(E2,B:C,2,0)

	A	B	C	D	E	F
1	分校	姓名	成绩		姓名	成绩
2	分校1	曾职雪	50		张恒兵	64
3	分校2	陶乐园	54		徐加航	37
4	分校1	刘佳豪	79		张鹏宇	90
5	分校2	六一雯	26			

图 3-12-5

【操作步骤】

1. COUNTIF 函数操作

打开 Sheet1 工作表,选中 I2 单元格,输入公式:=COUNTIF(G2:G36,">150"),再按 Enter 键或者单击编辑区域左边的输入按钮"√"。选中 I4 单元格,输入公式:=COUNTIF(A2:A36,"分校 1"),再按 Enter 键。选中 I6 单元格,输入公式:=COUNTIF(F2:F36,"<>"),再按 Enter 键。

注意:COUNTIF 函数是对指定区域中符合指定条件的单元格计数的一个函数,该函数的语法规则是:COUNTIF(range,criteria),参数 range 是要计算其中非空单元格数目的区域,参数 criteria 是以数字、表达式或文本形式定义的条件。

2. SUMIF 函数操作

[1] 打开 Sheet2 工作表,选中 G2 单元格,输入公式:=SUMIF(C2:C16,F2,D2:D16),再按 Enter 键。

分析:假设需要对具有多个条件的值求和,在公式中使用 SUMIFS 函数是一个好的选择。要想求得"物理"课程的浏览次数总和,首先确定条件区域是 C2:C16 中"课程"的数据,再确定条件是 F2 中的数据"物理",还要确定求和区域是 D2:D16 中的浏览次数总和数据,最后运用公式 SUMIF(条件区域,条件,求和区域)进行计算。

注意:SUMIF 函数是对单个条件限制的区域求和,该函数的语法规则是:SUMIF(range,criteria,[sum_range]);参数 range 为条件区域,用于条件判断的单元格区域;参数 criteria 是求和条件,由数字、逻辑表达式等组成的判定条件;参数 sum_range 为实际求和区域,需要求和的单元格、区域或引用。

[2] 选中 H6 单元格,输入公式:=SUMIFS(D2:D16,B2:B16,F6,C2:C16,G6),再按 Enter 键。

分析:要想求得"分校 1""化学"课程的浏览次数总和,首先确定求和区域是 D2:D16,再确定分校的条件区域是 B2:B16,条件是 F6 分校 1;再确定另一个课程的条件区域是 C2:C16,条件是 G6 化学;最后运用公式 SUMIFS(求和区域,条件区域 1,条件 1,条件区域 2,条件 2)进行计算。

注意:SUMIFS 函数是对多个条件限制的区域求和,该函数的语法规则是:SUMIFS(sum_range,criteria_range1,criterial1,[criteria_range2,criteria2],[criteria_range3,criteria3],…)。

3. MAX 函数操作

[1] 打开 Sheet3 工作表,按照样张合并单元格,例如:选中 A2:A3 区域,单击"开始"选项卡"对齐方式"组中"合并后居中"图标按钮。同理,依次合并其他单元格。

[2] 选中 A2:A20 区域,在编辑区域中输入:=MAX($A$1:A1)+1。这时,输入公式默认在第一个单元格中显示,这里的"A1"指的是"序号"所在的单元格的上一个单元格位置;然后,使用组合键 Ctrl+Enter,其他的单元格(包含合并的单元格)自动填充序列号,如图 3-12-6 所示。

SUM　　=MAX($A$1:A1)+1

	A	B	C	D	E
1	序号	分校	姓名	专业课程	成绩1
2	=MAX($A$1:A1)+1	分校1	曾职雪	物流学概论	60
3		分校1	刘佳豪	物流学概论	80
4		分校2	张名怡	物流学概论	78
5		分校2	刘迪加	工商行政管理	40
6		分校2	李敏文	老年护理概述	90
7		分校3	吴冬梅	老年护理概述	87
8		分校3	州卫童	物流学概论	66
9		分校4	张红利	数据库基础	80
10		分校4	李小伟	行政诉讼法	100
11		分校4	吴维霞	行政诉讼法	100
12		分校4	万书东	行政诉讼法	90
13		分校4	王网烈	物流学概论	55
14		分校5	王雨职	物流学概论	68
15		分校5	陶乐园	物流学概论	54
16		分校5	六一雯	物流学概论	26
17		分校6	芦晗杰	工商行政管理	87
18		分校6	蒋春叶	物流学概论	68
19		分校6	路奕诚	老年护理概述	63
20		分校6	戴了婷	老年护理概述	78

图 3-12-6

分析：$A$1 绝对引用是指在复制公式时所引用的 A1 不会随着复制的而改变。MAX($A$1：A3)指的是 A1：A3 区域中的最大值。

MAX(number1，[number2]，…)中，参数 Number1 是必需的，后续数字是可选的。参数可以是数字或者是包含数字的名称、数组或引用。如果参数是一个数组或引用，则只使用其中的数字。数组或引用中的空白单元格、逻辑值或文本将被忽略。如果参数不包含任何数字，则 MAX 返回 0(零)。如果参数为错误值或为不能转换为数字的文本，将会导致错误。

4. VLOOKUP 函数

打开 Sheet4 工作表，选中 F2 单元格，输入公式：=VLOOKUP(E2,B：C,2,0)，再按 Enter 键。选中 F2 单元格，鼠标到单元格右下角出现黑十字时，拖动黑十字到 F4，实现 F3 和 F4 单元格的自动填充。

分析：=VLOOKUP(要查找的值，要查找的数据区域，查找结果在第几列，匹配类型)，公式=VLOOKUP(E2,B：C,2,0)中，引用 E2 单元格也就是查找姓名，引用 B：C 单元格区域也就是查找的数据区域，2 是在第 2 列找，即公式是查找“成绩”的值在查找目标区域 B：C 的第 2 列，0 表示精确查找。

注意：VLOOKUP 是一个纵向查找函数。VLOOKUP 的语法规则是：VLOOKUP(lookup_value，table_array，col_index_num，[range_lookup])。参数 lookup_value(查找值)是需要在数据表第一列中查找的数值，它可以是数值、引用或文字串。参数 table_array(查找的数据区域)是需要在其中查找数据的数据表，可以使用对区域或区域名称的引用。参数 col_index_num 是 table_array 中待返回的匹配值的列序号。range_lookup(匹配类型)为一逻辑值，指明函数 VLOOKUP 返回时是精确匹配还是近似匹配。如果为 TRUE 或省略，则返回近似匹配值。即如果找不到精确匹配值，则返回小于 lookup_value 的最大数值；如果 range_value 为 FALSE，函数 VLOOKUP 将返回精确匹配值。如果找不到，则返回错误值 #N/A。

第四部分

综合练习

综合练习一

Word操作

1. 打开D:\综合练习1\Test1.docx进行操作,结果仍以原文件名、原路径存盘。

(1) 设置标题“股票的简要介绍”:隶书、一号、居中,加蓝色的25%底纹图案,效果参考图4-1-1。

股票的简要介绍

图4-1-1

【练习步骤】

[1] 选中标题“股票的简要介绍”。

[2] 单击“开始”选项卡,在“字体”工具栏“字体”框中选:隶书。

[3] 在“字号”框中选:一号。

[4] 在“段落”工具栏中,单击“居中”按钮。

[5] 在“开始”选项卡中,单击“段落”工具栏下框线下拉列表,选择“边框和底纹”,打开“边框和底纹”对话框。

[6] 选择“底纹”选项卡,在“图案”区域“样式”框中选:25%,“颜色”框中选:蓝色。

［7］在“应用于”框中选：段落。

［8］单击“确定”。

(2) 设置正文第二段所有的“公司”设置为“Gongsi”：小三号、粗斜、下划双浪线。

【练习步骤】

［1］将光标定位于正文第二段段首。

［2］单击“开始”选项卡，在“编辑”工具栏中单击“替换”按钮；在打开的“查找和替换”对话框中选择“替换”选项卡，单击“更多”按钮。

［3］光标定位在“查找内容”框中，输入文字“公司”。

［4］光标定位在“替换为”框中，输入文字“Gongsi”，单击“格式”按钮；在打开菜单中单击“字体”，打开“替换字体”对话框，在对话框中设置：小三号、粗斜、下划双浪线。单击“确定”。

［5］单击“替换”按钮，直到替换完成第二段的所有“公司”文字，关闭对话框。

2. 打开 D：\综合练习 1\Test2. docx 进行操作，结果仍以原文件名、原路径存盘。

(1) 设置正文：各段首行缩进 0.9 厘米，两端对齐，1.3 倍行距。

【练习步骤】

［1］选中正文部分内容。

［2］选择“开始”选项卡，单击“段落”工具栏右下角 图标，打开“段落”对话框。

［3］选择“缩进和间距”选项卡，在“常规”区域“对齐方式”框中选：两端对齐。

［4］在“缩进”区域“特殊格式”框中选：首行缩进，“磅值”框中输入：0.9 厘米。

［5］在“间距”区域“行距”框中选：多倍行距，在“设置值”框中输入：1.3。

［6］单击“确定”。

(2) 将文档中原有的图片其高度和宽度分别设为 1.75 厘米和 8.04 厘米，四周型图文环绕，水平居中于页面，垂直距页边距 6 厘米，效果参考图 4-1-2。

股票是股份公司在筹集资本时向出资人公开或私下发行的、用以证明出资人的股本身份和权利，并根据持有人所持有的股份数享有权益和承担义务的凭证。股票是一种有价证券，代表着其持有人（股东）对股份公司的所有权，每一股同类型股票所代表的公司所有权是相等的，即“同股同权”。股票可以公开上市，也可以不上市。在股票市场上，股票也是投资和投机的对象。参考资料可查阅电子现货之家。

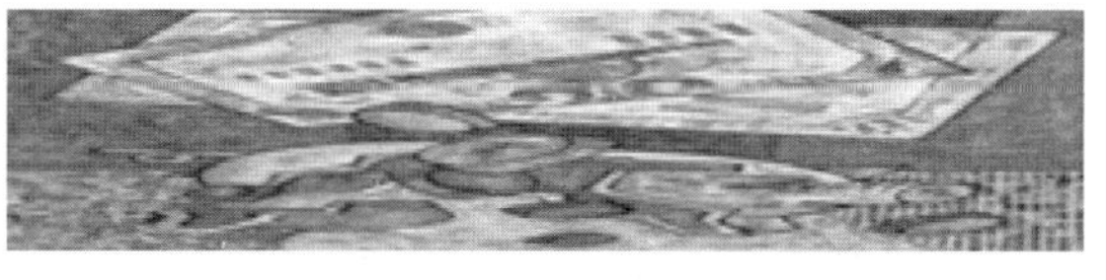

图 4-1-2

【练习步骤】

［1］单击选中图片。

［2］在“格式”选项卡“大小”工具栏中单击 图标，打开“布局”对话框。

［3］在“大小”选项卡中，去掉“锁定纵横比”复选框前的“√”。

[4] 在“高度”区域“绝对值”单选框中设置为：1.75 厘米。

[5] 在“宽度”区域“绝对值”单选框中设置为：8.04 厘米。

[6] 单击“文字环绕”选项卡，在“环绕方式”区域选择“四周型”。

[7] 单击“位置”选项卡，在“水平”区选中“对齐方式”单选框，并设置为：居中，“相对于”框中设置为：页面。

[8] 在“垂直”区域“绝对位置”单选框中设置为：6 厘米，“下侧”框中设置为：页边距，单击“确定”。

(3) 将第三段“股票是股份制企业……”等宽分栏：两栏，栏间距 3 字符，加分隔线。

【练习步骤】

[1] 将鼠标移到正文第三段中任意位置，三击鼠标左键。

[2] 单击“页面布局”选项卡，在“页面设置”工具栏“分栏”下拉菜单中，单击“更多分栏”，打开“分栏”对话框。

[3] 在“预设”区“栏数”中设置为：2，间距：3 字符；单击“分隔线”前的复选框，使其打钩“√”。

[4] 单击“确定”。

(4) 将第二段中所有“的”设置为“De”：黑体、小四号、粗斜、蓝色、下划单细线。

【练习步骤】

[1] 将光标定位于正文第二段段首。

[2] 单击“开始”选项卡，在“编辑”工具栏中单击“替换”按钮，在打开的“查找和替换”对话框中选择“替换”选项卡，单击“更多”按钮。

[3] 光标定位在“查找内容”框中，输入文字“的”。

[4] 光标定位在“替换为”框中，输入文字“De”，单击“格式”按钮，在打开菜单中单击“字体”，打开“替换字体”对话框，在对话框中设置：黑体、小四号、粗斜、蓝色、下划单细线。单击“确定”。

[5] 单击“替换”按钮，直到替换完成第二段的所有“的”文字，关闭对话框。

3. 打开 D:\综合练习 1\Test3.docx 进行操作，结果仍以原文件名、原路径存盘。

(1) 设置页眉“股票有风险，投资需谨慎”和页脚“第 1 页”：黑体、小四号、均加双线 1.5 磅的段落上、下框线，均左对齐。

【练习步骤】

[1] 单击“插入”选项卡，在“页眉和页脚”工具栏中，单击“页眉”下拉列表，选择“编辑页眉”。

[2] 在页眉编辑框中输入“股票有风险，投资需谨慎”文字。

[3] 选中输入的文字(包含段落标记)，单击“开始”选项卡，在“字体”工具栏中设置：黑体、小四号。

[4] 在“段落”工具栏中，单击“左对齐”按钮 ≡。

[5] 单击“段落”工具栏下框线下拉列表 ⊞▾，选择“边框和底纹”，打开“边框和底纹”对话框。

[6] 选择“边框”选项卡，在“设置”区域选中“自定义”按钮，在“样式”框中选：双线，在“宽度”框中选 1.5 磅。

[7] 在“预览”区域，确认选中上框线和下框线，在“应用于”框中为：段落，单击“确定”。

[8] 在页脚编辑框中输入“第 1 页”文字。

[9] 选中输入的文字(包含段落标记),单击“开始”选项卡,在“字体”工具栏中设置:黑体、小四号。

[10] 在“段落”工具栏中,单击“左对齐”按钮 。

[11] 单击“段落”工具栏下框线下拉列表 ,选择“边框和底纹”,打开“边框和底纹”对话框;选择“边框”选项卡,在“设置”区域选中“自定义”按钮,在“样式”框中选:双线,在“宽度”框中选:1.5 磅。

[12] 在“预览”区域,确认选中上框线和下框线,确认“应用于”框中为:段落,单击“确定”。

[13] 单击“设计”选项卡,“关闭”工具栏中的“关闭页脚和页面”按钮。

(2) 将文末几行文字转换成 5 行 4 列的表格:各列列宽设为 3 厘米,整表和表内容均居中(效果参考图 4-1-3)。

股票简称	类别	最高	最低
上海能源	能源	15.1	13.0
华发股份	房地产	6.8	6.6
华联集团	商业	7.5	7.2
青年旅游	旅游	3.8	3.3

图 4-1-3

【练习步骤】

[1] 选中文末需要转化为表格的文字。

[2] 单击“插入”选项卡,在“表格”工具栏中单击“表格”下拉列表 表格。

[3] 单击“文本转换成表格”按钮 ,打开“打开文本转换成表格”对话框。

[4] 在“表格尺寸”区域“列数”框中设置为:4。

[5] 在“自动调整”操作区域中选中“固定列宽”单选框,并设置为:3 厘米。

[6] 确认在“文字分隔位置”区域中已选中“制表符”单选框,单击“确定”。

[7] 单击表格左上角 图标,选中整个表格,单击“开始”选项卡,在“段落”工具栏中,单击“居中”按钮。

[8] 保持表格选中状态,单击“布局”选项卡,在“对齐方式”工具栏中单击“水平居中”按钮 。

Excel 操作

打开 D:\综合练习 1\test.xlsx,按下列要求进行操作,结果仍以原文件名、原路径保存。

1. 计算 Sheet1 数据清单中的“产量增减”[=(2012 年产量-2010 年产量)/2010 年产量]、“平均”值,数据均保留两位小数。格式参考图 4-1-4,其中,“#”处应为具体数值。

	A	B	C	D	E	F
1		2010年产量	2011年产量	2012年产量	产量增减	平均
2	第一车间	242.2	232.3	243.8	##.##%	###.##
3	第二车间	236.6	235.2	245.2	##.##%	###.##
4	第三车间	276.5	260.7	272.1	##.##%	###.##
5	第四车间	245.8	250.2	230.8	##.##%	###.##

图 4-1-4

【练习步骤】

[1] 单击 E2 单元格,在编辑区域输入"=",输入"(";然后,单击 D2,输入"-";单击 B2,输入")/";单击 B2,即可得编辑区域的公式"=(D2-B2)/B2"。最后,单击编辑区域左边的输入按钮"√",便可计算第一车间的产量增减。

[2] 单击 E2 单元格,然后将鼠标移动到 E2 单元格右下角;当鼠标由空心十字架变成实心十字架时,按下鼠标往 E3 至 E5 拖拉,松开鼠标,即可看到各个车间的产量增减。

[3] 单击 F2 单元格,然后单击"∑自动求和"按钮下的"平均值(A)"。注意,"平均"值只包括"2010 产量"至"2012 产量"的平均值,不应包括产量增减的数值。故需要改变求平均值的区域,在编辑区域将"=AVERAGE(B2∶E2)"改为"=AVERAGE(B2∶D2)",按"√"按钮即可。

[4] 单击 F2 单元格,然后将鼠标移动到 F2 单元格右下角;当鼠标由空心十字架变成实心十字架时,按下鼠标往 F3 至 F5 拖拉,松开鼠标,即可看到各个车间的平均值。

[5] 选中 E2∶F5,右击后选择"设置单元格格式(F)"。在"数字"选项卡中选择"数值",将小数位数设置为 2,单击"确定"。

[6] 选中 E2∶E5,右击后选择"设置单元格式(F)",在"数字"选项卡选择"百分比",单击"确定"。

2. 先将 Sheet2 的表格(A1∶C5)按英语递增、物理递减的前后顺序重排,再将其行列位置交换后复制到 Sheet3 工作表 A1 开始的单元格。

图 4-1-5

【练习步骤】

[1] 选中 A1∶C5,在"数据"选项卡中单击"排序和筛选"中的"自定义排序"按钮。

[2] 在"自定义排序"对话框中,根据题目要求,"列"的"主要关键字"选择"英语","排序"依据为"数值","次序"为"升序"。单击"添加条件","列"的"次要关键字"依次为"物理","排序依据"为"数值","次序"为"降序",单击"确定"。

[3] 在 Sheet2 中选中 A1∶C5,右击鼠标,选择"复制"命令;在 Sheet3 的 A1 单元格中右击,选择"选择性粘贴",打开"选择性粘贴"对话框,如图 4-1-5 所示,勾选"转置",单击"确定"。

3. 设置 Sheet4 的表标题:黑体、18 磅,加粗、合并对齐,加细对角线条纹底纹,行高为 24。并对 Sheet4 的表格(A2∶D6)进行格式化:各列列宽均取 9.75,数值均保留一位小数。表内容对齐,划线分隔(外框线取最粗单线,内部取最细单线)。前后对比图如图 4-1-6 所示。

	A	B	C	D
1	班级	数学	英语	平均成绩
2	六年级	87.5	87	87.25
3	七年级	74.0	81	77.5
4	八年级	79.0	91	85
5	九年级	82.0	85	83.5
6				

⇨

	A	B	C	D
1	成	绩		单
2	班级	数学	英语	平均成绩
3	六年级	87.5	87.0	87.3
4	七年级	74.0	81.0	77.5
5	八年级	79.0	91.0	85.0
6	九年级	82.0	85.0	83.5

图 4-1-6

【练习步骤】

[1] 单击第 1 行,右击后选择插入。

[2] 选中 A1∶D1,单击“合并后居中”,输入文字“成绩单”,设置字体为:黑体,18 磅,加粗。

[3] 右击 A1∶D1 所在的单元格,选择“设置单元格格式”,在“对齐”选项卡的“水平对齐”选项中选择“分散对齐(缩进)”,“垂直对齐”选项选择“居中”,在“填充”选项卡的“图案样式”中选择“细对角线条纹”,如图 4-1-7 所示,单击“确定”。

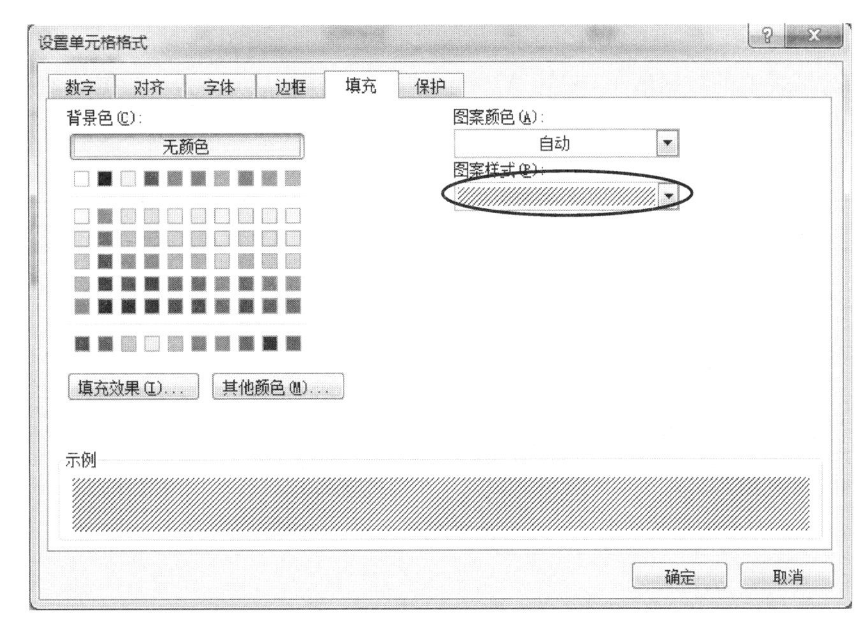

图 4-1-7

[4] 单击第 1 行,右击后选择“行高”,将值设置为 24。

[5] 选中 A、B、C、D 列,右击后选择“列宽”,将值设置为 9.75。

[6] 选中 A2∶D6,右击选择“设置单元格格式”,在“数字”选项卡的“数值”项中,“小数位”选择为 1。在“对齐”选项卡的“水平对齐”选项选择“居中”,“垂直对齐”选项选择“居中”。

[7] 选中 A2∶D6,右击后单击“设置单元格格式”按钮,进入对话框后;单击“边框”选项卡,选中最粗单线,单击“外边框”,选中最细单线,单击“内部”,单击“确定”。

4. 设置 Sheet4 的页面：文档水平居中,取消打印网络线,左、右页边距均改为 1 厘米。并在左编辑区设置 Sheet4 的页脚文字“统计表”：28 磅、双下划线,距下边界 5 厘米。

【练习步骤】

[1] 在 Excel 菜单中,单击“页面布局”选项卡“页面设置”工具栏右下角 ⌟ 图标,打开“页面设置”对

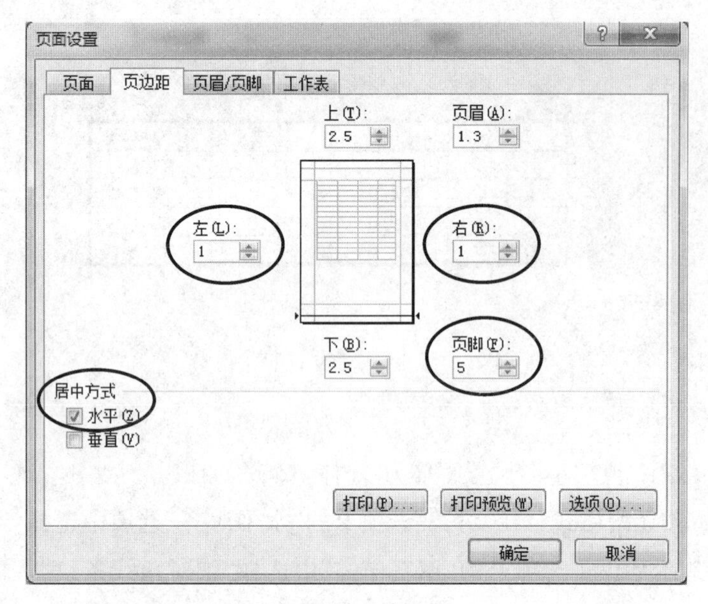

图 4-1-8

话框。

[2] 在“页面设置”对话框中单击“页边距”选项卡，将左、右页边距改为1厘米，页脚距下边界改为5厘米，居中方式勾选为“水平”，如图4-1-8所示。

[3] 在“页面设置”对话框中，单击“页眉/页脚”选项卡，单击“自定义页脚”，在左编辑区输入“统计表”。

[4] 选中“统计表”文字，在“自定义页脚”中，单击格式文本A按钮，字体大小设置为：28磅，下划线选择“双下划线”，依次单击“确定”。

[5] 在“页面设置”对话框中，单击“工作表”选项卡，确保打印“网格线”未选中。

5. 对Sheet5工作表中的数据清单，在其A15开始的单元格生成透视表；数据均取整数，数据透视表布局以表格形式显示，不重复项目标签，数据透视表样式为“无”，数据透视表效果如图4-1-9所示。

15			城市								
16	地区	数据	大连	杭州	吉林	佳木斯	南昌	太原	天津	武汉	总计
17	东北	求和项:日常生活用品	91		92	91					275
18		平均值项:耐用消费品	93		96	93					94
19	华北	求和项:日常生活用品						91	89		180
20		平均值项:耐用消费品						90	87		89
21	华东	求和项:日常生活用品		94			90				183
22		平均值项:耐用消费品		90			94				92
23	华中	求和项:日常生活用品								96	96
24		平均值项:耐用消费品								90	90
25	求和项:日常生活用品汇总		91	94	92	91	90	91	89	96	734
26	平均值项:耐用消费品汇总		93	90	96	93	94	90	87	90	92

图 4-1-9

【练习步骤】

[1] 在Excel菜单中，单击“插入”选项卡“表格”工具栏“数据透视表”下的“数据透视表”按钮，进入“创建数据透视表”对话框。

[2] 在“创建数据透视表”对话框中“请选择要分析的数据”为“选择一个表或区域”，其表为A2：G13；“选择放置数据透视表的位置”为“现有工作表”，其位置为A15，单击“确定”。

[3] 将“地区”拖入“行标签”，将“城市”拖入“列标签”，将“日常生活用品”拖入“数值”，默认为求和项，将“耐用消费品”拖入“数值”，单击“求和项：耐用消费品”；单击“值字段设置”，更改计算类型为平均值，并将列标签的“Σ数值”拖入行标签中，如图3-1-10所示。

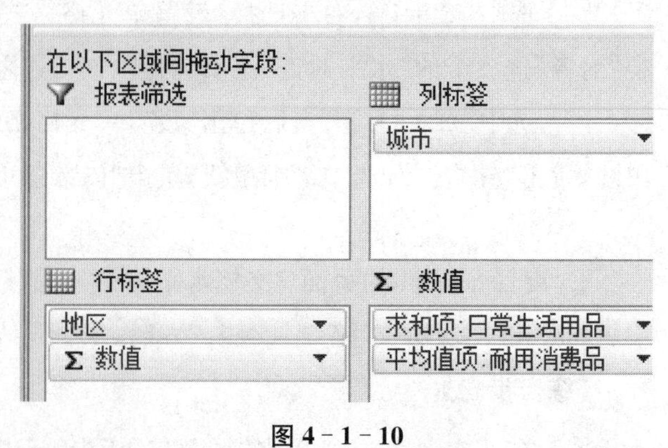

图 4-1-10

[4] 选中数据透视表的任意单元格，在“数据透视

表工具”的“设计”选项卡中，报表布局选择“以表格形式显示”和“不重复项目标签”，在“数据透视表样式”中选择第一个“无”，如图 4－1－11 所示。

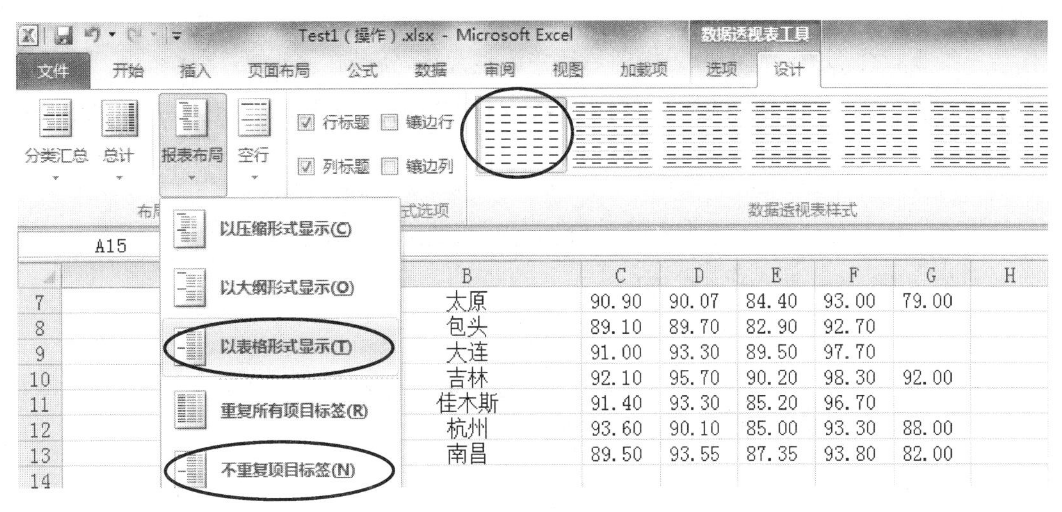

图 4－1－11

[5] 选择透视表，右击选择“设置单元格格式”，在“数字”选项卡的“数值”项中，小数位选择为 0。

[6] 如图 4－1－12 调整表格，在“城市”筛选中选择“大连”“杭州”“吉林”“佳木斯”“南昌”“太原”“天津”和“武汉”，调整表格宽度，双击“值”，更改为“数据”。

		城市											
地区	值	包头	大连	杭州	吉林	佳木斯	南昌	太原	天津	武汉	长沙	郑州	总计
东北	求和项:日常生活用品		91		92	91							275
	平均值项:耐用消费品		93		96	93							94
华北	求和项:日常生活用品	89						91	89				269
	平均值项:耐用消费品	90						90	87				89
华东	求和项:日常生活用品			94			90						183
	平均值项:耐用消费品			90			94						92
华中	求和项:日常生活用品									96	89	88	273
	平均值项:耐用消费品									90	90	85	88
求和项:日常生活用品汇总		89	91	94	92	91	90	91	89	96	89	88	1000
平均值项:耐用消费品汇总		90	93	90	96	93	94	90	87	90	90	85	91

图 4－1－12

6. 取 Sheet5 工作表数据清单中相应数据，在 Sheet6 工作表的 A1：G12 区域内作图。图表布局为布局 1，图表样式为样式 34，形状样式为“彩色轮廓-蓝色，强调颜色 1”，除图表标题为黑体、14 磅外，其他字符均为 10 磅，图表效果如图 4－1－13 所示。

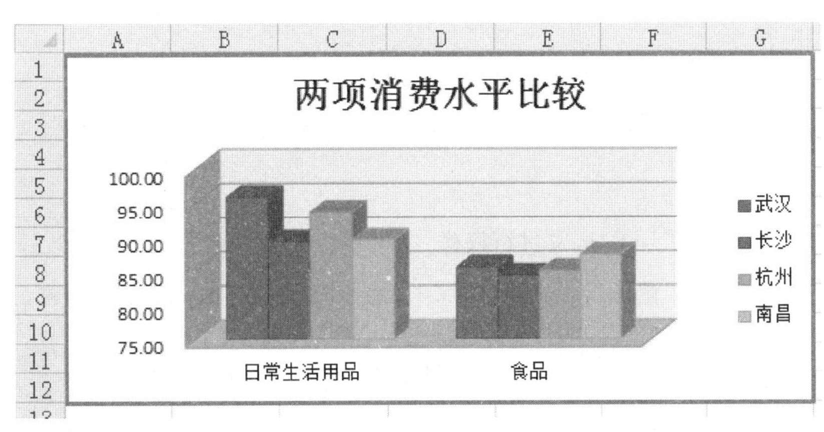

图 4－1－13

【练习步骤】

[1] 在 Sheet6 工作表中插入三维簇状柱形图。单击“插入”,选择“柱形图”下“三维柱形图”中的第一个“三维簇状柱形图”。

[2] 移动三维簇状柱形图的起始单元格到 A1,并调整大小,使其在 A1∶G12 区域内。

[3] 右击柱形图,单击“选择数据”,在“图表数据区域”内选择 Sheet5 工作表中的 B2∶G13,如图 4-1-14 所示。

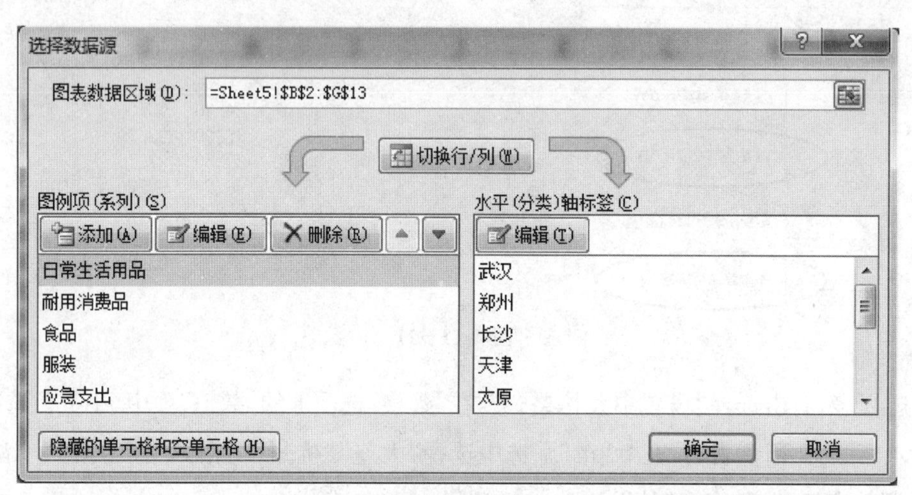

图 4-1-14

[4] 在图例项中删除“耐用消费品”“服装”“应急支出”;单击“切换行/列”,继续在图例项中删除“郑州”“天津”“太原”“包头”“大连”“吉林”“佳木斯”,单击“确定”。

[5] 选中柱形图,在“图表工具”—“设计”—“图表布局”中选择布局 1。

[6] 选中柱形图,在“图表工具”—“设计”—“图表样式”中选择样式 34。

[7] 选中柱形图,在“图表工具”—“格式”—“形状样式”中选择:彩色轮廓-蓝色,强调颜色 1。

[8] 选中图表,在“开始”选项卡中将字号设为 10 磅。

[9] 选中图表标题,将图表标题更改为“两项消费水平比较”,并将字体设置为黑体,14 磅。

综合练习二

Word 操作

1. 打开 D:\综合练习 2\Test1.docx 进行操作,结果仍以原文件名、原路径存盘。

(1) 设置标题“中国五岳”:黑体、三号、粗体、居中,加 15%段落底纹,效果参考图 4-2-1。

中国五岳

图 4-2-1

【练习步骤】

[1] 选中标题“中国五岳”。

[2] 单击“开始”选项卡,在“字体”工具栏“字体”框中选:黑体。

[3] 在“字号”框中选:三号。

[4] 单击加粗按钮 **B** 。

[5] 在“段落”工具栏中,单击“居中”按钮 ☰ 。

[6] 在“开始”选项卡中单击“段落”工具栏下框线下拉列表 ⊞▾,选择“边框和底纹”,打开“边框和底纹”对话框。

[7] 选择“底纹”选项卡,在“图案”区域“样式”框中选:25%。

[8] 在“应用于”框中选:段落。

[9] 单击“确定”。

(2) 设置正文中所有的“五岳”:隶书、小三号、蓝色下划双波浪线、粗斜。

【练习步骤】

[1] 将光标定位于正文第一段段首。

[2] 单击“开始”选项卡,在“编辑”工具栏中单击“替换”按钮,在打开的“查找和替换”对话框中选择“替换”选项卡,单击“更多”按钮。

[3] 光标定位在“查找内容”框中,输入文字“五岳”。

[4] 光标定位在“替换为”框中,单击“格式”按钮,在打开菜单中单击“字体”,打开“替换字体”对话框,在对话框中设置:隶书、小三号、蓝色下划双波浪线、粗斜,单击“确定”。

[5] 单击“替换”按钮,直到替换完成正文中所有“五岳”文字,关闭对话框。

2. 打开 D:\综合练习 2\Test2.docx 进行操作,结果仍以原文件名、原路径存盘。

(1) 设置正文部分:各段首行缩进 2 个字符,两端对齐,行距为 1.5 倍行距。

【练习步骤】

[1] 选中正文部分内容。

[2] 选择“开始”选项卡,单击“段落”工具栏右下角 ◲ 图标,打开“段落”对话框。

[3] 选择“缩进和间距”选项卡,在“常规”区域“对齐方式”框中选:两端对齐。

[4] 在“缩进”区域“特殊格式”框中选:首行缩进,“磅值”框中设置为:2 字符。

[5] 在“间距”区域“行距”框中选:1.5 倍行距。

[6] 单击“确定”。

(2) 插入图片(shanmai.wmf):四周型,水平居中于页面,垂直距页边距 5 厘米,效果参考图 4-2-2。

[1] 将光标定位于第二段段首。

[2] 选择“插入”选项卡,单击“插图”工具栏中“图片”按钮,打开“插入图片”对话框。

[3] 找到图片 shanmai.wmf,选中图片,单击“插入”按钮。

[4] 保持图片选中,在“格式”选项卡“大小”工具栏中单击 ◲ 图标,打开“布局”对话框。

[5] 单击“文字环绕”选项卡,在“文字环绕”区域选中“四周型”。

泰山古称“岱山”、又名“岱宗”，春秋时始称“泰山”。“山以岳遵，岳为东最”。自汉代我国确立“五岳”以来，泰山就居于“五岳独尊”的地位。我国历代的封建帝王在这里举行隆重的封禅典礼，文人墨客在这里流连观赏，吟咏赞叹。到泰山，既可以饱览历史文化的精品，又可以领略大自然的神奇之美。

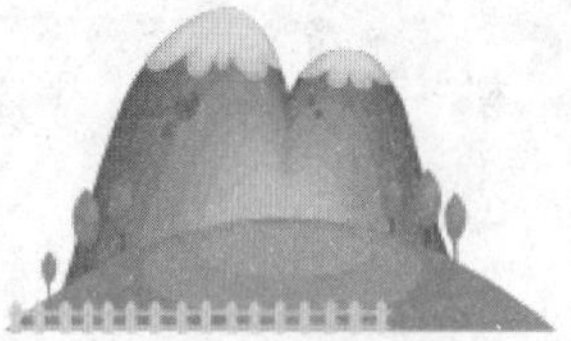

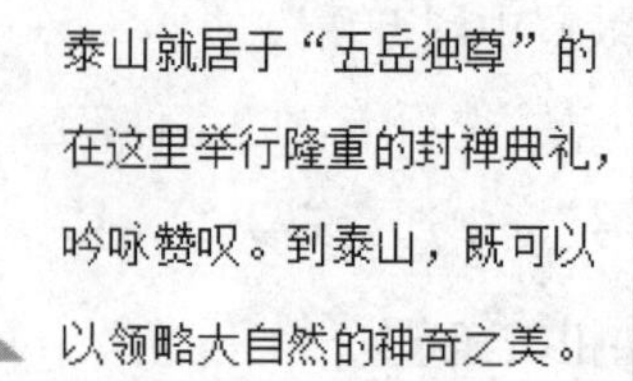

异峰突起在华北平原大地上的泰山，山势突兀挺拔，气势磅礴，颇有“擎天捧日”之势，通常被人们看做是崇高、伟大的象征，成为中华民族的骄傲。

图 4-2-2

[6] 单击“位置”选项卡，在“水平”区选中“对齐方式”单选框，并设置为：居中，“相对于”框中设置为：页面。

[7] 在“垂直”区选中“绝对位置”单选框，并设置为：5厘米，“下侧”框中设置为：页边距，单击“确定”。

(3) 将第三段“华山名字的来源说法很多……”等宽分栏：两栏，加分隔线。

[1] 将鼠标移到正文第三段中任意位置，三击鼠标左键。

[2] 单击“页面布局”选项卡，在“页面设置”工具栏“分栏”下拉菜单中，单击“更多分栏”，打开“分栏”对话框。

[3] 在“预设”区单击“两栏”，单击“分隔线”前的复选框，使其打钩“√”。

[4] 单击“确定”。

(4) 将正文中所有的“美”全部改为“Beautiful”：Times New Roman、五号、粗体。

【练习步骤】

[1] 将光标定位于正文的任意位置。

[2] 单击“开始”选项卡，在“编辑”工具栏中单击“替换”按钮，在打开的“查找和替换”对话框中选择“替换”选项卡，单击“更多”按钮。

[3] 光标定位在“查找内容”框中，输入文字“美”。

[4] 光标定位在“替换为”框中，输入文字“Beautiful”；单击“格式”按钮，在打开菜单中单击“字体”，打开“替换字体”对话框，在对话框中设置：Times New Roman、五号、粗体，单击“确定”。

[5] 在“查找和替换”对话框中，单击“全部替换”按钮。

[6] 关闭对话框。

3. 打开 D: \综合练习 2\Test3. docx 进行操作，结果仍以原文件名、原路径存盘。

(1) 设置页眉“美丽的中国河山”：幼圆、五号、右对齐，保留原有段落框线，效果参考图 4-2-3。

美丽的中国河山

中国五岳

五岳，是中国五大名山的总称。即东岳泰山、南岳衡山、西岳华山、北岳恒山、中岳嵩山。泰山和嵩山曾经是是封建帝王仰天功之巍巍而封禅祭祀的地方，更是封建帝王受命于天，定鼎中原的象征。

图 4-2-3

【练习步骤】

[1] 单击“插入”选项卡，在“页眉和页脚”工具栏中，单击“页眉”下拉列表，选择“编辑页眉”。

[2] 光标定位于页眉编辑框的居中位置，在页眉编辑框中输入“美丽的中国河山”文字。

[3] 选中文字，单击“开始”选项卡，在“字体”工具栏中设置：幼圆、五号。

[4] 在“段落”工具栏中，单击“文本右对齐”按钮。

[5] 单击“设计”选项卡，“关闭”工具栏中的“关闭页脚和页面”按钮。

(2) 在文末几行文字转换成 6 行 3 列的表格，各列列宽均为 2.5 厘米，表内容居中，整表居中，效果参考图 4-2-4。

名称	海拔	位于城市
东岳泰山	1545 米	山东泰安
南岳衡山	1300 米	湖南衡阳
西岳华山	2155 米	陕西华阴
北岳恒山	2016 米	陕西浑源
中岳嵩山	1512 米	河南登封

图 4-2-4

【练习步骤】

[1] 选中文末需要转换为表格的文字。

[2] 单击“插入”选项卡，在“表格”工具栏中单击“表格”下拉列表 表格。

[3] 选中“文本转换成表格”按钮，打开“将文字转换成表格”对话框，在“表格尺寸”区域“列数”框中设置为：3。

[4] 在“自动调整”操作区域中选中“固定列宽”单选框，并设置为：2.5 厘米，确认在“文字分隔位置”区域中已选中“制表符”单选框，单击“确定”。

[5] 单击表格左上角 ⊕ 图标，选中整个表格，单击“开始”选项卡，在“段落”工具栏中，单击“居中”按钮。

[6] 保持表格选中状态，单击“布局”选项卡，在“对齐方式”工具栏中单击“水平居中”按钮。

Excel 操作

打开 D：\综合练习 2\test.xlsx，按下列要求进行操作，结果仍以原文件名、原路径保存。

1. 计算 Sheet1 数据清单中的“涨跌%”值[=(今收盘-前收盘)/前收盘]，数据格式为百分比，保留两位小数。

【练习步骤】

[1] 单击 G3 单元格，在编辑区域输入“=”，输入“（”；然后，单击 F3，输入“－”；单击 C3，输入“)/”；单击 C3，即可得编辑区域的公式“=(F3－C3)/C3”。最后，单击编辑区域左边的输入按钮“√”计算涨跌的小数值。

[2] 单击 G3 单元格，右击选择“设置单元格格式”，在“数字”选项卡的分类中选择“百分比”，小数位数为 2，单击“确定”。

[3] 单击 G3 单元格，然后将鼠标移动到 G3 单元格右下角；当鼠标由空心十字架变成实心十字架时，按下鼠标往 G4 至 G6 拖拉，松开鼠标，即可看到各个股票的涨跌。

2. 将 Sheet2 的表格(A1：G8，包括表标题)复制到 Sheet3 工作表 A1 开始的单元格，再按“数学”递减,“地理”递增的先后顺序重排记录。

【练习步骤】

[1] 在 Sheet2 工作表中选中 A1∶G8,按住 Ctrl+C 复制。在 Sheet3 工作表中单击 A1,按住 Ctrl+V 粘贴。

[2] 在 Sheet3 工作表选中 A2∶G8,单击“排序和筛选”中的“自定义排序”按钮。

[3] 在“自定义排序”对话框中,根据题目要求,“列”的“主要关键字”选择“数学”,“排序依据”为“数值”,“次序”为“降序”。单击“添加条件”,“列”的“次要关键字”依次为“地理”,“排序依据”为“数值”,“次序”为“升序”,单击“确定”。

3. 设置 Sheet4 的表标题:隶书、20 磅,合并居中,相应单元格加填充颜色为“红色,淡色 60%”。并对 Sheet4 的表格(A2∶F6)进行格式化:各列取最合适列宽。保留一位小数:内容居中对齐。划分分隔(外边框取最粗单线,内部取最细单线),效果参考图 4-2-5。

	A	B	C	D	E	F
1	部分股票行情					
2	股票简称	类别	前收盘	最高	最低	今收盘
3	携程旅游	旅游	14.3	15.2	14.1	14.8
4	杭州能源	能源	14.1	14.9	13.8	14.0
5	大成地产	房地产	6.8	6.9	6.5	6.7
6	华联商厦	商业	7.5	7.6	7.2	7.4

图 4-2-5

【练习步骤】

[1] 选中 A1∶F1,单击“合并后居中”,设置字体为:隶书,20 磅,填充颜色选择“红色,淡色 60%”。

[2] 选中 A2∶F6,右击选择“设置单元格格式”,在“数字”选项卡的“数值”项中,小数位选择为 1。

[3] 保持选中 A2∶F6,在“开始”选项卡,“单元格”功能区中,单击“格式”按钮中的“自动调整列宽”。

[4] 保持选中 A2∶F6,在“对齐方式”中选择“居中”。

[5] 保持选中 A2∶F6,单击边框中的所有框线,右击后单击“设置单元格格式”按钮;进入对话框后,单击“边框”选项卡,选中最粗单线,单击“外边框”,选中最细单线,单击“内部”,单击“确定”。

4. 设置 Sheet4 的页面:文档水平、垂直居中,取消打印网络线,左、右页边距均为 1 厘米;在右编辑区设置 Sheet4 的页脚文字“股市行情”:28 磅,双下划线,距下边界 5 厘米。

【练习步骤】

[1] 在 Excel 菜单中单击“页面布局”,单击“页面设置”右下角按钮打开“页面设置”对话框。

[2] 在“页面设置”对话框中单击“页边距”选项卡,将左、右页边距改为 1 厘米,页脚距下边界改为 5 厘米,“居中方式”勾选为“水平”“垂直”。

[3] 在“页面设置”对话框中单击“页眉/页脚”选项卡,单击“自定义页脚”,在右编辑区输入“股市行情”。

[4] 选中“股市行情”文字,在“自定义页脚”中单击格式文本A按钮,字体大小选择 28 磅,下划线选择

“双下划线”，依次单击“确定”按钮。

[5] 在“页面设置”对话框中单击“工作表”选项卡，确保打印“网格线”未选中。

5. 在 Sheet5 工作表中，基于 A2：G8 数据区域，在 C11 开始的单元格生成透视表，数据透视表报表布局以表格形式显示，不重复项目标签，效果参考图 4－2－6(数据透视表样式保持默认状态)。

性别	值	
男	求和项:数学	332
	求和项:政治	274
女	求和项:数学	165
	求和项:政治	145
求和项:数学汇总		497
求和项:政治汇总		419

图 4－2－6

【练习步骤】

[1] 在 Excel 菜单中，单击“插入”选项卡，在“表格”工具栏单击“数据透视表”下的“数据透视表”按钮，进入“创建数据透视表”对话框。

[2] 在“创建数据透视表”对话框中“请选择要分析的数据”的“选择一个表或区域”，选择 A2：G8，“选择放置数据透视表的位置”为“现有工作表”，其位置为 C11，单击“确定”。

[3] 将“性别”拖入“行标签”，将“数学”拖入“数值”，默认为求和项；将“政治”拖入“数值”，默认为求和项，并将列标签的“∑数值”拖入到行标签中。

[4] 选中数据透视表的任意单元格，在“数据透视表工具”的“设计”选项卡中，报表布局选择“以表格形式显示”和“不重复项目标签”。

6. 在 Sheet6 工作表的 A1：G13 区域内作图(数据取自 Sheet5 工作表)，图表样式为样式 33，整表字符均取 14 磅，图表效果参考图 4－2－7。

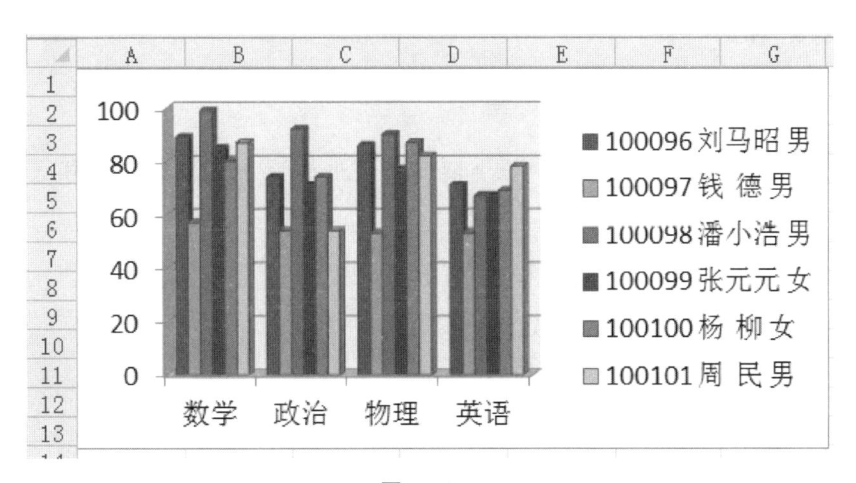

图 4－2－7

【练习步骤】

[1] 在 Sheet6 工作表中插入三维簇状柱形图，单击“插入”，选择“柱形图”下“三维柱形图”中的第一个“三维簇状柱形图”。

[2] 移动三维簇状柱形图的起始单元格到A1,并更改大小在A1∶G13区域内。

[3] 右击柱形图,单击“选择数据”,在图表数据区域内选择Sheet5工作表中的A2∶G8,单击“切换行/列”。

[4] 保持选中柱形图,在“图表工具”—“设计”—“图表样式”中选择样式33。

[5] 保持选中柱形图,字体大小设置为14磅。

综合练习三

Word操作

1. 打开D:\综合练习3\Test1.docx进行操作,结果仍以原文件名、原路径存盘。

(1) 设置标题“中国人口的历史变迁”:隶书、二号、粗体、居中、加25%底纹和浅色竖线底纹,效果参考图4-3-1。

图4-3-1

【练习步骤】

[1] 选中标题“中国人口的历史变迁”。

[2] 单击“开始”选项卡,在“字体”工具栏“字体”框中选:隶书。

[3] 在“字号”框中选:二号。

[4] 单击加粗按钮 **B** 。

[5] 在“段落”工具栏中,单击“居中”按钮 。

[6] 在“开始”选项卡中,单击“段落”工具栏下框线下拉列表 ,选择“边框和底纹”,打开“边框和底纹”对话框。

[7] 选择“底纹”选项卡,在“图案”区域“样式”框中选:25%。

[8] 在“应用于”框中选:文字,单击“确定”。

[9] 保持文字选中,再次打开“边框和底纹”对话框。

[10] 选择“底纹”选项卡,在“图案”区域“样式”框中选:浅色竖线底纹。

[11] 在“应用于”框中选:段落,单击“确定”。

(2) 设置正文所有的“人口”:黑体、小三号、粗体、双下划线。

【练习步骤】

[1] 将光标定位于正文第一段段首。

[2] 单击“开始”选项卡,在“编辑”工具栏中单击“替换”按钮,在打开的“查找和替换”对话框中选择

"替换"选项卡，单击"更多"按钮。

[3] 光标定位在"查找内容"框中，输入文字"人口"。

[4] 光标定位在"替换为"框中，单击"格式"按钮，在打开菜单中单击"字体"，打开"替换字体"对话框，在对话框中设置：黑体、小三号、双下划线，单击"确定"。

[5] 在"查找和替换"对话框中，单击"替换"按钮，直到替换完成正文中所有"人口"文字，关闭对话框。

2. 打开 D:\综合练习 3\Test2.docx 进行操作，结果仍以原文件名、原路径存盘。

(1) 设置正文部分：各段首行缩进 2 个字符，两端对齐，行距为固定值 15 磅。

【练习步骤】

[1] 选中正文部分内容。

[2] 选择"开始"选项卡，单击"段落"工具栏右下角 图标，打开"段落"对话框。

[3] 选择"缩进和间距"选项卡，在"常规"区域"对齐方式"框中选：两端对齐。

[4] 在"缩进"区域"特殊格式"框中选：首行缩进，"磅值"框中设置为 2 字符。

[5] 在"间距"区域"行距"框中选：固定值，"设置值"为：15 磅。

[6] 单击"确定"。

(2) 插入图片(Ren.wmf)：高、宽分别为 3 厘米和 6 厘米，紧密型，水平居中于页面，垂直距页边距 10.5 厘米，效果参考图 4-3-2。

图 4-3-2

【练习步骤】

[1] 将光标定位于第五段段首。

[2] 选择"插入"选项卡，单击"插图"工具栏中"图片"按钮，打开插入图片对话框。

[3] 找到图片 Ren.wmf，选中图片，单击"插入"按钮。

[4] 保持图片选中，在"格式"选项卡"大小"工具栏中，单击图标 ，打开"布局"对话框。

[5] 在"大小"选项卡中，去掉"锁定纵横比"复选框前的"√"。

[6] 在"高度"区域"绝对值"单选框中设置为：3 厘米。

[7] 在"宽度"区域"绝对值"单选框中设置为：6 厘米。

[8] 单击"文字环绕"选项卡，在"环绕方式"区域选择"紧密型"。

[9] 单击"位置"选项卡，在"水平"区选中"对齐方式"单选框，并设置为：居中，"相对于"框中设置为：页面。

[10] 在"垂直"区域"绝对位置"单选框中设置为：10.5 厘米，"下侧"框中设置为：页边距，单击

“确定”。

(3) 将第四段“第三个坡,从明末至清后期——”等宽分栏:两栏,无分隔线。

【练习步骤】

[1] 将鼠标移到正文第三段中任意位置,三击之。

[2] 单击“页面布局”选项卡,在“页面设置”工具栏“分栏”下拉菜单中,单击“更多分栏”,打开“分栏”对话框。

[3] 在“预设”区单击“两栏”,并查看“栏宽相等”前的复选框选中打钩,确保打钩“√”。

[4] 单击“确定”。

(4) 将正文第一段设置为首字下沉,下沉2行,设置为黑体,效果参考图4-3-3。

中国人口的历史变迁

中国人口的历史发展,源远流长。纵观数千年来中国人口的发展,我们不难发现,人口总量的增长是中国人口发展中最明显的特征。如果形象地来说明的话,新中国建立之时,中国人口已经爬过了四个坡。

图4-3-3

【练习步骤】

[1] 选中文字“中”。

[2] 选择“插入”选项卡,单击“文本”工具栏中的“首字下沉”下拉列表 首字下沉 ,选择“首字下沉选项”,打开“首字下沉”对话框。

[3] 在“位置区域”选择“下沉”。

[4] 在“选项”区域“字体”框中选:黑体。

[5] 在“下沉行数”框中设置:2,单击“确定”。

3. 打开D:\综合练习3\Test3.docx进行操作,结果仍以原文件名、原路径存盘。

(1) 设置页脚“人类的发展”:幼圆、小四号、内容居中,加0.5磅单上框线,效果参考图4-3-4。

如果用一句话来描述中国历史人口总量变化的特征,我们可以说,中国人口呈现出波浪式加速增长的态势。

人类的发展

图4-3-4

【练习步骤】

[1] 单击“插入”选项卡,在“页眉和页脚”工具栏中,单击“页脚”下拉列表,选择“空白”页脚。

[2] 在页脚编辑框中输入“人类的发展”文字。

[3] 选中文字(包括段落标记),单击“开始”选项卡,在“字体”工具栏中设置:幼圆、小四号。

[4] 在“段落”工具栏中，单击“居中”。

[5] 仍保持选中状态，单击“开始”选项卡，在“段落”工具栏中，单击下框线下拉列表，选择“边框和底纹”，打开“边框和底纹”对话框。

[6] 在“边框”选项卡中，单击“设置”区域的“自定义”，在“样式”框中选：单线，在“宽度”框中选：0.5磅，在“预览”框中，单击上框线按钮，单击“确定”。

[7] 在“设计”选项卡中单击“关闭页眉和页脚”按钮。

(2) 将文末几行文字转换成5行3列的表格，各列列宽均为4.5厘米，外框线3磅，第一条水平框线1.5磅，其余框线均为1磅，表内容居中，整表居中，效果参考图4-3-5。

四个坡	时间	人口发展
第一个坡	从夏至西汉末年	接近6000万
第二个坡	从东汉至明末	6000万至7000万
第三个坡	从明末至清后期	4亿3千万左右
第四个坡	从清后期至新中国成立	超过5亿4千万

图4-3-5

【练习步骤】

[1] 选中文末需转换为表格的文字，单击“插入”选项卡，在“表格”工具栏中单击“表格”下拉列表，选中“文本转换成表格”按钮，打开“将文字转换成表格”对话框，在“表格尺寸”区域“列数”框中设置为：3。选中“固定列宽”，并在框中将“自动”改为“4.5厘米”，确认在“文字分隔位置”区域中已选中“制表符”单选框，单击“确定”。

[2] 单击表格左上角图标，选中整个表格，单击“开始”选项卡，在“段落”工具栏中，单击“居中”按钮。

[3] 保持表格选中，单击“设计”选项卡，在“绘图边框”工具栏“笔画粗细”下列菜单中选：1.0磅，在“表格样式”工具栏“边框”下列菜单中单击“所有边框”。

[4] 保持表格选中，在“绘图边框”工具栏“笔画粗细”下列菜单中选：3.0磅，在“表格样式”工具栏“边框”下列菜单中单击“外侧框线”。

[5] 选中表格第一行，在“绘图边框”工具栏“笔画粗细”下列菜单中选：1.5磅，在“表格样式”工具栏“边框”下列菜单中单击“下框线”。

[6] 保持表格选中状态，单击“布局”选项卡，在“对齐方式”工具栏中单击“水平居中”按钮。

Excel 操作

打开D:\综合练习3\test.xlsx，按下列要求进行操作，结果仍以原文件名、原路径保存。

1. 计算Sheet1数据清单中的“面积”“圆柱体体积”值，圆周率取3.1416，数据均保留三位数。其中，

“圆面积”=圆周率×半径^2,“圆柱体体积”=“面积”×高度。

【练习步骤】

[1] 单击B3单元格,在编辑区域输入“=3.1416*”;单击A3,输入“*”;单击A3,即可得编辑区域的公式“=3.1416*A3*A3”。最后,单击编辑区域左边的输入按钮“√”便计算出圆面积的值。

[2] 单击B3单元格,然后将鼠标移动到B3单元格右下角;当鼠标由空心十字架变成实心十字架时,按下鼠标往B4至B6拖拉,松开鼠标,即可看到各个圆面积的值。

[3] 单击D3单元格,在编辑区域输入“=”;单击B3,输入“*”;单击C3,即可得编辑区域的公式“=B3*C3”。最后,单击编辑区域左边的输入按钮“√”便计算出圆柱体体积的值。

[4] 单击D3单元格,然后将鼠标移动到D3单元格右下角;当鼠标由空心十字架变成实心十字架时,按下鼠标往D4至D6拖拉,松开鼠标,即可看到各个圆柱体体积的值。

2. 将Sheet2的表格(A1:C6)复制到Sheet3工作表A1开始的单元格,并按“小组”递增,“姓名”递减的先后顺序重排记录。

【练习步骤】

[1] 在Sheet2工作表中选中A1:C6,按住Ctrl+C复制。在Sheet3工作表中单击A1,按住Ctrl+V粘贴。

[2] 在Sheet3工作表选中A1:C6,单击“排序和筛选”中的“自定义排序”按钮。

[3] 在“自定义排序”对话框中,根据题目要求,“列”的“主要关键字”选择“小组”,“排序依据”为“数值”,“次序”为“升序”。

[4] 单击“添加条件”,“列”的“次要关键字”依次为“姓名”,“排序依据”为“数值”,“次序”为“降序”,单击“确定”。

3. 设置Sheet4的表标题:华文楷体、16磅,合并居中,相应单元格填充颜色为橙色,淡色80%。并对Sheet4的表格(A2:E5)进行格式化:各列取最合适的列宽,表内容居中对齐,划线分隔(外边框取最粗单线,内部取最细单线),效果参考图4-3-6。

	A	B	C	D	E
1	施工项目清单				
2	项目	完成日期	单价	数量	金额
3	IPTV	2012/11/12	39000	17	663000
4	网络带宽	2011/10/23	43000	13	559000
5	移动电话	2009/12/12	31000	22	682000
6					

图4-3-6

【练习步骤】

[1] 选中A1:E1,单击“合并后居中”,输入文字“施工项目清单”,设置字体为:华文楷体,16磅,填充颜色选择“橙色,淡色80%”。

[2] 选中B3:B5,右击选择“设置单元格格式”,在“数字”选项卡的“日期”项中,类型选择如图4-3-7所示。

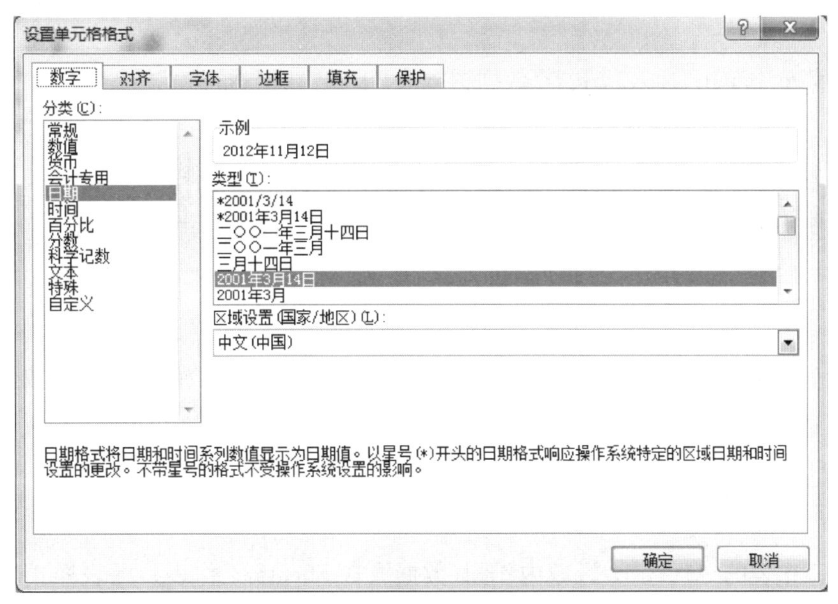

图 4-3-7

[3] 选中 A2：E5，单击“格式”按钮中的“自动调整列宽”。

[4] 保持选中 A2：E5，在“开始”选项卡“对齐方式”中选择“居中对齐”。

[5] 保持选中 A2：E5，单击边框中的所有框线，右击后单击“设置单元格格式”按钮；进入对话框后，单击“边框”选项卡，选中最粗单线，单击“外边框”，选中最细单线，单击“内部”，单击“确定”。

4. 设置 Sheet4 的页面：文档水平、垂直均居中，去掉原有页眉、页脚；并在中间编辑区设置页脚文字“施工单”：20 磅、单下划线。

【练习步骤】

[1] 在 Excel 菜单中单击“页面布局”，单击“页面设置”右下角按钮，打开“页面设置”对话框。

[2] 在“页面设置”对话框中单击“页边距”选项卡，居中方式勾选为“水平”“垂直”。

[3] 在“页面设置”对话框中单击“页眉/页脚”选项卡，去掉原有页眉、页脚；单击“自定义页脚”，在中间编辑区输入“施工单”。

[4] 选中“施工单”文字，在“自定义页脚”中单击格式文本A按钮，字体大小选择 20 磅，下划线选择“单下划线”，依次单击“确定”按钮。

5. 在 Sheet5 工作表中，基于 A1：D12 数据区域，在 A17 开始的单元格生成透视表，数据均取整数，数据透视表报表布局以表格形式显示，不重复项目标签，效果参考图 4-3-8（数据透视表样式保持默认状态）。

17	求和项:销售额	销售地区					
18	产品名称	东北	华北	华东	西北	西南	总计
19	钢材	13241		11540		23117	47898
20	木材		23357	12678		12222	48257
21	塑料	25498			23242		48740
22	**总计**	**38739**	**23357**	**24218**	**23242**	**35339**	**144895**

图 4-3-8

【练习步骤】

[1] 在Excel菜单中单击“插入”,单击“数据透视表”下的“数据透视表”按钮,进入“创建数据透视表”对话框。

[2] 在“创建数据透视表”对话框中,“请选择要分析的数据”为“选择一个表或区域”,其表为A1∶D12;“选择放置数据透视表的位置”为“现有工作表”,其位置为A17,单击“确定”。

[3] 将“产品名称”拖入“行标签”,将“销售地区”拖入“列标签”,将“销售额”拖入“数值”,默认为求和项。

[4] 选择透视表,右击选择“设置单元格格式”;在“数字”选项卡的“数值”项中,小数位选择为0。

[5] 选中数据透视表的任意单元格,在“数据透视表工具”的“设计”选项卡中,报表布局选择“以表格形式显示”和“不重复项目标签”(参照图4-1-11)。

6. 在Sheet6工作表的A1∶G13区域内作图(数据取自Sheet5工作表),图表样式为样式35,图中所有字符均取11磅大小,图表效果参考图4-3-9。

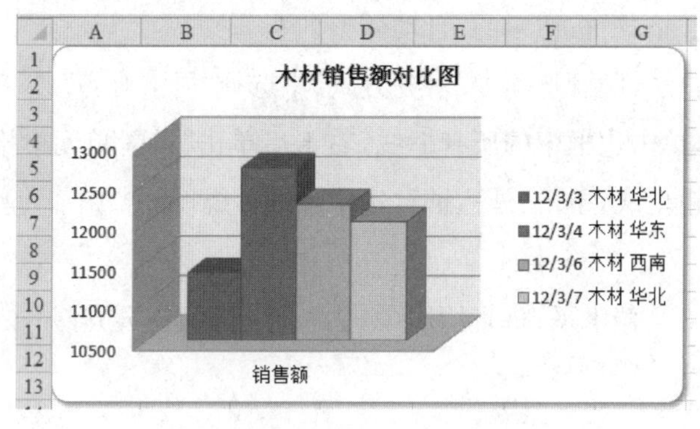

图4-3-9

【练习步骤】

[1] 在Sheet6工作表中,插入三维簇状柱形图,单击“插入”,选择“柱形图”下“三维柱形图”中的第一个“三维簇状柱形图”。

[2] 移动三维簇状柱形图的起始单元格到A1,并更改大小在A1∶G13区域内。

[3] 右击柱形图,单击“选择数据”,在图表数据区域内选择Sheet5工作表中的A1∶D12。

[4] 单击“切换行/列”,在图例项中删除“12/3/2 钢材 华东”等,只留下如图4-3-9所示的四项内容,单击“确定”。

[5] 将图表标题改为“木材销售额对比图”。

[6] 选中柱形图,在“图表工具”—“设计”—“图表样式”中选择样式35。

[7] 选中柱形图,字体大小设置为11磅,选中图表标题,字号大小设置为11磅。

第五部分

模拟测试

模拟测试一

Word 操作

（第 1、3 题各 10 分，第 2 题 20 分，共 40 分）

1. 打开 D：\模拟测试 1\Test1. docx 进行操作，结果仍以原文件名、原路径存盘。

（1）设置标题“东方明珠广播电视塔”：仿宋，小初号，加粗，居中，加浅色网络文字底纹（效果参考图 5－1－1）。

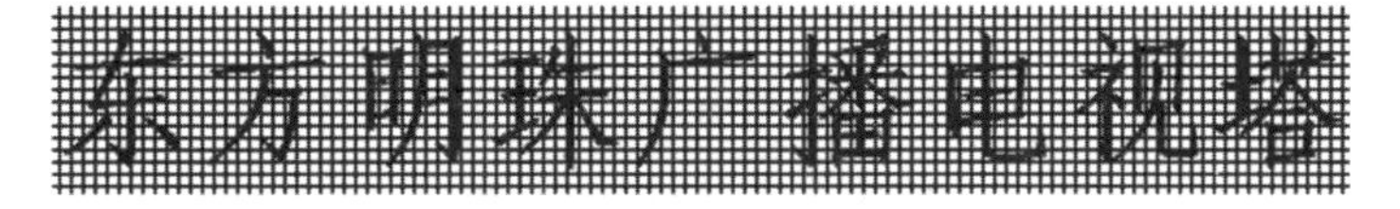

图 5－1－1

（2）设置正文部分：各段首行缩进 2 字符，两端对齐，行距设置为 1.5 倍行距，将正文“东方明珠塔的名字来源唐朝……”一段分成等宽两栏，并加上分割线。

2. 打开 D：\模拟测试 1\Test2. docx 进行操作，结果仍以原文件名、原路径存盘。

（1）设置标题，左右均缩进 3 字符，左对齐，加 1.5 磅双线下段落框线（效果参考图 5－1－2）。

图 5－1－2

(2) 将文中已有的图片,缩放其高度和宽度为原始尺寸的20%,将其移动嵌入到标题“开大女子学院”后。

(3) 为最后三段正文段落设置项目符号“●”(字符 Wingdings:108),项目符号和文字的缩进位置均为0(效果参考图5-1-3)。

- 女子学院以满足上海女性提高素质和丰富生活的多样化学习要求,培育适合上海城市经济社会发展的女性人才,推进上海终身教育体系和学习型城区建设。
- 女子学院目前形成三级网络架构,即总校-区县学习中心-学习点。
- 总校设国顺路院区和中山西路院区,目前下设的区县级教学点有:闵行区学习中心、长宁区学习中心、闸北区学习中心、虹口区学习中心、浦东新区学习中心和金山区学习中心等。

图5-1-3

3. 打开 D:\模拟测试1\Test3.docx 进行操作,结果仍以原文件名、原路径存盘。

(1) 将文末几行文字转换成一个3行4列的表格,并设置各列列宽为3厘米,表内容及整表均居中(效果参考图5-1-4)。

姓名	地址	电话	E-mail
李世杰	汶水路19号	6435442	lsj@163.com
孙佳干	天阳路18号	6435456	sjg@hot.com

图5-1-4

(2) 将第一段“本次培训从理论和实践上……”设置首字下沉2行,隶书。

Excel 操作

(每题5分,共30分)

打开 D:\模拟测试1\test.xlsx,按下列要求进行操作,结果仍以原文件名、原路径保存。

1. 计算 Sheet1 数据清单中的“最大销量”和“分类合计”,结果数据均保留一位小数。

2. 对 Sheet2 中的数据清单分别以工资、奖金、年龄为第一、第二、第三关键字均递增排序。

3. 设置 Sheet3 的表标题:上行黑体、18磅,合并居中。下行隶书、12磅,右对齐,相应单元格填充背景色“橙色,淡色60%”。并对 Sheet3 的表格进行格式化(A3:F18):各列取最适合的列宽,表内容居中对齐,划线分隔:外边框取最粗单线,内部取最细单线(效果参考图5-1-5)。

证券公司交易记录

(单位:元)

证券名称	证券分类	买入日期	买入总价	卖出日期	卖出总价
江南重工	股票	5/21/12	15370.66	5/21/12	15923.15
江西临工	股票	5/22/12	5214.74	5/22/12	5194.66
五洲同城	股票	5/23/12	2740.71	5/23/12	6900.56
春兰股份	股票	5/24/12	11004.03	5/24/12	11154.62
大唐电信	股票	5/25/12	4794.9	5/25/12	6281.52
赣能股份	股票	9/20/12	6402.5	9/20/12	7821.45
钢运股份	股票	9/21/12	3067.06	9/21/12	2082.7
海鸟电子	股票	11/11/12	3525.53	11/11/12	3534.08
华东科技	股票	11/12/12	4079.35	11/12/12	4666.1
基金小盘	基金	11/13/12	4200.04	11/13/12	4708.2
基金安信	基金	11/14/12	9660.92	11/14/12	9079.75
基金金龙	基金	3/14/13	1000.34	3/14/13	5180.83
基金开元	基金	3/16/13	1515.16	3/16/13	3216.94
摩根兴业	基金	3/17/13	17569.88	3/17/13	17821.63
博时价值	基金	3/18/13	16142.8	3/18/13	16832.87

图5-1-5

4. 设置 Sheet4 的页面：文档水平居中，设置打印网格线，并在中间编辑区设置页脚文字“股票行情”：28 磅、双下划线。

5. 在 Sheet5 工作表中，基于 A4：H22 的数据区域，在 A24 开始的单元格生成透视表，效果参考图 5－1－6(数据透视表样式保持默认状态)。

求和项:数量(台)	商家							
品牌	大润发	大西洋百货	第六百货	东方商厦	国美电器	苏宁电器	太平洋百货	总计
LG	62	45	39		9	7		162
TCL		47	48	25		18	79	217
长虹			58		105	31	60	254
总计	62	92	145	25	114	56	139	633

图 5－1－6

6. 在 Sheet6 工作表的 A8：H18 区域内作图(数据取自 Sheet6 中数据清单)，添加图表标题“经济增长图”，整表字符均取 10 磅(包括图表标题)，效果参考图 5－1－7。

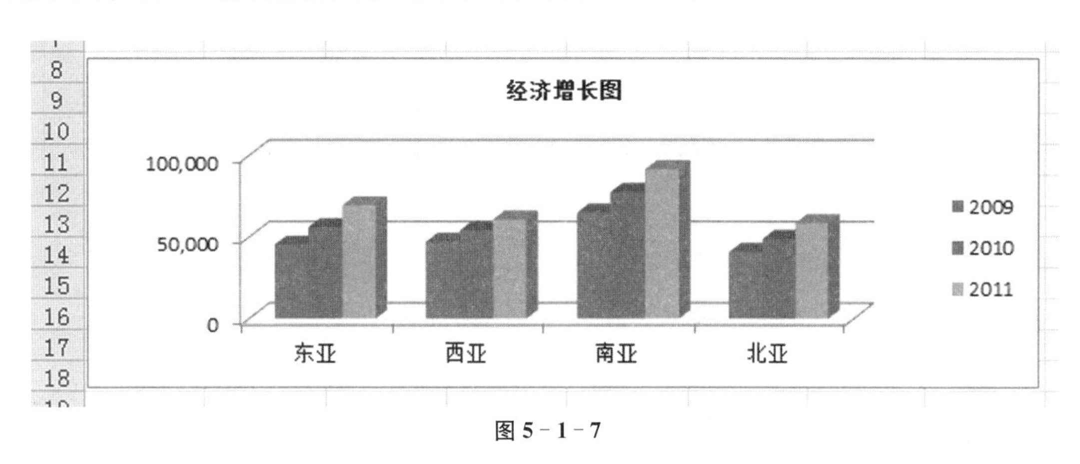

图 5－1－7

模拟测试二

Word 操作

(第 1、3 题各 10 分，第 2 题 20 分，共 40 分)

1. 打开 D：\模拟测试 2\Test1. docx 进行操作，结果仍以原文件名、原路径存盘。

(1) 设置标题“航空母舰的介绍”：仿宋，一号，粗斜，字符间距：缩放 150%，居中，加天浅蓝色段落底纹(效果参考图 5－2－1)。

航空母舰的介绍

图 5－2－1

(2) 设置正文各段两端对齐，行距设置 1.5 倍行距。将最后一段文字设置首字下沉 2 行，隶书。

2. 打开 D：\模拟测试 2\Test2. docx 进行操作，结果仍以原文件名、原路径存盘。

(1) 设置标题“个人理财应把握哪些策略”，左右缩进5字符，段落居中对齐，加3磅双线下段落框线，效果参考图5-2-2。

个人理财应把握哪些策略

图5-2-2

(2) 将文中已有的图片，高度和宽度分别设置为4厘米和3厘米，将其移动嵌入到标题文字后，效果参考图5-2-3。

图5-2-3

(3) 将正文(标题除外)中的所有的“理财”全改为幼圆、四号、下划单细波浪线。

(4) 设置已有的页脚“高效理财”：居中对齐，字符间距为加宽4磅。

3. 打开D:\模拟测试2\Test3.docx进行操作，结果仍以原文件名、原路径存盘。

(1) 将文末几行文字转换表格，并将表格套用“浅色网格”格式(第三行第一列)，效果参考图5-2-4。

种类	微波炉	电视机	洗衣机
品牌	三洋	熊猫	海尔
进货数	2000	2500	2200

图5-2-4

(2) 将第一段正文“数码相机是集光学、机械、电子一体化的产品……”等宽分成三栏，并加分隔线。

Excel操作

(每题5分，共30分)

打开D:\模拟测试2\test.xlsx，按下列要求进行操作，结果仍以原文件名、原路径保存。

1. 对Sheet1工作表操作：计算6种货物的“毛利”[=定货数量×(销售单价-进货单价)]，在G9单元格计算“毛利合计”，计算结果均保留两位小数。

2. 对Sheet2工作表操作：交换表格第3行、第6行(即“大族激光”“东信和平”记录)的位置。(注意保持表格中相应公式的正确性)

3. 对Sheet3工作表操作：设置表标题，上行为黑体、22磅、加粗，分散对齐于下面表格，下行为隶书、20磅，跨列居中于下面表格，底纹为“白色，背景1，深色15%”。格式化表格(A3：H15)，各列取最适合的列宽，表内容居中对齐，划线分隔(外边框取最粗单线，内部取最细单线)，效果参考图 5-2-5。

	A	B	C	D	E	F	G	H
1	高二（2）班考试成绩表							
2	(2012学年第二学期)							
3	学号	姓名	性别	数学(考试)	政治(考查)	物理(考试)	英语(考试)	考试课总成绩
4	1001	向果冻	男	76	79	82	74	232
5	1016	陈海红	女	88	74	78	77	243
6	1002	李财德	男	57	54	53	53	163
7	1003	谭　圆	女	85	71	77	67	229
8	1004	周　敏	女	91	68	82	76	249
9	1014	王向天	男	74	67	77	84	235
10	1006	沈　翔	男	86	79	87	80	253
11	1008	司马燕	女	93	73	88	68	249
12	1010	刘山谷	男	87	93	96	90	273
13	1012	张雅政	女	45	67	58	78	181
14	平均分			78	73	78	75	231
15	最高分			93	93	96	90	273

图 5-2-5

4. 对 Sheet4 工作表操作：设置打印网格线。设置页脚“成绩表”，靠左、隶书、粗斜、36 磅、双下划线。

5. 对 Sheet5 工作表操作：以“月份合计”递减排序(不包括“分类合计”记录)。

6. 对 Sheet6 工作表操作：取数据清单相应数据在 A11：E23 区域内作图，整表字符均取 12 磅(包括图表标题)，效果参考图 5-2-6。

图 5-2-6

模拟测试三

Word 操作

(第 1、3 题各 10 分，第 2 题 20 分，共 40 分)

1. 打开 D：\模拟测试 3\Test1. docx 进行操作，结果仍以原文件名、原路径存盘。

(1) 设置标题“上海石库门”：隶书、小初、红色双下划线，居中对齐(效果参考图 5-3-1)。

上海石库门

图 5-3-1

(2) 将正文第二段“这种建筑大量吸收了江南民居的式样……”设为：粗体，两端对齐，段前、段后均为5磅。

2. 打开D：\模拟测试3\Test2.docx进行操作，结果仍以原文件名、原路径存盘。

(1) 将第一段“公园位于徐家汇广场东侧……”首字“公”下沉两行：黑体、25%图文框底纹。

(2) 将文档中原有图片的高度和宽度分别缩放为原始尺寸的23%和40%，插入到标题前，嵌入型(效果参考图5-3-2)。

图5-3-2

(3) 将第二段“以茂密的大乔木……”等宽分栏：三栏，栏间距均为2字符，加分割线。

(4) 设置页眉：黑体、小三号、对齐取消原有下框线，加“浅色下斜线”段落底纹(效果参考图4-3-3)。

图5-3-3

3. 打开D：\模拟测试3\Test3.docx进行操作，结果仍以原文件名、原路径存盘。

(1) 设置艺术字标题“良好学习习惯”(第一行第一列)：宋体、40磅；高度和宽度分别为2厘米和10.2厘米；四周型；水平居中于页面，垂直距页边距0厘米(效果参考图5-3-4)。

图5-3-4

(2) 将文末几行文字转换成表格：宋体、四号、表内容居中，表格粗框线为3磅、细框线为1.5磅(效果参考图5-3-5)。

姓名	语文	数学	英语	化学
张杰辉	80	89	77	86
隋晓丽	90	86	55	68
吴之龙	88	54	69	98

图5-3-5

Excel 操作

（每题 5 分，共 30 分）

打开 D：\模拟测试 3\test. xlsx，按下列要求进行操作，结果仍以原文件名、原路径保存。

1. 对 Sheet1 工作表操作：计算 4 种方案的“平均造价（万元/公里）”行[＝投资（亿元）÷线路总长（公里）×10000]和“桥隧总长占线路总长”[＝桥隧总长度（公里）÷线路总长（公里）]。在 F4 至 F11 计算出 4 种方案各种指标的“最大值”。计算结果格式参考图 5－3－6 所示，“＃”处应为具体表值。

	A	B	C	D	E	F
1	中国青藏铁路建设					
2	——四种进藏铁路方案比较					
3	方案	青藏线	甘藏线	川藏线	滇藏线	最大值
4	投资(亿元)	139.2	638.4	787.9	653.8	###.##
5	线路总长(公里)	1088	2126	1927	1594	####.##
6	桥隧总长度(公里)	30.6	438.69	819.24	710.65	###.##
7	总工期(年)	6	32	38	32	##.##
8	拉萨至北京距离(公里)	3952	4022	4063	5204	####.##
9	拉萨至上海距离(公里)	4326	4396	4366	5089	####.##
10	平均造价(万元/公里)	####.##	####.##	####.##	####.##	####.##
11	桥隧总长占线路总长	#.##%	##.##%	##.##%	##.##%	##.##%

图 5－3－6

2. 对 Sheet2 工作表操作：将该工作表名称改为“参考价目表”；在第 2 行之前插入 1 行，并将单元格 A1 内的文字“（单位：元）”移动到 D2 单元格；将最后一行移动到编号为 00089 所在行的后面。

3. 对 Sheet3 工作表操作：设置表标题，左边华文彩云、加粗、22 磅、会计用双下划线，水平和垂直居中于 A1∶E2；右边方正舒体、14 磅、粗斜、右对齐，底纹为“白色，背景 1，深色 15％”。格式化表格（A3∶G11），A～F 列设置最适合的列宽，G 列列宽为 13 磅，将 C4∶C7 合并、C8∶C11 合并；并将其文字设置 18 磅、隶书，文字方向调整为图 5－3－7 所示整表内容水平和垂直均居中，划线分割外边框取最粗单线，内部取最细单线（效果参考图 5－3－7）。

	A	B	C	D	E	F	G
1	2012年12月价格变化表						食醋、酒精
2							(单位：元/吨)
3	报价市场	产地	产品名称	原价	现价	涨跌%	最大现价差
4	华东化工场	上海	食醋	10,600	11,008	3.85	3,847
5	华中化工场	日本		11,000	11,552	5.01	
6	东北化工场	美国		13,000	13,551.8	4.24	
7	西南化工城	德国		9,800	9,705	-0.97	
8	华东化工场	江苏	酒精	14,500	14,234.9	-1.83	1,517
9	华中化工场	英国		13,000	13,339	2.61	
10	东北化工场	日美		15,100	14,752	-2.30	
11	西南化工城	荷兰		12,500	13,235	5.88	

图 5－3－7

4. 对 Sheet4 工作表操作：横向打印并设置打印网格线，取消页脚。

5. 对 Sheet5 工作表操作：对“持有部分”的 3 条记录(在 B4：H6 区域)和“投资部分”的 6 条记录(在 B7：H12 区域)，分别以“平均值”递增重排。

6. 对 Sheet6 工作表操作：取数据清单相应数据在 A16：F28 区域内作图，除图表标题为黑体、12 磅、加粗外，其余字符均为 10 磅，图例位置设置右底部(效果参考图 5-3-8)。

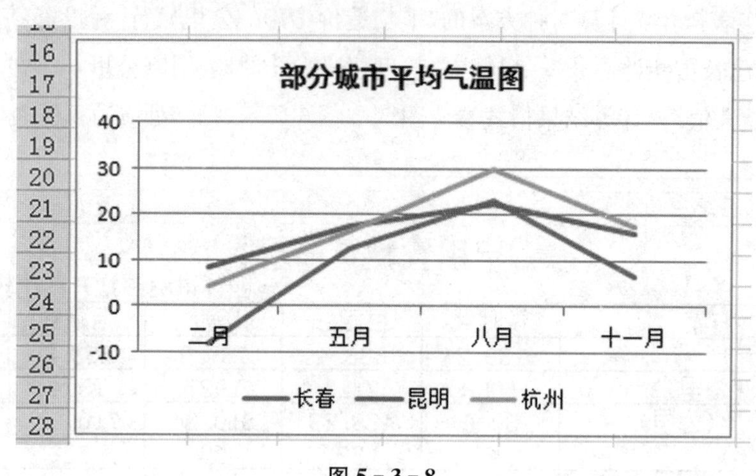

图 5-3-8

第六部分

基础知识练习

1. 办公自动化的简称是________。

A. OZ　　B. OA　　C. IC　　D. IT

【答案】B。

2. 办公自动化的理论基础是________。

A. 行为科学　　B. 系统科学　　C. 管理科学　　D. 计算机科学

【答案】B。

3. 办公自动化里________是决定因素。

A. 人和设备　　B. 人　　C. 设备　　D. 人和管理

【答案】B。

4. 以下哪项不是办公自动化的六大要素：________。

A. 办公人员、办公系统　　B. 办公制度、办公技术工具

C. 办公人员、办公机构　　D. 办公信息、办公环境

【答案】A。

5. 办公自动化系统是服务于某种目标的________处理系统。

A. 人机信息　　B. 网络信息　　C. 自动　　D. 中心

【答案】A。

6. 直接影响办公自动化系统的总体机构的是________的设置。

A. 办公制度　　B. 办公人员　　C. 办公机构　　D. 办公环境

【答案】C。

7. 计算机及计算机网络系统处理各种办公信息的技术叫________。

A. 办公信息处理技术　　B. 网络信息处理技术

C. 计算机管理技术　　D. 系统信息存储技术

【答案】A。

8. 下列________是 OA 系统的信息存储设备。

A. 打印机　　B. 传真机　　C. 磁盘　　D. 光驱

【答案】C。

9. 打印机是OA系统的________设备。

A. 信息处理　　B. 通信　　C. 信息存储　　D. 信息发生

【答案】A。

10. 计算机病毒具有的特性是________。

A. 传染性和寄生性　　B. 隐蔽性和破坏性　　C. 潜伏性　　D. 以上都是

【答案】D。

11. 以下应用软件中属于文字处理软件的是________。

A. PhotoShop　　B. Flash　　C. Netmeeting　　D. WPS

【答案】D。

12. 以下设备为输入设备的是________。

A. 显示器　　B. 主机　　C. 键盘　　D. 打印机

【答案】C。

13. 办公自动化系统的技术核心是________。

A. 文字处理技术　　B. 办公通信技术　　C. 办公网络技术　　D. 办公信息处理技术

【答案】D。

14. CPU的中文含义是________。

A. 运算器　　B. 计算器　　C. 控制器　　D. 中央处理器

【答案】D。

15. 衡量计算机存储容量的单位通常是________。

A. 字节　　B. 比特　　C. 块　　D. 以上皆不对

【答案】A。

16. 操作系统属于________。

A. 软件系统　　B. 应用系统　　C. 计算系统　　D. 办公系统

【答案】A。

17. 计算机软件由________组成。

A. 文档和数据　　B. 文档和程序　　C. 程序和工具　　D. 工具盒数据

【答案】B。

18. 以下属于图像处理软件的是________。

A. FoxBASE　　B. Visicalc　　C. SpeechSDK　　D. PhotoShop

【答案】D。

19. 在视频会议中,________越大,图像就越清晰。

A. 频率　　B. 大小　　C. 帧数fps　　D. 尺寸

【答案】C。

20. 以下不属于宽带接入技术的有________。

A. ADSL　　B. HFC　　C. FTTC　　D. USB

【答案】D。

21. Modem 中文解释为________。

A. 鼠标　　B. 摩电　　C. 调制解调器　　D. 拨号软件

【答案】C。

22. 以下哪种不是存储设备？________。

A. DVD　　B. U 盘　　C. SD 卡　　D. 移动电源

【答案】D。

23. 办公自动化系统可分为三个层次，以下哪个不属于其中？________。

A. 事务型 OA 系统　　B. 管理型 OA 系统

C. 决策型 OA 系统　　D. 计划型 OA 系统

【答案】D。

24. 第一代计算机也被称为________。

A. 晶体管时代计算机　　B. 集成电路时代计算机

C. 电子管时代计算机　　D. 大规模集成电路时代计算机

【答案】C。

25. 最早期的计算机的用途主要是用于________。

A. 科学计算　　B. 数据处理　　C. 工业控制　　D. 智能仿真

【答案】A。

26. 将十进制数 7 转换为二进制是________。

A. 0110　　B. 1000　　C. 0111　　D. 0110

【答案】C。

27. 计算机所能处理的最小数据单位是二进制的一个________。

A. 字节　　B. 字长　　C. 数位　　D. 编码

【答案】C。

28. 字长一般是由若干个字节组成，记为________的整数倍。

A. 4　　B. 8　　C. 2　　D. 16

【答案】B。

29. ________是整个计算机系统的控制中心。

A. 主板　　B. 控制器　　C. 存储器　　D. 芯片

【答案】B。

30. ________用来实现命令、状态传送、中断请求以及直接对存储器存储的控制等。

A. 数据总线　　B. 地址总线　　C. 控制总线　　D. 接口

【答案】C。

31. ________是计算机信息交流的中心。

A. 内存储器　　B. 外存储器　　C. 硬盘　　D. CPU

【答案】A。

32. ROM 是一种________的存储器。

A. 只能读出，不能写入　　B. 易失性

C. 可以读出，也可以写入　　D. 只能写入

【答案】A。

33. ________是计算机与外部进行信息交换的中介。

A. 硬盘　　B. 存储器　　C. 输入输出设备　　D. 主板

【答案】C。

34. 完整的计算机系统由________组成。

A. 主机、显示器、键盘、鼠标　　B. 主机、存储器、输入设备

C. 硬件系统和软件系统　　D. 控制器、输入输出设备

【答案】C。

35. 用一个字节最多能编出________不同的码。

A. 128 个　　B. 64 个　　C. 256 个　　D. 32 个

【答案】C。

36. ________决定了计算机的计算精度、功能和速度。

A. 字长　　B. 字节　　C. 主频　　D. 赫兹

【答案】A。

37. 在 Windows 10 中,剪贴板是________。

A. 硬盘上的一块区域　　B. 软盘上的一块区域

C. 缓冲区中的一块区域　　D. 内存中的一块区域

【答案】D。

38. 在 Windows 10 环境中,整个显示屏幕称为________。

A. 窗口　　B. 图标　　C. 桌面　　D. 屏幕

【答案】C。

39. 文件夹中不可直接存放________。

A. 文档　　B. 图片　　C. 字符　　D. 文件夹

【答案】C。

40. 在 Windows 10 中,卸载程序可以在________中设置。

A. 网络　　B. 我的电脑　　C. 文档　　D. 控制面板

【答案】D。

41. 登陆 Windows 10 首先需要一个________。

A. 地址　　B. 用户账户　　C. 软件　　D. 说明书

【答案】B。

42. 在 Windows 10 中,将打开窗口拖动到屏幕顶端,窗口会________。

A. 缩小　　B. 最大化　　C. 关闭　　D. 最小化

【答案】B。

43. 在桌面空白处按________键会弹出帮助窗口。

A. F1　　B. F5　　C. F11　　D. F12

【答案】A。

44. 文件的类型可以根据________来识别。

A. 文件的大小　　B. 文件的用途　　C. 文件的扩展名　　D. 文件的存放位置

【答案】C。

45. 要彻底删除文件夹，在鼠标选定后可以按________键。

A. Ctrl＋Delete　　B. Enter＋Delete　　C. Delete　　D. Shift＋Delete

【答案】D。

46. 要从某输入法切换回英文状态可以按________。

A. Ctrl＋空格　　B. Ctrl＋Alt　　C. Alt＋空格　　D. Alt＋Shift

【答案】A。

47. 移动窗口时，应拖动________。

A. 菜单栏　　B. 状态栏　　C. 工具栏　　D. 标题栏

【答案】D。

48. 在 Windows 10 中，如果想同时改变窗口的高度或宽度，可以通过拖放________来实现。

A. 窗角口　　B. 滚动栏　　C. 菜单栏　　D. 状态栏

【答案】A。

49. Windows 的目录结构采用的是________。

A. 线性结构　　B. 层次结构　　C. 网状结构　　D. 树形结构

【答案】D。

50. 在 Windows 10 中个性化设置不包括________。

A. 背景　　B. 主题　　C. 窗口颜色　　D. 亮度

【答案】D。

51. 在 Windows 10 中，呈浅灰色显示的菜单意味着________。

A. 选中该菜单将弹出子菜单　　B. 该菜单当前不可选用

C. 该菜单一直不可选用　　D. 该菜单正在使用

【答案】B。

52. Windows 10 中打开“运行”的快捷键是________。

A. Windows 徽标键＋R　　B. Windows 徽标键＋T

C. Windows 徽标键＋E　　D. Windows 徽标键＋U

【答案】A。

53. 下列属于开源操作系统是________。

A. Android　　B. iOS　　C. Windows Vista　　D. Windows 7

【答案】A。

54. 若想要对某个窗口进行程序操作或者编辑，那必须使这个窗口先成为________。

A. 最大窗口　　B. 当前窗口　　C. 最小窗口　　D. 隐藏窗口

【答案】B。

55. 当打开的窗口太多时，可以通过________组合键在多个窗口间进行选择。

A. Shift＋Enter　　B. Ctrl＋Shift　　C. Alt＋Enter　　D. Alt＋Tab

【答案】D。

56. ________是用户和计算机进行交流的中间桥梁。

A. 工具栏　　B. 对话框　　C. 桌面　　D. 窗口

【答案】B。

57. ________是 Windows 10 操作系统中信息组成的基本单位。

A. 文件　B. 文件夹　C. 文件名　D. 文件类型

【答案】A。

58. 如果想删除文件,将文件放入回收站中,可按________键。

A. Delete　B. Ctrl+Delete　C. Shift+Delete　D. Ctrl+Alt

【答案】A。

59. 选定不连续的多个文件或文件夹时,应按________键。

A. Enter　B. Ctrl　C. Shift　D. Alt

【答案】B。

60. 以下哪个软件不包含于 Office 2016? ________。

A. Word 2016　B. PowerPoint 2016　C. WPS 2016　D. Excel 2016

【答案】C。

61. 在 Word 2016 功能区中按________键可以显示所有功能区的快捷键提示。

A. Shift　B. Ctrl　C. Tab　D. Alt

【答案】D。

62. 使用________键可以复制所选的文档内容。

A. Ctrl+A　B. Ctrl+P　C. Ctrl+B　D. Ctrl+C

【答案】D。

63. Word 2016 文档不可以另存为________类型。

A. PDF　B. 纯文本　C. 网页　D. Flash

【答案】D。

64. 默认状态下,位于 Word 2016 屏幕底部的是________。

A. 标题栏　B. 状态栏　C. 格式栏　D. 菜单栏

【答案】B。

65. 要删除目前光标所在位置右边的内容可以按________键。

A. Backspace　B. Delete　C. Esc　D. Insert

【答案】B。

66. 段落结束时,应按________键,可继续输入新段落。

A. Enter　B. Space　C. Esc　D. Backspace

【答案】A。

67. 要在各种输入法之间进行切换可以按________。

A. Ctrl+Shift　B. Ctrl+Backspace　C. Alt+F4　D. Insert+Esc

【答案】A。

68. 要使 Word 文档的内容横向打印,在"页面设置"中应选择________来进行设置。

A. 页边距　B. 纸张方向　C. 版面　D. 纸张来源

【答案】B。

69. 在 Word 中,只有在________视图下可以显示水平标尺和垂直标尺。

A. 页面视图 B. 大纲视图 C. 普通视图 D. Web 版式视图

【答案】A。

70. 如果要在“插入”和“改写”状态之间切换,可以按________键。

A. Insert B. Home C. End D. Esc

【答案】A。

71. 在中文标点符号状态下,要输入中文书名号“《 》”,可以按________。

A. Shift+[B. Shift+< C. Shift+C D. Shift+〈

【答案】B。

72. 在 Word 编辑状态,可以使插入点快速移动到文档首部的组合键是________。

A. Ctrl+Home B. Home C. Alt+Home D. PageUp

【答案】A。

73. 撤销输入可以按________键。

A. Ctrl+Z B. Ctrl+V C. Ctrl+C D. Ctrl+S

【答案】A。

74. 在 Word 文档中插入图片后,可以进行的操作是________。

A. 裁剪 B. 删除背景 C. 缩放 D. 以上均可

【答案】D。

75. 在 Word 的编辑状态下,若要退出“全屏显示”视图方式,应当按的功能键是________。

A. Esc B. Shift C. Alt D. Ctrl

【答案】A。

76. 在 Word 2016 中,要改变字符间距,应在________对话框中设置。

A. 字体 B. 段落 C. 样式 D. 文本

【答案】A。

77. 如果用户想保存一个正在编辑的文档,但希望以不同文件名存储,可用________命令。

A. 另存为 B. 保存 C. 导出 D. 导入

【答案】A。

78. Word 2016 允许用户反悔,可撤销前面所做的________步的操作。

A. 成千上万 B. 100 C. 1000 D. 200

【答案】A。

79. 按“格式刷”按钮,可以进行________操作。

A. 复制文本的格式 B. 保持文本 C. 复制文本 D. 删除文本

【答案】A。

80. Word 2016 模板文件的后缀是________。

A. dat B. docx C. doc D. dotx

【答案】D。

81. “先________后________”是 Word 2016 环境下字处理的最大特点。

A. 选定、删除 B. 删除、操作 C. 操作、选定 D. 选定、操作

【答案】D。

82. 剪贴板的主要操作为:剪切、________、粘贴。

A. 选定　　B. 删除　　C. 复制　　D. 移动

【答案】C。

83. 在 Word 2016 中,表格不可以自动调整的是________。

A. 平均分布各行　　B. 使表格边线一样粗　　C. 平均分布各列　　D. 根据内容调整表格大小

【答案】B。

84. 在 Word 2016 中,“打印”命令可以打印________。

A. 当前页　　B. 制定范围　　C. 整个文档　　D. 以上都可以

【答案】D。

85. Word 中拖动水平标尺的缩进标志,可以改变光标所在的段落或选中段落的文本________。

A. 悬挂缩进　　B. 首行缩进　　C. 边距　　D. 缩进距离

【答案】D。

86. Word 中想要方便地查看、调整文档的层次结构,应该选择________更合适。

A. 页面视图　　B. 阅读视图　　C. 大纲视图　　D. 草稿视图

【答案】C。

87. 启动 Word 2016 后,想要建立新文档可以直接按下 Enter 或________键。

A. Esc　　B. Shift　　C. Ctrl　　D. Alt

【答案】A。

88. 在 Word 2016 中编辑完文件,不想让他人未经允许对其进行查看,则可以将文档设置为________。

A. 限制编辑　　B. 用密码进行加密　　C. 限制编辑　　D. 标记为最终状态

【答案】B。

89. Word 文档中,截全屏的快捷键是________。

A. Insert　　B. Esc　　C. Alt　　D. PrtSc

【答案】D。

90. 想要在 Word 文档中选择“列”文本应该________。

A. Shift+鼠标单击　　B. Ctrl+鼠标单击

C. Ctrl+鼠标拖动　　D. Alt+鼠标拖动

【答案】D。

91. 在 Word 2016 中,打开导航窗口可以运用快捷键________。

A. Ctrl+X　　B. Ctrl+F　　C. Ctrl+Z　　D. Ctrl+E

【答案】B。

92. Word 文档中,想要段落的左端和右端文字对齐,应该选择________对齐方式。

A. 居中对齐　　B. 两端对齐　　C. 分散对齐　　D. 左对齐

【答案】B。

93. Word 2016 提供了手写输入公式的功能,即________功能。

A. 创建公式　　B. 添加公式　　C. 自定义公式　　D. 墨迹公式

【答案】D。

94. 利用 Word 中的________功能,可以创建不规则的表格。

A. 即时预览插入表格　　B. 修改表格
C. 绘制表格　　D. 插入表格

【答案】C。

95. 在 Excel 2016 中，对数据表做分类汇总前应该先要________。
A. 按任意列排序　　B. 按分类列排序　　C. 进行筛选操作　　D. 选中分类汇总数据

【答案】B。

96. 在 Excel 2016 的表示中，属于绝对地址的表达式是________。
A. E8　　B. $A2　　C. C$　　D. $G$5

【答案】D。

97. 在 Excel 2016 中，给当前单元格输入数值型数据时，默认为________。
A. 居中　　B. 左对齐　　C. 右对齐　　D. 随机

【答案】C。

98. 在 Excel 2016 工作表单元格中，输入下列表达式________是错误的。
A. =(15—A1)/3　　B. —A2/C1　　C. SUM(A2：A4)/2　　D. —A2+A3+D4

【答案】C。

99. 在 Excel 2016 工作表中，不正确的单元格地址是________。
A. C$66　　B. $C66　　C. C6$6　　D. $C$66

【答案】C。

100. Excel 2016 工作表中可以进行智能填充时，鼠标的形状为________。
A. 空心粗十字　　B. 向左上方箭头　　C. 实心细十字　　D. 向右上方箭头

【答案】C。

101. 在 Excel 2016 工作表中，单元格区域 D2：E4 所包含的单元格个数是________。
A. 5　　B. 6　　C. 7　　D. 8

【答案】B。

102. 在同一个工作簿中区分不同工作表的单元格，要在地址前面增加________来标识。
A. 单元格地址　　B. 公式　　C. 工作表名称　　D. 工作簿名称

【答案】C。

103. 在单元格中输入公式时，编辑栏上的“√”按钮表示________操作。
A. 拼写检查　　B. 函数向导　　C. 确认　　D. 取消

【答案】C。

104. Excel 2016 中有多个常用的简单函数，其中函数 AVERAGE(区域)的功能是________。
A. 求区域内数据的个数　　B. 求区域内所有数字的平均值
C. 求区域内数字的和　　D. 返回函数的最大值

【答案】B。

105. Excel 2016 中单元格 C4 代表________。
A. 第 4 行第 4 列　　B. 第 3 行第 4 列　　C. 第 4 行第 3 列　　D. 第 3 行第 3 列

【答案】C。

106. 单元格 A1 为数值 1，在 B1 输入公式：=IF(A1>0，“Yes”，“No”)，结果 B1 为________。

A. Yes　B. No　C. 不确定　D. 空白

【答案】A。

107. 当前工作表是指________。

A. 被选中激活的工作表　B. 最后一张工作表

C. 第一张工作表　D. 有数据的工作表

【答案】A。

108. 要选取 A1 和 D4 之间的区域可以先单击 A1,再按住________键,并单击 D4。

A. Home　B. End　C. Enter　D. Shift

【答案】D。

109. A1 和 D4 中间的区域可以用________来表示。

A. A1. D4　B. A1－D4　C. A1∶D4　D. A1・D4

【答案】C。

110. Sheet1∶Sheet3! A2∶D5 表示________。

A. Sheet1,Sheet2,Sheet3 的 A2∶D5 区域　B. Sheet1 的 A2∶D5 区域

C. Sheet1 和 Sheet3 的 A2∶D5 区域　D. Sheet1 和 Sheet3 中不是 A2∶D5 的其他区域

【答案】A。

111. Excel 2016 最多保留数字的________位为有效数字。

A. 11　B. 13　C. 15　D. 17

【答案】C。

112. 如果要删除所选单元格中原有的数据,则选取单元格后单击________键即可。

A. Delete　B. Ctrl　C. End　D. Enter

【答案】A。

113. 在 Excel 2016 中,在选定单元格后进行插入列操作,新列会出现在________。

A. 当前列左方　B. 当前列右方　C. 当前列上方　D. 当前列下方

【答案】A。

114. 在 Excel 中,按住键盘上的 Ctrl 键不放,再按方向键________,可到达当前工作表的最后一行。

A. ↓　B. ↑　C. →　D. ←

【答案】A。

115. 一般来说,在 Excel 中,________是指将符合单一条件的数据筛选出来。

A. 单条件筛选　B. 多条件筛选　C. 自定义筛选　D. 高级筛选

【答案】A。

116. 在做好的 Excel 工作表中插入行与列,工作表的行与列总数将________。

A. 增加　B. 减少　C. 不变　D. 视具体操作而定

【答案】C。

117. 在 Excel 工作表中想要将同行中的所选单元格合并到一个大单元格中,需要在“合并后居中”下拉菜单中选择________命令。

A. 合并后居中　B. 跨越合并　C. 合并单元格　D. 取消单元格合并

【答案】B。

118. 在 Excel 单元格中输入数据后，按________键光标自动定位到所选单元格右侧的单元格。

A. Alt　　B. Shift　　C. Tab　　D. Ctrl

【答案】C。

119. 在 Excel 中，通过________可以实现光标自动定位到所选单元格上方的单元格。

A. Shift＋Tab　　B. Tab　　C. Shift＋Enter　　D. Enter

【答案】C。

120. 默认状态下，在 Excel 单元格中输入分数，需要在分数前加上一个________。

A. 空格　　B. 单引号　　C. 双引号　　D. 英文状态下的单引号

【答案】A。

121. 在 Excel 中创建数据透视表，首先需要选择创建数据表的单元格，而且表格中必须________。

A. 没有标题　　B. 只有一行标题　　C. 只有两行标题　　D. 对标题没有限制

【答案】B。

122. ________Excel 单元格公式，单元格引用会随公式所在的单元格的位置变化而改变。

A. 完全引用　　B. 混合引用　　C. 绝对引用　　D. 相对引用

【答案】D。

123. 在 Excel 中，"A1，B2：C3，E3"总共有________单元格组成。

A. 4　　B. 5　　C. 6　　D. 3

【答案】C。

124. 在 Excel 同一工作簿中想要复制工作表，可以单击工作表标签，按住________键，鼠标左键拖动工作表到所需位置，释放鼠标即可。

A. Ctrl　　B. Shift　　C. Alt　　D. Enter

【答案】A。

125. 万维网以________方式提供世界范围的多媒体信息服务。

A. 文本　　B. 信息　　C. 超文本　　D. 声音

【答案】C。

126. 电子邮件到达时，如果并没有开机，那么邮件将________。

A. 退回给发件人　　B. 开机时对方重新发送

C. 该邮件丢失　　D. 保存在服务商的 E-mail 服务器上

【答案】D。

127. 要在 Web 浏览器中查看某一公司的主页，必须知道________。

A. 该公司的电子邮件地址　　B. 该公司所在的省市

C. 该公司的邮政编码　　D. 该公司的 WWW 地址

【答案】D。

128. 互联网上的服务都基于一种协议，WWW 服务基于________协议。

A. POP3　　B. SMTP　　C. HTTP　　D. TELNET

【答案】C。

129. 域名中的后缀. gov 表示机构所属类型为________。

A. 军事机构　　B. 政府机构　　C. 教育机构　　D. 商业公司

【答案】B。

130. 域名中的后缀.edu表示机构所属类型为________。

A. 军事机构　B. 政府机构　C. 教育机构　D. 商业公司

【答案】C。

131. 为网络提供共享资源并对这些资源进行管理的计算机称为________。

A. 网卡　B. 服务器　C. 工作站　D. 网桥

【答案】B。

132. WWW提供的搜索引擎主要用来帮助用户________。

A. 在WWW上查找朋友的邮件地址　B. 查找哪些朋友现在已经上网

C. 查找自己的电子邮箱是否有邮件　D. 在Web上快捷地查找需要信息

【答案】D。

133. TCP/IP是________。

A. 传输控制协议/网络互联协议　B. 开放系统互连参考模型

C. 网络软件　D. 网络操作系统

【答案】A。

134. Hub是________。

A. 网卡　B. 交换机　C. 集线器　D. 路由器

【答案】C。

135. Web上每一个页都有一个独立的地址,这些地址称作统一资源定位器,即________。

A. URL　B. WWW　C. HTTP　D. USL

【答案】A。

136. ISP的全称是________。

A. Internet Service Provider　B. Internet Service Project

C. Intranet Service Provider　D. Internet Support Provider

【答案】A。

137. ________是传输层以上实现两个异构系统互联的设备。

A. 网桥　B. 网关　C. 集线器　D. 路由器

【答案】D。

138. E-mail地址的格式为________。

A. 用户名@邮件主机域名　B. @用户名邮件主机域名

C. 用户名邮件主机域名@　D. 用户名@域名邮件主机

【答案】A。

139. 建立一个计算机网络需要网络硬件设备和________。

A. 体系结构　B. 资源子网　C. 网络操作系统　D. 传输介质

【答案】C。

140. Internet和WWW的关系为:________。

A. 都表示互联网,只是名称不同　B. WWW是Internet上的一个应用功能

C. Internet和WWW没有关系　D. WWW是Internet上的一个协议

【答案】B。

141. 域名和 IP 地址之间的关系是________。

A. 一个域名对应多个 IP 地址　　B. 一个 IP 地址对应多个域名

C. 域名与 IP 地址没有关系　　D. 一一对应

【答案】D。

142. 域名系统 DNS 的作用是________。

A. 存放主机域名　　B. 存放 IP 地址　　C. 存放邮件地址　　D. 将域名转换成 IP 地址

【答案】D。

143. ________技术可以防止信息收发双方的抵赖。

A. 数据加密　　B. 访问控制　　C. 数字签名　　D. 审计

【答案】C。

144. ________是病毒与正常程序的本质区别。

A. 寄生性　　B. 破坏性　　C. 隐蔽性　　D. 传染性

【答案】D。

145. 计算机网络是________与计算机技术相结合的产物。

A. 通信技术　　B. 共享技术　　C. 分布处理技术　　D. 数据技术

【答案】A。

146. 在计算机网络中，WAN 指的是________。

A. 互联网　　B. 城域网　　C. 广域网　　D. 局域网

【答案】C。

147. ________就是网络适配器，是用来允许计算机在网络上进行通讯的硬件设备。

A. 网卡　　B. 集线器　　C. 网桥　　D. 交换机

【答案】A。

148. ________是整个网络的核心，它的功能是为网络中各个用户提供服务，并管理整个网络。

A. 服务器　　B. 管理器　　C. 控制器　　D. 路由器

【答案】A。

149. ________是常用的电子邮件收取协议。

A. HTTP　　B. FTP　　C. POP3　　D. DNS

【答案】C。

150. ________是容易造成计算机感染病毒的。

A. 周期性检查　　B. 专机专用

C. 随意在网上下载软件　　D. 安装防火墙

【答案】C。

图书在版编目(CIP)数据

办公自动化实训教程/齐元沂,张永忠编撰. —3 版. —上海:复旦大学出版社, 2024. 1
(2025. 2 重印)
ISBN 978-7-309-17118-1

Ⅰ. ①办… Ⅱ. ①齐… ②张… Ⅲ. ①办公自动化-应用软件-高等职业教育-教材 Ⅳ. ①
TP317. 1

中国国家版本馆 CIP 数据核字(2023)第 241262 号

办公自动化实训教程(第 3 版)
齐元沂 张永忠 编撰
责任编辑/朱建宝

复旦大学出版社有限公司出版发行
上海市国权路 579 号 邮编:200433
网址:fupnet@fudanpress.com http://www.fudanpress.com
门市零售:86-21-65102580 团体订购:86-21-65104505
出版部电话:86-21-65642845
杭州日报报业集团盛元印务有限公司

开本 890 毫米×1240 毫米 1/16 印张 13.75 字数 376 千字
2025 年 2 月第 3 版第 4 次印刷
印数 21 201—32 200

ISBN 978-7-309-17118-1/T · 746
定价:48.00 元